"十四五"时期国家重点出版物出版专项规划项目

航天科技图书出版基金资助出版

跨大气层飞行
轨迹优化与制导技术

张旭辉　著

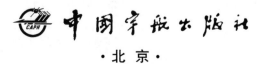

中国宇航出版社

·北京·

图书在版编目 (CIP) 数据

跨大气层飞行轨迹优化与制导技术/张旭辉著. ——
北京：中国宇航出版社，2023.11
　　ISBN 978-7-5159-2188-4

　　Ⅰ. ①跨… 　Ⅱ. ①张… 　Ⅲ. ①飞行器—飞行轨迹—制
导—研究 　Ⅳ. ①V47

　　中国国家版本馆 CIP 数据核字 (2023) 第 015684 号

责任编辑	张丹丹	**封面设计**	王晓武

出　版
发　行　　**中国宇航出版社**

社　址	北京市阜成路 8 号　**邮　编**　100830	**版　次**　2023 年 11 月第 1 版
	(010) 68768548	2023 年 11 月第 1 次印刷
网　址	www.caphbook.com	**规　格**　787×1092
经　销	新华书店	**开　本**　1/16
发行部	(010) 68767386　　(010) 68371900	**印　张**　12
	(010) 68767382　　(010) 88100613 (传真)	**字　数**　300 千字
零售店	读者服务部　　　　(010) 68371105	**书　号**　ISBN 978-7-5159-2188-4
承　印	北京中科印刷有限公司	**定　价**　88.00 元

本书如有印装质量问题，可与发行部联系调换

航天科技图书出版基金简介

航天科技图书出版基金是由中国航天科技集团公司于 2007 年设立的，旨在鼓励航天科技人员著书立说，不断积累和传承航天科技知识，为航天事业提供知识储备和技术支持，繁荣航天科技图书出版工作，促进航天事业又好又快地发展。基金资助项目由航天科技图书出版基金评审委员会审定，由中国宇航出版社出版。

申请出版基金资助的项目包括航天基础理论著作，航天工程技术著作，航天科技工具书，航天型号管理经验与管理思想集萃，世界航天各学科前沿技术发展译著以及有代表性的科研生产、经营管理译著，向社会公众普及航天知识、宣传航天文化的优秀读物等。出版基金每年评审 1～2 次，资助 20～30 项。

欢迎广大作者积极申请航天科技图书出版基金。可以登录中国航天科技国际交流中心网站，点击"通知公告"专栏查询详情并下载基金申请表；也可以通过电话、信函索取申报指南和基金申请表。

网址：http：//www.ccastic.spacechina.com

电话：(010) 68767205，68767805

序

人类自古以来就对浩瀚的太空充满好奇与幻想，孙悟空一个筋斗云十万八千里，嫦娥吃下灵药便能奔赴皓月，这些神话色彩浓郁的故事是古人对太空最初的幻想。万户坐在绑着 47 支火箭的飞车上，手持两个大风筝飞行成为有记载的第一个飞天的人，也由于火箭爆炸而为人类的航天事业献出了生命，但这激励了后来的科学家们在进入太空的征途上不断探索。

近年来，随着航天运输领域的快速发展，自由进出空间的跨大气层飞行器越来越受到重视。跨大气层飞行器在自身携带的动力系统作用下由地面起飞，飞出稠密大气层后进入太空，并根据需要再次穿越稠密大气层返回地面回收。跨大气层飞行器可以是基于传统火箭构型的重复使用火箭一级和二级，也可以是基于火箭动力的垂直起飞水平着陆的跨大气层飞行器，还可以是基于一些新型动力模式的水平起飞水平着陆的跨大气层飞行器。

跨大气层飞行器研究涉及许多领域与学科，是诸多先进技术的集合。轨迹优化与制导技术是跨大气层飞行器研制需突破的核心关键技术之一。对于重复使用火箭来说，SpaceX 公司曾用一个生动的例子来比喻："在陆地平台回收，就如同扔一根铅笔飞过帝国大厦楼顶（高约 443m），然后让其在暴风雨中返回并落在一个鞋盒上；而对于海上平台回收而言，就如同让铅笔飞过帝国大厦楼顶后，精确地降落在一块漂浮不定的橡皮上面，而且不能翻倒。"对于无动力再入返回跨大气层飞行器来说，再入是最复杂、最关键的飞行阶段，需要考虑各种物理约束，通过轨迹优化和制导来精确分配并调控再入过程中动能、势能和热能，在回收前巧妙地消耗掉再入前 99% 的能量，进场并高精度着陆。而基于新型动力的跨大气层飞行器，与无动力再入返回升力式飞行器相比，其垂直起飞段还面临调节变量多，攻角侧滑角的快速变化易引发发动机的喘振、造成发动机结构损坏或者发动机熄火等问题。由此可见，跨大气层飞行器的轨迹优化与制导面临着巨大的挑战，迫切需要进行系统性的研究与探索。

本书系统总结了作者和国内外学者在该领域的成果，从跨大气层飞行的动力学建模出发，对不同起飞和着陆模式的跨大气层飞行器的轨迹优化和制导技术进行归纳和系统性的梳理，并针对其中重要的内容给出了应用实例，是一本学术水平较高，并可对工程实践具有重要指导价值的专著。

本书内容全面，可为从事跨大气层飞行器总体设计、轨迹优化和制导设计等的科研人员和工程技术人员提供参考，也可作为轨迹优化与制导专业学生的辅导用书。

2023 年 8 月

前　　言

　　所谓跨大气层飞行器，是指既能够穿过稠密大气层进入太空，也能在完成任务后进入大气层进行回收，兼有航天器和航空器的特点的一类飞行器。其融合了航空航天系统诸多的前沿技术，是当前航空航天领域的研究热点。本书讨论的跨大气层飞行器涵盖了垂直起飞垂直降落的重复使用运载火箭、火箭动力的垂直起飞水平着陆跨大气层飞行器和先进动力的水平起飞水平着陆跨大气层飞行器。

　　本书围绕跨大气层飞行器的轨迹优化与制导技术，分5章进行撰写。第1章主要对跨大气层飞行器、轨迹优化和制导技术的研究现状进行介绍。第2章针对跨大气层飞行模式多样的特点，定义了统一的坐标系，并在此基础上完成垂直起飞、水平起飞、垂直返回、水平返回四种飞行模式的动力学模型构建。第3章对VTVL（垂直起飞垂直降落）模式的跨大气层飞行器的轨迹优化与制导技术进行论述，内容涵盖垂直起飞段弹道设计、摄动制导、迭代制导、最优制导和垂直返回段的轨迹优化与制导。第4章对VTHL（垂直起飞水平着陆）跨大气层飞行器的轨迹优化与制导技术进行论述，内容聚焦在再入、能量管理和进场着陆三个飞行阶段，重点是在考虑各种物理约束条件下，通过轨迹优化与制导精确分配并调控再入过程中的能量。第5章对HTHL（水平起飞水平着陆）模式的跨大气层飞行器的轨迹优化和制导技术进行论述，由于其返回部分与VTHL模式相同，内容聚焦在先进动力工作模式下水平爬升段的轨迹优化与制导方法。总之，在撰写本书过程中，始终围绕跨大气层飞行器轨迹优化与制导技术这一中心，以不同飞行模式下轨迹优化与制导技术的基本结构为主线展开讨论，使本书具备了相对完整和系统全面的特点。

　　李永远、孙光、刘丙利、郑雄、王浩亮、郝宇星等人也参与了本书的资料收集、讨论、文字编辑和仿真分析工作。其中，李永远和孙光参与了第1章、第2章和第4章的撰写，刘丙利参与了第1章、第2章和第3章部分内容的撰写，郑雄参与了第1章、第2章和第5章部分内容的撰写，王浩亮参与了第5章部分内容的撰写，郝宇星参与了第3章部分内容的撰写。刘焱飞完成了大量图表的绘制与公式的修订工作。

　　在撰写本书过程中得到了包为民院士、余梦伦院士、刘竹生院士的大力支持和帮助，崔乃刚教授、汤国建教授也在百忙之中审阅了此书。另外，本书的出版得到了航天科技图书出版基金的资助，在此一并表示感谢。希望本书能成为从事这一领域的工程师、研究人员和研究生的参考书，并对我国的跨大气层飞行器的研究工作起到推动作用。

　　由于本人水平有限，书中的缺点和不足之处在所难免，欢迎读者批评指正。请将宝贵意见发送至作者邮箱 zhangxh0215@126.com，以期再版时加以改进，在此提前向大家表示感谢。

张旭辉

2023 年 2 月 20 日

于北京

缩 略 词 表

缩略词	英文全称	中文名称
VTVL	Vertical Takeoff Vertical Landing	垂直起飞垂直降落
VTHL	Vertical Takeoff Horizontal Landing	垂直起飞水平着陆
HTHL	Horizontal Takeoff Horizontal Landing	水平起飞水平着陆
ECEF	Earth – Centered Earth – Fixed	地心地固坐标系
NASA	National Aeronautics and Space Administration	美国国家航空航天局
ESA	European Space Agency	欧洲空间局
FLPP	Future Launchers Preparatory Program	欧洲未来运载器准备计划
NGL	Next General Launcher	下一代运载器
ELV	Expendable Launch Vehicle	一次性使用运载器
RLV	Reusable Launch Vehicle	可重复使用运载器
COTS	Commercial Orbital Transportation Services	商业轨道运输服务
LEO	Low Earth Orbit	近地轨道
GTO	Geostationary Transfer Orbit	地球同步转移轨道
FAA	Federal Aviation Administration	美国联邦航空管理局
SOV	Suborbital Vehicle	亚轨道运输飞行器
IXV	Intermediate Experimental Vehicle	过渡性试验飞行器
RLV – TD	Reusable Launch Vehicle Technology Demonstrator	重复使用运载器技术验证机
HOPE – X	H – II Orbiting Plane Experiment	H – II 轨道飞机试验
OTV	Orbit Test Vehicle	轨道测试飞行器
EXOMARS	Exobiology on Mars	非载人火星探测任务
ARV	Advanced Reentry Vehicle	先进再入返回飞行器
RBCC	Rocket Based Combined Cycle	火箭基组合循环
TBCC	Turbine Based Combined Cycle	涡轮基组合循环
SABRE	Synergetic Air Breathing Rocket Engine	协同吸气式火箭发动机
ERJ	Ejector Ramjet	引射冲压
SERJ	Supercharged Ejector Ramjet	增压引射冲压
NASP	National Aerospace Plane	国家空天飞机
HOTOL	Horizontal Takeoff and Landing	水平起降
DARPA	Defense Advanced Research Projects Agency	美国国防高级研究计划局
ISTP	Integrated Space Transportation Plan	综合航天运输计划
FAST	Fully Reusable Access to Space Technology	完全可重复使用进入太空技术

（续）

缩略词	英文全称	中文名称
CCEC	Combined Cycle Engine Components	组合循环发动机组件
AFRE	Advanced Full Range Engine	先进全速域发动机
REL	Reaction Engine Limited	反应发动机有限公司
HBVP	Hamilton Boundary Value Problem	Hamilton 边值问题
NLP	Nonlinear Programming	非线性规划
RRT	Rapidly – exploring Random Tree	快速搜索随机树
SOCP	Second – Order Cone Programming	二阶锥规划
SRB	Solid Rocket Booster	固体火箭助推器
SSME	Space Shuttle Main Engine	航天飞机主发动机
RCS	Reaction Control System	反作用控制系统
ISO	International Organization for Standardization	国际标准化组织
ICAO	International Civil Aviation Organization	国际民用航空组织
WMO	World Meteorological Organization	世界气象组织
STD76	U. S. Standard Atmosphere Model of 1976	美国 1976 年标准大气模型
INS	Inertial Navigation System	惯性导航系统
AGC	Advanced Guidance and Control	先进制导控制
SS	Simple Shooting method	单步试射法
MS	Multiple Shooting method	多步试射法
FD	Finite Difference method	有限差分法
QEGC	Quasi – Equilibrium Glide Condition	拟平衡滑翔条件
TPS	Thermal Protection System	热防护系统
D – V	Drag Acceleration – Velocity	阻力加速度-速度
D – E	Drag Acceleration – Energy	阻力加速度-能量
H – V	High – Velocity	高度-速度
GNC	Guidance Navigation and Control	导航制导与控制
PSO	Particle Swarm Optimization	粒子群优化
MSFC	Marshall Space Flight Center	马歇尔飞行中心
PID	Proportion Integral Differential	比例积分微分
CAV	Common Aero Vehicle	通用航空飞行器
TAEM	Terminal Area Energy Management	末端区域能量管理段
HAC	Heading Alignment Cylinder	航向校准圆柱
OH MEP	Overhead Minimum Entry Point	最小能量过顶进场
SI MEP	Straight – in Minimum Entry Point	最小能量直接进场
LQR	Linear Quadratic Regulator	线性二次调节器
ADRC	Active Disturbance Rejection Control	自抗扰控制
SSDL	Space System Design Lab	美国空间系统设计实验室

（续）

缩略词	英文全称	中文名称
ESO	Extended State Observer	扩张状态观测器
LESO	Linear Extended State Observer	线性扩张状态观测器
LADRC	Linear Active Disturbance Rejection Control	线性自抗扰控制
TD	Tracking Differentiator	跟踪微分器
LSEF	Linear State Error Feedback	线性状态误差反馈

目　　录

第1章 绪 论

人类自古以来就对飞行充满好奇与幻想，从未停止探索与研究！

早在公元前 2 世纪，《淮南万毕术》中就提到了现代热气球的原理，即"艾火令鸡子飞"。意思是说，将燃烧的艾草放到鸡蛋壳中，就可以让鸡蛋壳飞起来。其实这和热气球的原理是一样的，艾草燃烧产生的热气密度低于外界空气，鸡蛋壳上产生的浮力大于重力，鸡蛋壳就可以升空。

《汉书·王莽传》中记载了这样的内容，公元 19 年，有人"取大鸟翮为两翼，头与身皆著毛，通引环纽，飞数百步堕"。其描述的是古人将大鸟的羽毛捆在身上为翼，头和身上也粘满羽毛，模仿鸟的飞行，飞行数百步才落地。这也是世界上有关人类飞行试验的最早记载。

东汉时期，张衡（公元 78—139 年）模仿鸟类制作了一种独飞木雕，即"张衡尝作木鸟，假以羽翮，腹中施机，能飞数里"。这是来源于北宋类书《太平御览·工艺部九》引《文士传》中的一段记载。值得一提的是，独飞木雕中的独飞点出了其与风筝的区别，它是由"腹内施机"的力量进行自主飞行的，与风筝（风筝起源于东周春秋时期）需要人牵线存在本质的差别，这也是飞机的最早雏形。

我国是最早发明火药的国家，7 世纪前后的隋朝，便诞生了硝石、硫黄和木炭三元体系火药。唐朝时，黑色火药正式出现。北宋时，军官冯继升等人便已能制造出一种原始火箭，这种火箭采用纸张糊成一个筒，把火药装在筒内（实际上相当于固体火箭发动机），并将火药筒绑在箭杆上，这就是火箭的最初雏形。明朝时，万户首次提出了乘火箭飞行的设想并付诸实践，也为此付出了宝贵的生命。此外，《武备志》（1621 年）记载了一种名为"火龙出水"的两级火箭，它由约 1.6m 长的毛竹制成，前边装有一个木制的龙头，后边装有一个木制的龙尾（图 1-1）。龙身下边前后各装两枚大火箭，而肚子内又另装几枚火箭，并把肚子内几枚火箭的引火线连接到龙身下面两枚大火箭的底部。

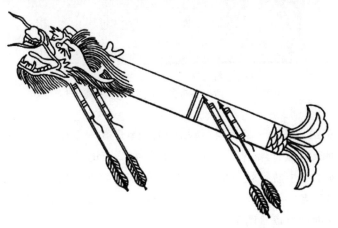

图 1-1 《武备志》中记录的"火龙出水"两级火箭[1]

　　从我国古代飞行相关的探索中可以看出，虽然我国早在西汉时期就提出了热气球的原理，进行了模仿飞鸟的飞人试验，发明了火药与火箭，但这些尝试偏向于对天空的向往，且并未形成系统的技术理论，致使古代的火箭技术未能在中国发展成为现代火箭技术，最终只停留在烟花爆竹之上。

　　直到 20 世纪 20 年代初，我国航空界先驱冯如驾驶自己设计的飞机（冯如二号）试飞成功[2]，实现了中国人自己设计、自己制造、自己驾驶飞机的首次飞行，在中国的航空发展史上具有重要地位。新中国成立后，中国航空航天事业的发展虽然充满曲折和艰辛，但在一代代人的接续奋斗下，取得了如今举世瞩目的成就。

　　若对国外的飞行研究进行追根溯源，达·芬奇的草稿是一个合适的起点。16 世纪初，达·芬奇在《鸟类飞行手稿》这本仅有 18 页的小册子中详细讨论了空气的性质和他对于鸟类飞行原理的研究，并给出了扑翼机设计草图（图 1-2）。

图 1-2　达·芬奇的《鸟类飞行手稿》[3]

　　19 世纪初，英国人乔治·凯利自行设计和制造了第一架悬臂机，用于研究平板的升力和阻力[4]，并基于此设计给出了一架飞机的参数，结论是"如果这块平板能在动力的作用下高效率运动，空中航行就会实现"。20 世纪初，美国人奥维尔·莱特和威尔伯·莱特兄弟研制的"飞行者"飞机飞上蓝天[5]，完成了自古以来人类征服天空的梦想，同时谱写了航空史上的创世篇章（图 1-3）。

图 1-3 莱特兄弟的"飞行者"飞机[6]

1.1 跨大气层飞行

继莱特兄弟之后，航空航天技术的发展突飞猛进，新的构想、理论和设计不断涌现，推动了人类在飞行方面跨越式的发展，发明飞得更高、更快的飞行器成为世界各国科学家孜孜不倦的追求，飞出大气层进入太空成为第一个竞相抢占的制高点。20 世纪 50 年代后期，苏联发射了人类第一颗卫星斯普特尼克 1 号，用于量度轨道变化，研究高空地球大气层的密度、气压和温度等参数。之后经过数十年的持续研究，人类对地球大气层有了较为深刻的认识。

地球大气层是因受到引力影响而围绕着地球的一层混合气体，是地球外部的气体圈层，包围着海洋和陆地，大气层的厚度大约在 1000km 以上，没有明显的界限。从地球到地表 100km 的高度，随着高度增加，大气越来越少。地球上空的大气 75% 存在于对流层内，97% 在平流层以下。270km 高空的大气密度为地球表面的百亿分之一，在外太空 16000km 的高度大气继续存在，甚至在 100000km 的高度仍有大气粒子。因此，大气空间与外层空间没有明确的界限，这也导致关于太空定义[7]的争论由来已久，主要分为"高度论""空气论"和"功能论"。"高度论"认为以空间的某种高度来划分领空和外层空间的界限，以确定适用两种不同法律制度的范围；有人认为，以航空器向上飞行的最高高度为限，即离地面 30～40km 为领空；也有人认为，以航天器离地面的最低高度 100～110km 为外层空间的最低界限。"空气论"认为以不同的大气构成为依据划分空间界限，出现以不同高度为界的不同主张，甚至有观点认为，凡发现有大气的地方均为大气空间，应属于领空范围。"功能论"认为应根据飞行器的功能来确定其所适用的法律；如果是航天器，它的活动为航天活动，应适用外空法；如果是航空器，其活动为航空活动，应适用航空法；整个空间是一个整体，没有划分领空和外层空间的必要。

总体来说，目前关于太空定义，"高度论"在航空航天领域得到了普遍的认可，但关于太空严格意义上的高度也存在争议。其中，位于瑞士日内瓦的国际航空联合会定义了大气层与太空的界限：以离地球海平面 100km 高度为分界线，称为卡门线（图 1-4）。卡门线以美国科学家冯·卡门的名字命名，而美国却没有正式定义"空间边界"，但认为进入海拔 80km 以上空间的人为宇航员。目前，国际上普遍认为 120km 是航天器再入大气层时空气阻力开始作用的边界。

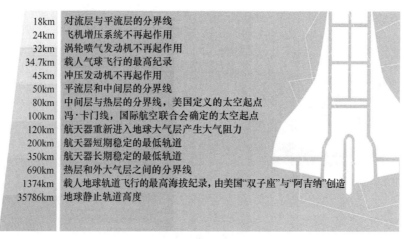

18km	对流层与平流层的分界线
24km	飞机增压系统不再起作用
32km	涡轮喷气发动机不再起作用
34.7km	载人气球飞行的最高纪录
45km	冲压发动机不再起作用
50km	平流层和中间层的分界线
80km	中间层与热层的分界线，美国定义的太空起点
100km	冯·卡门线，国际航空联合会确定的太空起点
120km	航天器重新进入地球大气层产生大气阻力
200km	航天器短期稳定的最低轨道
350km	航天器长期稳定的最低轨道
690km	热层和外大气层之间的分界线
1374km	载人地球轨道飞行的最高海拔纪录，由美国"双子座"与"阿吉纳"创造
35786km	地球静止轨道高度

图 1-4　太空定义（高度）[7]

虽然太空定义一直存在争议，但并不影响人类航天事业的发展。20世纪80年代初，美国航天飞机哥伦比亚号完成首次天地往返飞行，人类航天事业开启了新的篇章。进入21世纪，美国 SpaceX 公司（太空探索技术公司）研发的猎鹰9重复使用火箭陆上回收成功，拉开了运载火箭重复使用的序幕。未来，随着先进组合动力技术的发展，水平起飞、水平着陆的空天往返的跨大气层飞行器将是发展趋势。

跨大气层飞行是指飞行器在自身携带的动力系统作用下由地面起飞，飞出稠密大气层后进入太空，随后重新返回稠密大气层（也就是再入大气层）的飞行过程。跨大气层飞行的第一个特点就是要穿过稠密的大气层，也就是进入太空；第二个特点就是飞行器在完成一次任务后还可重复使用。

综合以上两个特点，实施跨大气层飞行的飞行器实质上是可重复使用的运输系统。经过几十年的发展，重复使用航天运输系统形成了火箭构型重复使用、升力式火箭动力重复使用、先进组合动力重复使用三种典型的技术路径。

火箭构型重复使用运载器的特点是轴对称构型，使用火箭发动机，通过降落伞、垂直返回等方式回收。火箭构型重复使用的技术基础相对较好。升力式火箭动力重复使用运载器的特点是采用面对称翼身组合体升力式构型，使用火箭发动机，兼具航空器和航天器的特点，能够垂直起飞、水平着陆，具有大空域（0～200km）、宽速域（$Ma=0～28$）的飞行能力。组合动力重复使用运载器是指基于组合动力发动机（RBCC、TBCC、ATR、Trijet）的运载器，技术特点是组合动力技术难度大、起降灵活、高比冲、高效率，适应大空域飞行。

基于战略发展思路及步骤[8]，我国重复使用航天运输系统的发展路线将按照火箭构型重复使用、升力式火箭动力重复使用、组合动力重复使用三条技术途径同步开展研究，梯次形成能力（图1-5和图1-6）。

除了按照实现途径划分之外，跨大气层飞行的重复使用运输系统还可按照起降方式、采用动力和系统级数等多种形式进行分类（图1-7）。按照起降方式可分为垂直起飞垂直降落（VTVL）重复使用火箭、垂直起飞水平着陆（VTHL）重复使用运载器和水平起飞

图 1-5　重复使用航天运输系统发展思路图[8]

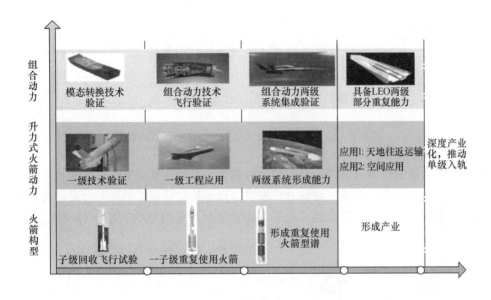

图 1-6　我国重复使用航天运输系统技术途径发展路线图[8]

水平着陆（HTHL）重复使用运载器；按照采用动力可分为火箭动力重复使用运载器和组合动力重复使用运载器；按照系统级数可分为单级入轨重复使用运载器和多级入轨重复使用运载器。

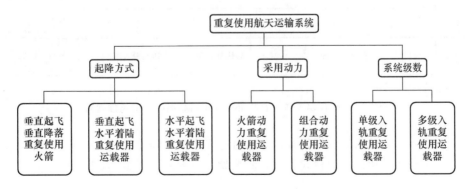

图 1-7　重复使用航天运输系统的分类

垂直起飞垂直降落重复使用火箭又可细分为一子级重复使用的部分重复使用火箭和一子级、二子级均重复使用的完全重复使用火箭。一子级开始回收时高度约为 100km、速度为 $Ma=10$，回收一般采取返回原场、陆地平台或海上平台；二子级由于具备入轨能力，回收高度取决于其有效载荷，速度接近轨道速度，回收地点较一子级灵活，可根据回收地点选择离轨窗口。垂直起飞垂直降落重复使用火箭一、二子级返回典型飞行剖面如图 1-8 所示，一子级垂直返回需历经调姿段、修航段、高空减速段和垂直返回着陆段[9-11]。二子级垂直返回需历经离轨过渡段、无动力再入段、垂直返回着陆段。

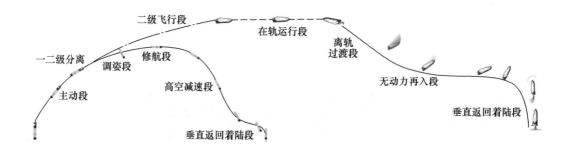

图 1-8　垂直起飞垂直降落重复使用火箭一、二子级返回典型飞行剖面

垂直起飞水平着陆重复使用运载器的飞行剖面一般包含发射上升段、在轨运行段、离轨过渡段、初期再入段、末端区域能量管理段（以下简称能量管理段）和进场着陆段。以下以航天飞机为例，给出了垂直起飞水平着陆重复使用运载器的典型飞行剖面，如图 1-9 所示。

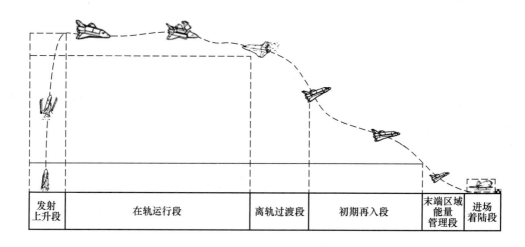

图 1-9　垂直起飞水平着陆重复使用运载器的典型飞行剖面

水平起飞水平着陆重复使用运载器与垂直起飞水平着陆重复使用运载器类似，不同之处在于发射上升段采用的动力模式不同，其典型飞行剖面如图 1-10 所示。

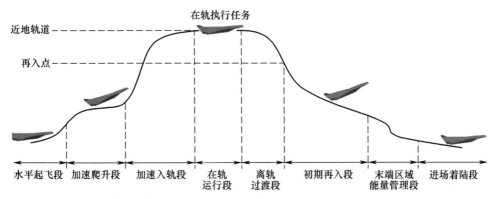

图 1 - 10　水平起飞水平着陆重复使用运载器典型飞行剖面

1.2　典型跨大气层飞行器研究现状

从跨大气层飞行器的实施技术途径和分类模式来看，其起降模式与实现途径基本对应。基于火箭动力的跨大气层飞行器可采用垂直起飞垂直降落模式，也可采用垂直起飞水平降落模式，而基于组合动力的跨大气层飞行器一般采用水平起飞水平着陆模式。以下简单回顾国外在三种不同起飞和降落组合模式下的跨大气层飞行器的发展现状。

1.2.1　垂直起飞垂直降落的重复使用火箭

美国是最早开展重复使用火箭研究的国家。早在 20 世纪 60 年代，美国国家航空航天局（NASA）就尝试使用滑翔伞对土星 1 号火箭一级进行回收，力图实现自主着陆。但由于滑翔伞系统质量较大，无法满足经济性要求，且当时着陆技术不太成熟，最终该回收方案只停留在缩比试验阶段，并未在真实火箭上应用[12]。

20 世纪 90 年代末期，俄罗斯提出在安加拉号运载火箭基础上研制贝加尔号重复使用助推器，通过重复使用降低发射成本，并在 2001 年巴黎航展上展出了贝加尔号运载火箭的全尺寸模型，但是由于后续资金紧张，该项目进展一直非常缓慢。2006 年前后，俄罗斯在贝加尔号重复使用助推器的基础上提出了部分重复使用运输系统，并为贝加尔号重复使用助推器研制新的液氧甲烷发动机。

21 世纪初，欧洲空间局（ESA，简称欧空局）启动欧洲未来运载器准备计划（FLPP），并开展研究工作，该计划旨在研究欧洲下一代运载器（NGL），促进欧洲在运载器领域的发展，以确保欧洲未来能够安全地进入空间。发射系统方案的选择基本上是在先进的一次性使用运载器（ELV）和完全或部分重复使用运载器（RLV）之间进行的。

随着航天产业关注度逐步提升，以及美国政府大力鼓励私营航天产业发展，越来越多的私人资金流入航天产业，兴起了大量研究重复使用火箭的私营航天公司。其中，基斯特勒（Kistler）航空航天公司、SpaceX 公司和蓝色起源公司（Blue Origin）分别就火箭重复使用进行了不同模式的尝试。其中，基斯特勒航空航天公司研制的 K - 1 火箭主要用于中、低地球轨道小型通信卫星发射市场，其一级和二级火箭分别回收，采用降落伞系统进行气动减速，最终以气囊缓冲着陆。SpaceX公司则依靠美国政府的商业轨道运输服务（COTS）计划成功研制了猎鹰9（Falcon-9）运载火箭，并赢得了价值16亿美元的国际空间站货运补给合同，其重复使用运载火箭版本为猎鹰9R。同时，为了执行未来月球探测及火星移民任务等，SpaceX公司首席执行官埃隆·马斯克提出了"超重-星舰"（Super Heavy Starship）运输系统方案，该方案可实现两级完全重复使用。蓝色起源公司则专注于商业亚轨道旅游市场，其设计的新谢泼德（New Shepard）便是一款可重复使用的亚轨道飞行火箭[13]。

　　总体说来，在火箭重复使用领域，美国一直领先于其他国家。以下仅对基斯特勒航空航天公司的K-1火箭，SpaceX公司的猎鹰9火箭、"超重-星舰"和蓝色起源公司的新谢泼德、新格伦（New Glenn）火箭等典型的重复使用火箭进行介绍。

　　1. K-1火箭

　　在20世纪90年代，基斯特勒航空航天公司为了竞争全球低轨卫星星座、特里德西克（Teledesic）低轨和中轨星座的发射合同，开展了K-1火箭的研制计划。K-1为两级完全重复使用火箭，一级和二级火箭分别回收，采用降落伞系统进行气动减速，最终以气囊缓冲着陆（图1-11）。K-1火箭与常规的运载火箭外形类似。火箭最大起飞质量约为382.3t，全长为36.9m。K-1火箭可将2.8~4.6t的有效载荷送入200km高度的近地圆轨道。

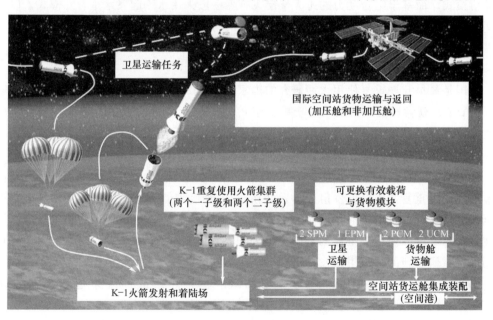

图1-11　K-1火箭及其陆上发射回收流程

PCM—加压货舱；UCM—通用货舱；SPM—太空有效载荷舱；EPM—地面有效载荷舱

　　K-1火箭在20世纪90年代末分别进行了一子级、二子级模拟回收试验，取得了重要技术成果。但由于项目经费问题，K-1火箭的发射计划一直未能实施。2006年，NASA宣布正式与基斯特勒航空航天公司签订价值2.07亿美元的商业轨道运输服务（COTS）合同，旨在验证K-1火箭向国际空间站运输人员、货物并返回的能力。2007

年，NASA 宣布取消基斯特勒航空航天公司获得的 COTS 合同，不再对其进行拨款，同时，由于该公司未能在规定的期限内筹集到 5 亿美元的私人资金用于 K-1 重复使用火箭的研制工作，相关研究工作也随即停止。

纵观 K-1 火箭的研制历程，开始于 1993 年，结束于 2007 年。由于两级完全重复使用火箭的研制难度大，且项目经费无法得到保障，K-1 火箭的研制计划出现起伏，没有实现成功飞行。但在重复使用运载火箭的研究上迈出了关键一步，取得了重要的研究成果，积累了宝贵的研制经验。

2. 猎鹰 9 火箭和"超重-星舰"

猎鹰 9 火箭为美国 SpaceX 公司研制的一种两级中型运载火箭（图 1-12），可执行近地轨道（LEO）及地球同步转移轨道（GTO）发射任务。火箭起飞质量为 549t，箭体直径为 3.66m，LEO 的运载能力为 22.8t，GTO 的运载能力为 8.3t，一子级重复使用情况下 GTO 的运载能力为 5.5t[14,15]。

图 1-12　猎鹰 9 火箭

2011 年，SpaceX 公司对外宣布了猎鹰 9 火箭的重复使用版猎鹰 9R，其包括重复使用的一子级、二子级，一子级从亚轨道再入垂直返回发射场，二子级在轨道分离后，可根据任务需求返回指定的海上或陆地回收平台，两级都是垂直回收，最后靠 4 个支架支撑着陆。支架在飞行期间可折叠起来，在回收过程中，支架展开，支持回收部件安全垂直降落。针对完全重复使用猎鹰 9R 火箭研制，SpaceX 公司制定了多元、渐进式发展的重复使用技术验证计划，包括以下三种试验，即低空（低于 3.5km）/低速飞行试验、高空（3.5~91km）/中速飞行试验和高空（91km 以上）/高速（$Ma=6$）弹道式再入/受控减速及降落试验。其中，前两种试验主要通过蚱蜢垂直起降验证机、F9R-Dev 和新型 F9R-Dev2 验证机进行验证，而第三种试验则在猎鹰 9 火箭的发射任务中进行验证。为实现一子级的垂直回收，SpaceX 公司在火箭一子级上增加了 4 个着陆支架、1 套氮气冷气姿控系统和 4 个栅格舵（图 1-13）。火箭一子级使用了 9 台梅林（Merlin）1D+液氧煤油发动机，单台海平面推力 86t，具有多次点火能力。一子级可选择在陆上回收或海上平台回收。在海上平台回收时，火箭一子级为垂直返回而预留的推进剂一般为 10% 左右。

SpaceX 公司从 2012 年开始持续不断地进行一子级垂直返回的试验验证，旨在突破各项关键技术。2015 年，火箭一子级第一次地面回收成功；2016 年，火箭一子级第一次海

上回收成功；2017 年，火箭一子级第一次成功
复用并在海上回收成功[16]。

2016 年，SpaceX 公司提出"超重-星舰"
运输系统方案，该方案可实现两级完全重复使
用，引发业界广泛关注。"超重-星舰"主要执
行未来月球探测及火星移民任务（图 1-14），
还可应用于超大规模卫星星座、大型航天器部
署等发射任务，另外，具备地球表面"点到点"
人员运输的潜力[17,18]。"超重-星舰"采用两级
构型方案，由"超重火箭"（推进级）和"星
舰"（飞船）组成，"超重-星舰"全长约为

图 1-13　猎鹰 9 火箭一子级上的栅格舵

120m，箭体直径为 9m，起飞质量为 5000t，LEO 的运载能力超过 100t。"超重"火箭安
装 31 台猛禽（Raptor）液氧甲烷发动机，"星舰"火箭安装 6 台猛禽液氧甲烷发动机，液
氧和甲烷推进剂均采用过冷加注方式。

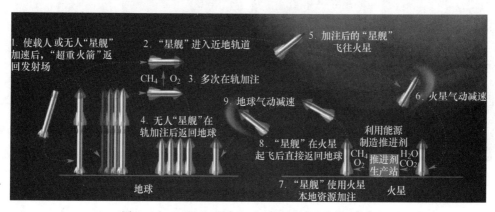

图 1-14　"超重-星舰"火星探测剖面示意图[15]

"超重-星舰"在完全重复使用情况下 LEO 的运载能力在初期可达到 100t，随着技术
改进和升级，未来运载能力将提升到 125～150t。如果不考虑重复使用，其 LEO 的运载
能力将超过 200t。2020 年 3 月，SpaceX 公司正式发布"超重-星舰"用户手册，该运输
系统旨在满足地球轨道以及月球、火星等运输任务需求。其中，"星舰"分为载人版和不
载人版两种构型。2020 年 4 月，SpaceX 公司基于"星舰"改进的登月方案得到了 NASA
的认可。2020 年 5 月，美国联邦航空管理局（FAA）商业太空运输办公室颁发给 SpaceX
公司为期两年的发射许可证，允许从博卡奇卡基地执行亚轨道飞行发射，这是从政府层面
给予"超重-星舰"的有力支持。

3. 新谢泼德火箭和新格伦火箭

新谢泼德火箭（图 1-15）是美国蓝色起源公司设计的一款垂直起降、完全可重复使
用的亚轨道飞行器。新谢泼德火箭主要由动力模块和乘员舱两部分组成，能够搭载 3～6
名乘客。乘员舱采用"伞降＋反推发动机"的方式回收，动力模块采用"气动翼＋主发动
机"进行减速，最终实现垂直降落[6-8]。

动力模块采用推力为 490kN 的 BE-3 液氢液氧发动机，起飞后工作约 3min。BE-3 发动机采用深度节流技术，可在 89～490kN 之间连续进行推力调节，实现在返回段末段对动力模块进一步减速，最终确保动力模块的安全着陆。BE-3 发动机是第一款采用抽气循环的发动机，从主燃烧室抽取燃气，用于驱动涡轮泵工作，省去了燃气发生器系统，简化了动力系统结构，增加了发动机的可靠性，同时便于发动机的维护和再次使用。2015 年，新谢泼德火箭进行了首次飞行试验。此次试验中，飞行器最大飞行高度为 93.5km，乘员舱平稳着陆，动力模块则由于液压作动器故障未能成功回收。

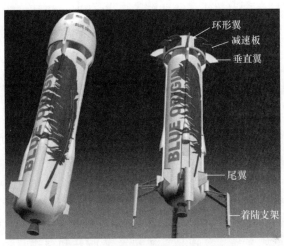

图 1-15 新谢泼德飞行器示意图

2016 年，蓝色起源公司公布了其正在研制的下一代垂直起降可重复使用运载器——新格伦火箭（图 1-16）。新格伦火箭箭体直径为 7m，两级构型长 82m，三级构型长 95m，一级采用 7 台 BE-4 发动机（液氧甲烷），二级采用多台 BE-3U 发动机（液氧液氢），三级采用一台 BE-3U 发动机。执行轨道发射任务时，LEO 的有效载荷为 45t。目前，新格伦火箭的首次发射已推迟到 2022 年年底。与新谢泼德火箭类似，新格伦火箭的助推级垂直起降可实现重复使用[13]。

1.2.2 垂直起飞水平着陆的跨大气层飞行器

20 世纪 40 年代末，钱学森提出了大气层平衡滑翔的高超声速运输系统概念，该系统借助火箭动力将升力式飞行器助推到空气稀薄的太空，并进入大气层利用气动力实现平衡滑翔飞行，实现洲际航行[19,20]。自 20 世纪 60 年代以来，以美国为代表的世界航天强国分别开展了基于火箭动力的跨大气层飞行器的研究与探索，研发了以航天飞机为代表的一系列跨大气层飞行器。20 世纪 80 年代初，

两级 三级 可加收
构型 构型 一子级

图 1-16 新格伦火箭的构型

美国第一架航天飞机哥伦比亚号实现了天地往返的跨大气层飞行试验。同一时期，日本也在进行 HOPE-X 空天飞机项目，开始积累高超声速飞行技术。20 世纪 80 年代末，苏联研制的暴风雪号航天飞机也完成了其唯一的一次跨大气层飞行试验。20 世纪 90 年代，美国先后探索了 X-33 单级入轨可重复使用运载飞行器、X-34 重复使用无人驾驶航天技术验证机和 X-38 乘员返回飞行器，但均由于技术过于超前在 21 世纪初终止。2010 年，尺寸约为航天飞机 1/4 的轨道试验飞行器（X-37B）在轨飞行 225 天后返回范登堡空军基地着陆场，完成了其第一次跨大气层飞行试验。2013 年，美国提出了垂直起飞、水平着陆的亚轨道运输飞行器（SOV）技术验证机 XS-1 计划。此外，欧空局研发的过渡性试验飞行器（IXV）于 2015 年完成了轨道再入飞行试验，验证了跨大气层高超声速、无动力机动再入飞行的能力。印度研发的重复使用运载器技术验证机（RLV-TD）于 2016 年采用顶推发射的形式完成了首次高超声速飞行试验，最终成功滑翔到孟加拉湾预定的虚拟跑道，完成任务目标。

从整体来看，在垂直起飞水平着陆跨大气层飞行器方面，美国一直走在世界的最前沿。以下对几种典型的跨大气层飞行器进行回顾，主要包括美苏的航天飞机、美国的 X-37B、欧空局的 IXV 和印度的 RLV-TD。

1. 航天飞机

20 世纪 60 年代末期，NASA 开始了航天飞机的概念研究，这一方案在 20 世纪 70 年代初期获得批准。历经 9 年研制，第一架航天飞机哥伦比亚号于 20 世纪 80 年代初完成了首次飞行试验，随后挑战者号、发现号、亚特兰蒂斯号和奋进号航天飞机也相继服役。2011 年亚特兰蒂斯号航天飞机在肯尼迪航天中心安全着陆，结束其"谢幕之旅"，航天飞机时代至此终结。在航天飞机服役的 30 年时间里，执行了 135 次航天任务，累计将 852 位航天员送到太空，成功率为 98.51%。美国航天飞机轨道器长 37.2m，翼展 23.79m，净重 68t，有效载荷约 30t，轨道器在轨运行时长为 7～30 天。航天飞机轨道器借助其高升阻比在大气层内滑翔，最终实现在跑道上水平着陆。航天飞机再入纵向机动能力为 7000～10000km，横向机动能力可达 1000km 以上。航天飞机的结构如图 1-17（a）所示，美国亚特兰蒂斯号航天飞机主要由轨道器、固体助推器和液体推进剂贮箱三大部分组成，主发动机安装在轨道器尾部[21]。

苏联在 20 世纪 70 年代初决定发展类似于美国航天飞机的飞行器，命名为暴风雪号航天飞机，其两项功能分别是航天武器和空间站运输工具[22]。暴风雪号航天飞机主要由助推火箭和轨道器两大部分组成 [图 1-17（b）]，轨道器长 36m，高 16m，翼展 24m，轨道器起飞质量为 105t。货舱长 18.3m，直径 4.7m，能把 30t 货物送上 LEO。乘员舱可乘 10 人，设计飞行寿命为 100 次。第一架暴风雪号航天飞机于 20 世纪 80 年代中期建造完成，于 20 世纪 80 年代后期进行首次飞行试验，暴风雪号航天飞机在太空遨游 3h 后，准确降落在预定跑道上。然而，随着苏联解体，航天飞机计划被迫终止。

航天飞机成功飞行了 30 多年，其采用的飞行控制、气动外形设计、热防护系统以及火箭发动机技术在航天领域仍然是较为领先的、实用和可靠的。航天飞机的成功运营开创了跨大气层飞行的时代，其可重复性、可靠性使世界各航天大国踊跃跟踪、研究航天飞机的相关技术，促进了天地往返跨大气层飞行器的不断发展。

助推火箭

轨道器

（a）美国亚特兰蒂斯号航天飞机　　　　　（b）苏联暴风雪号航天飞机

图 1-17　航天飞机的结构

2. 轨道试验飞行器

为进一步提高跨大气层飞行器的安全性和降低发射成本，美国政府于 20 世纪 90 年代中期启动 NASA 第二代 RLV 的研制工作。在此背景下，美国的各大公司和研究机构积极开展第二代 RLV 的技术论证与研究工作，提出了多种可重复使用运载器方案，其中，典型的方案有 X-34 小型亚轨道飞行试验机、X-37B 轨道试验飞行器和乘员飞行器等，其中，X-37B 取得了巨大的成功。X-37B 的外形可以说是缩小版的航天飞机[23]，其起飞质量约为 5t，尺寸不到航天飞机轨道器的 1/4，高 2.9m，长 8.9m，翼展 4.5m，试验货舱长 2.13m，直径 1.22m（图 1-18）。

图 1-18　X-37B 的外形示意图

2010 年 4 月，第一架 X-37B 首次试飞，于同年 12 月以滑翔的方式返回。期间进行了多次机动变轨试验，验证了空间长期驻留、自主式离轨制动和再入与着陆等技术。随后，X-37B 分别于 2011 年、2012 年、2015 年、2017 年完成了四次飞行试验，在轨时间最长达到 780 天。2020 年，X-37B 由宇宙神 5 号运载火箭发射升空，进行第六次飞行之旅。X-37B 项目的成功标志着美国在自由进出空间能力上的巨大优势，代表着未来跨大气层往返空天飞行器的发展方向[24,25]。

3. 过渡性试验飞行器

从 20 世纪 90 年代中期开始，欧空局先后制定了关于跨大气层天地往返运输系统的多项研究计划，主要包括欧洲航天运输研究计划（FESTIP）、未来运载技术计划（FLTP）以及未来运载器预备计划（FLPP）等。各项研究计划中包括了多类试验飞行器，如 EXPERT、IXV、EXOMARS、ARV 等，其中，最受关注的当属过渡性试验飞行器 IXV[19]。

IXV 项目的主要目标是：完成基于升力体布局再入飞行器的一体化设计与研制，并通过飞行试验进行验证。IXV 长 6.4m，宽 2.2m，高 1.6m，质量为 1815kg，升阻比约为 0.7，两片体襟翼用于配平和飞行控制，其气动外形和结构布局如图 1-19 所示。IXV 于 2015 年完成轨道再入飞行试验，演示并验证了跨大气层高超声速、无动力机动再入飞行的能力。IXV 任务的成功为欧洲未来研制跨大气层可重复使用的运输系统做好了技术储备。

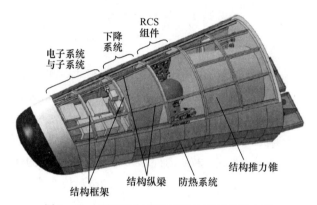

图 1-19　IXV 飞行器的气动外形和结构布局

4. 印度重复使用运载技术验证飞行器（图 1-20）

近年来，印度正在开展两级重复使用航天运输系统的研制工作。运载器的第一级为带翼的飞行器，可飞行到 100km 高度附近，速度约为轨道速度的一半。发动机推进剂耗尽后，第一级再入大气层，像飞机一样水平降落在机场跑道上。第二级将有效载荷送入轨道后，再入大气层，并利用气囊在海洋或陆地上回收。

2016 年，印度研发的 RLV-TD[26] 采用顶推发射方式，从位于印度东南部的萨迪什·达万航天中心发射，在 56km 高度与固体火箭分离，惯性爬升至 65km 亚轨道后再入返回，并最终降落于孟加拉湾预定的虚拟跑道。

1.2.3　水平起飞水平着陆的跨大气层飞行器

水平起飞水平着陆跨大气层飞行器多采用组合循环动力（简称"组合"动力）技术，该技术是液体火箭发动机、涡轮发动机与冲压发动机等技术的有机结合。与单一类型的动力相比，组合动力可发挥不同类型动力在各自工作范围内的技术优势，具有工作范围宽、平均比冲高、使用灵活等特点。在不同飞行阶段，采取最高效的动力推进方式，最大限度地发挥不同动力的优点，从而大大拓展飞行器的高度-速度包线[27]。组合动力技术应用于航天运输，可为空天飞行器提供低成本、高性能的动力系统方案。目前，组合动力类型主要有空气涡轮火箭动力（ATR）、火箭基组合循环（RBCC）动力[28]、涡轮基组合循环（TBCC）动力[29]和预冷类组合动力（如 SABRE）[30]等，其基本分类如图 1-21 所示。

图 1-20　印度重复使用运载器技术验证飞行器

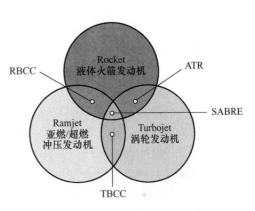

图 1-21　组合动力基本分类

　　适应进入空天所经历的全速域、全空域飞行是组合动力技术概念提出的最主要的原因。组合动力重复使用运载器能够从普通机场起飞和着陆，实现低成本、航班化、灵活可靠的航天运输。组合动力重复使用运载器技术发展路线图如图 1-22 所示。

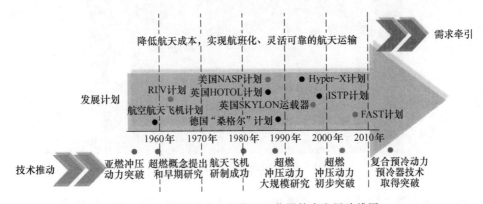

图 1-22　组合动力重复使用运载器技术发展路线图

　　20 世纪 60 年代，美国提出可重复使用航天运输系统（RLV）研究计划，重点开展了引射冲压（ERJ）、增压引射冲压（SERJ）两型 RBCC 发动机研究，验证了引射和亚燃冲压模态性能[31,32]。20 世纪 70 年代，由于大量经费用于航天飞机研制，RLV 计划终止，组合动力技术陷入低谷。20 世纪 80 年代，基于航天飞机的成功研制经验以及吸气式动力的初步进展，各国掀起了组合动力天地往返运输系统的研究高潮。美国提出国家空天飞机（NASP）[33]计划及 X-30 单级入轨飞行器，对多种 RBCC 系统开展了大量研究；英国提出 HOTOL 单级入轨空天飞机，以一种新型吸气式火箭发动机作为动力系统[34]；德国提出"桑格尔"两级入轨运载器，其中，一子级采用 TBCC 动力，二子级采用液体火箭发动机[35]。20 世纪 90 年代初，由于技术水平无法支撑完全重复使用天地往返运输系统的研制，各国组合动力天地往返运输系统研究计划相继终止，但其研究成果为后续的关键技术突破奠定了良好的基础。NASP 计划后，美国主要聚焦于组合动力关键技术及制约组合动力应用的超燃冲压技术的研究，并在 NASA、DARPA 和空军的支持下，相继通过 Hyper-X、ISTP、FAST、CCEC、AFRE 等多项计划，对超燃冲压动力及以 RBCC、TBCC 为代表的组合动力技术开展研究。英国在 HOTOL 计划终止后，在其基础上，成立了英国反应发动机有限公司（REL），开展"佩刀"（SABRE）发动机及 SKYLON 单级入轨运载器研究[36]。

1. CCEC 两级入轨飞行器

2004 年，美国开展组合循环发动机组件（CCEC）计划，主要目的是为军用两级入轨运载器提供第一级动力。该计划中以 TBCC 为动力的两级入轨飞行器命名为 Quicksat，以 RBCC 为动力的两级入轨飞行器命名为 Sentinel。

Quicksat 飞行器集成了推进、材料、结构、航空、健康监测等方面的众多先进技术，其外形概念图如图 1-23 所示。为了减小质量，机身结构大量采用了非金属材料和轻质耐高温合金。飞行器一子级采用 TBCC 发动机，二子级采用液体火箭发动机，起飞质量约为 337t，全长 47m，翼展 24.7m，可将 5.9t 的轨道机动飞行器运送到 LEO，也可进行航程为 8000km 的高超声速远程打击。

图 1-23　Quicksat 飞行器概念图

Sentinel 飞行器采用垂直起飞水平着陆的方式，同样包括助推级和轨道机动飞行器，其任务剖面如图 1-24 所示。助推级采用 RBCC 发动机，地面垂直发射后，以引射模态作为低速段动力，到飞行速度达到 $Ma=3.5$ 时，双模态冲压发动机开始工作；到飞行速度达到 $Ma=8$ 时，打开载荷舱门释放轨道机动飞行器，之后助推级返回水平降落。轨道机动飞行器在轨完成任务后，像航天飞机一样再入大气，并返场着陆。Sentinel 飞行器比 Quicksat 飞行器规模略大，起飞质量约为 343t，飞行器全长 54m，翼展 29m。

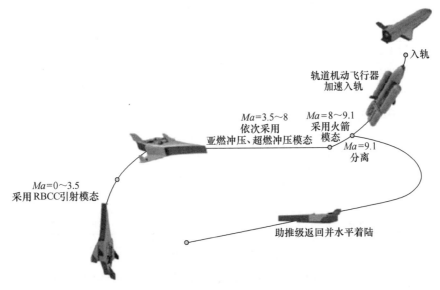

入轨

轨道机动飞行器
加速入轨

$Ma=3.5\sim8$
依次采用
亚燃冲压、超燃冲压模态

$Ma=8\sim9.1$
采用火箭
模态

$Ma=9.1$
分离

$Ma=0\sim3.5$
采用RBCC引射模态

助推级返回并水平着陆

图 1 - 24　Sentinel 飞行器任务剖面图

目前，CCEC 计划的研究还在进行中，有关地面、飞行的演示验证将在未来逐步开展，CCEC 计划的推进将确保美国在空天飞机技术领域的优势地位。

2. "云霄塔"飞行器

"云霄塔"（SKYLON）飞行器的概念源于 20 世纪 80 年代英国开展的单级入轨水平起降（HOTOL）空天飞机及其所采用的罗尔斯-罗伊斯公司的 RB545 发动机项目，该研究项目由于资金和技术等原因，于 20 世纪 80 年代末取消。HOTOL 项目取消后，原来参与 HOTOL 项目研究的艾伦·邦德等几位工程师成立了英国反应发动机有限公司，继续开展 HOTOL 相关技术研究。20 世纪 90 年代中期，反应发动机有限公司提出了"云霄塔"飞行器和预冷空气涡轮火箭动力"佩刀"发动机方案。"云霄塔"是完全可重复使用、水平起降、高可靠及低费用的单级入轨空天飞行器，其外形概念图如图 1 - 25 所示。在确定了"云霄塔"飞行器的基本构型后，该公司主要针对"佩刀"发动机开展关键组件基础研究和关键技术验证试验，"佩刀"发动机主要研制历程见表 1 - 1。

图 1 - 25　"云霄塔"飞行器概念图

表 1-1　"佩刀"发动机主要研制历程

时间	进　展
1999 年	完成小型预冷却器模块传热试验
2001 年	完成预冷却器模块风洞试验
2003 年	成功验证防结冰控制技术
2005 年	成功制造出预冷却器的全尺寸试验样件
2012 年	成功将空气无霜冷却到 -150℃，验证了预冷却系统性能，ESA 对试验结果给予积极评价
2013 年	进入发动机样机研制阶段
2015 年	AFRL 正式确定了"佩刀"发动机概念的可行性，REL 公司公布 SABRE 4 发动机方案
2019 年	REL 公司完成全尺寸"佩刀"发动机在 $Ma=3.3$ 和 $Ma=5$ 气流条件下的高温冷却考核试验
当前	REL 公司正研制"佩刀"发动机缩比样机，可应用于小型空天飞机，也可作为大型发动机基本模块

自 1994 年提出"云霄塔"C1 方案以来，"云霄塔"飞行器先后经历了 C1 方案、C2 方案和 D1 方案[37]。"云霄塔"D1 方案为最新方案，全机长约为 83.1m，最大直径为 6.3m，翼展 25.4m，额定起飞质量约为 325t，有效载荷约为 15t。"云霄塔"飞行器设想从机场跑道水平起飞，采用吸气模式加速至 $Ma=5.4$ 以及 26km 高度后，切换至纯火箭模式直至入轨，在释放载荷后再入大气层返回，并在跑道上水平降落。

3. 基于"佩刀"发动机的两级入轨飞行器

2016 年，美国空军研究实验室发布了两型基于"佩刀"发动机的两级入轨飞行器方案[38]。方案 A 为部分重复使用飞行器，包含安装两台"佩刀"发动机的可重复使用助推一子级和一次性火箭二子级，二子级安装在一子级飞行器的载荷舱内。全机长约为 46m，翼展约为 30m，起飞质量约为 144t，能将 2.27t 的有效载荷送入高度 185.2km、倾角 28.5° 的圆轨道，其任务剖面如图 1-26 所示。一子级飞行器从跑道上水平起飞，利用"佩刀"发动机的吸气式工作模态加速爬升到高度约 21km、$Ma=4\sim5$，然后切换到火箭模态，并继续加速爬升到高度约 80km、$Ma=8$ 时，载荷舱门打开，二子级飞行器与一子级飞行器分离，并点火爬升直至入轨。同时，一子级借助气动力滑翔并最终水平返回着陆场。

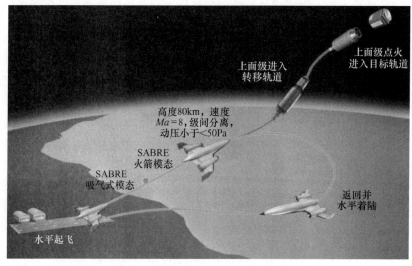

图 1-26　方案 A 飞行器任务剖面示意图

方案 B 为完全重复使用两级入轨飞行器,其一子级总体布局与方案 A 的一子级类似,两台"佩刀"发动机使用液氢液氧推进剂,二子级充分借鉴空军研究实验室对重复使用运载器的研究成果,配置液氧煤油火箭发动机,起飞时固定在一子级飞行器背部。方案 B 飞行器外形概念图如图 1-27 所示。飞行器总长约为 58m,翼展约为 35m,起飞总质量约为 590t,可将约 9t 的有效载荷送入高度 185.2km、倾角 28.5°的圆轨道。一子级飞行器起飞、爬升、滑翔、着陆等环节均与方案 A 相同,二子级飞行器与一子级飞行器分离并点火继续爬升,释放载荷后本身不具备入轨条件,在"绕地球一周"后滑翔返回起飞机场。

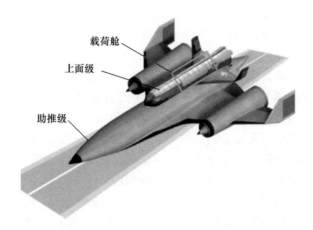

图 1-27 方案 B 飞行器外形概念图

能在更大空域、速域内自由飞行,低成本、快响应进出空间是人类的梦想。在更先进的颠覆性动力系统问世之前,对当前成熟动力进行有机结合的组合动力必然会成为世界各航空航天大国争相追逐的研究热点。在应用需求牵引和技术创新驱动的双重作用下,组合动力飞行器将是未来先进航空航天技术的重要发展方向,极有可能重塑世界航空航天新格局。

1.3 跨大气层飞行轨迹优化与制导面临的挑战

跨大气层飞行轨迹优化与制导的特点与起降方式密切相关,如本书 1.1 节所述,目前主要有三种模式,即垂直起飞垂直降落重复使用火箭飞行模式、垂直起飞水平着陆重复使用运载器飞行模式和水平起飞水平着陆重复使用运载器飞行模式。三种飞行模式在轨迹优化与制导方面均存在较大挑战,以下就三种模式面临的挑战进行简要的论述。

1.3.1 垂直起飞垂直降落轨迹优化与制导面临的挑战

相对于一次性使用的运载火箭,垂直起飞垂直降落(以下简称垂直起降)运载火箭在进行飞行轨迹优化设计时,既要满足发射任务入轨要求,又要确保运载火箭能够垂直安全软着陆于指定着陆场,其返回段飞行与上升段飞行紧密耦合。垂直起降运载火箭的上升段和返回段均以推力为主要控制方式,在同等推力条件下,推进剂分配决定了运载能力和返回能力。在进行轨迹优化设计时,还需要同时满足上升段、返回段的各项基本约束,并权衡上升段和返回段的性能指标。轨迹优化目标是使推进剂消耗最少，同时减轻返回时气动加热影响，保证火箭在着陆场实现高精度软着陆。

垂直起降返回过程中历经调姿段、修航段、动力减速段、大气减速段和垂直着陆段等多个飞行阶段。调姿段的飞行只对火箭的姿态进行机动，不改变火箭弹道，因此其轨迹优化与制导的挑战主要在剩余飞行阶段。修航段，由于运载火箭在主动关机时存在较大偏差，目前迭代制导中的入轨点迭代更新等方法虽然能够显著地提高制导精度，但引入的迭代计算将增加箭载计算机工作负荷，不利于在线实现。动力减速段，为避免再入大气过程中法向过载和动压过大，发动机推力方向与速度矢量方向相反进行制动减速，当存在外部干扰及气动特性多变时，难以保证高精度的轨迹跟踪。大气减速段，对于一子级轴对称外形的无动力大气再入制导问题，一般采用标称轨迹跟踪制导方法和预测校正制导方法等，但上述方法均难以对终端落角进行有效约束。因此，对于垂直起降运载火箭大气减速段这类包含终端角度约束的制导问题，需要应用偏置比例导引、变系数比例导引、最优制导律、滑模制导律等终端角度约束制导方法。垂直着陆段，运载火箭飞行环境高动态变化，着陆过程中制导律给出推力矢量方向、推力大小和发动机工作时间，使运载火箭抑制扰动偏差影响并精确垂直软着陆于预定位置，这种依赖矢量推力反推并考虑位置、速度和姿态约束的垂直着陆制导问题为复杂的动力下降制导问题。

对于火箭子级垂直返回的困难程度，SpaceX 公司就曾做过以下形象的比喻：在陆地平台回收，就如同扔一根铅笔飞过帝国大厦楼顶（高约 443m），然后让其在暴风雨中返回并落在一个鞋盒上；而对于海上平台回收而言，就如同让铅笔飞过帝国大厦楼顶后，精确地降落在一块漂浮不定的橡皮上面，而且不能翻倒。由此可见，在海上定点平台回收火箭一子级将面临如此巨大的挑战和困难，尤其是对其导航制导与控制技术提出了极其苛刻的要求。

1.3.2　垂直起飞水平着陆轨迹优化与制导面临的挑战

第一代垂直起飞水平着陆可重复使用运载器——航天飞机经过几十年的发展和努力，取得了举世瞩目的成就，解决了一系列横跨航空和航天不同领域的关键技术，但同时也存在一些问题，如运营成本高，每次任务都需要在地面进行大量的运算，地面准备时间长。当前，对于垂直起飞水平着陆重复使用运载器来说，垂直起飞的技术已经较为成熟，其面临的挑战主要在于考虑各种物理约束、多种偏差和不确定性的条件下，合理消耗掉再入过程中的能量，使运载器按照要求的能量状态在指定的着陆场实现高精度着陆。由于运载器具有非常强的机动能力，其轨迹优化的制导目标是将控制运载器向着陆场靠近，初期再入段的目标是将运载器导引到能量管理窗口，能量管理的目标是将运载器导引到进场着陆窗口，进场着陆的目标是使运载器在着陆场跑道上实现高精度着陆。

初期再入段是这类飞行器最为复杂和关键的飞行阶段，涉及轨道速度进入大气层带来的巨大的热流效应和减速过载，飞行的空域（临近空间）是目前人类尚未充分认识的复杂空域，地面试验尚难以具备对其特性进行模拟的能力，存在着很大的不确定性。再入飞行初期的最大挑战是确保运载器以极高速度飞行与大气摩擦产生的巨大热流密度、法向过载和动压均不能超过运载器物理约束，同时飞行轨迹不能出现振荡，整个飞行过程中需要同时优化飞行攻角和倾侧角，确保运载器以要求的高度、速度、航迹角和待飞距离抵达能量管理窗口。能量管理段衔接了再入段和进场着陆段，其最大的挑战是需要在几分钟内将运载器初期再入段末端数百千米量级的位置偏差控制到进场着陆前百米量级的偏差，整个过程中还要遭遇恶劣的高空风环境。进场着陆段是整个飞行过程的最后阶段，也是整个飞行过程圆满结束的重要体现。其难点有三点：一是触地水平速度和下沉率的控制，必须小于起落架的约束，否则起落架容易损坏；二是触地俯仰角的约束，避免运载器尾部触地；三是接地点精度的控制，以防运载器冲出跑道。

从能量上来看，运载器在离开轨道再入时离地面的高度有一百多千米，速度高达二十几倍声速，势能和动能都非常高；而抵达着陆场窗口时，高度只有 3km，速度不到 0.5 倍声速，即势能不到再入时的 3%，动能不及再入时的 0.05%。也就是说，运载器的轨迹优化与制导需要通过合理优化初期再入和能量管理段的飞行轨迹，控制飞行攻角与倾侧角，不多不少、恰到好处地将运载器的势能和动能分别消耗掉 97% 和 99.95%，确保运载器能够进入进场着陆窗口，并最终实现在跑道上精确着陆，整个过程中飞行轨迹需要满足动压、过载、热流密度、总吸热量等复杂过程约束，同时还要考虑气动力、大气密度、高空风、质量等偏差与不确定性的影响。

1.3.3 水平起飞水平着陆轨迹优化与制导面临的挑战

水平起飞水平着陆（以下简称水平起降）重复使用运载器是当今最先进的运载器，代表着重复使用领域的最高水平。其先进之处在于充分利用组合发动机大推重比、高比冲的综合性能优势以及飞行器高升阻比的特性，以提高飞行器的加速性能和飞行效率。与垂直起飞水平着陆重复使用运载器相比，水平起降重复使用运载器还面临一些新的技术挑战。

水平起降重复使用运载器需要适应组合动力系统多飞行模态和调节变量多的工作模式，这给轨迹优化和制导带来了巨大的挑战；同时，飞行轨迹优化涉及气动姿态角、燃油当量比和火箭流量等控制变量，且发动机进气条件对攻角、侧滑角的限制，过大的攻角、侧滑角降低发动机进气效率，影响发动机燃烧效率，推力将急剧下降；其次，攻角、侧滑角的动态过程也受到严格约束，攻角、侧滑角的快速变化可能引起发动机进气道气流脉动，引发发动机喘振，造成发动机结构损坏，或者造成进气道溢流不启动而发动机熄火等问题。此外，气动姿态角、燃油当量比和火箭流量等控制变量不仅影响气动性能，还影响发动机性能，在飞行轨迹设计中表现为不同控制输入间、控制输入与飞行状态间的交叉耦合。

制导的挑战则在于整个飞行过程中涉及多个动力模态的切换，以 RBCC 组合动力飞行器来说，其飞行过程中涉及引射、亚燃、超燃，到火箭动力之间的切换，动力模态切换会引起制导指令的陡变；此外，气动力、组合动力特性、大气密度、温度、高空风等偏差与不确定性以及动压的剧烈变化，都给运载器的制导带来巨大的挑战。

1.4 本书的编写特点和内容安排

本书围绕跨大气层飞行的轨迹优化与制导技术，分 5 章进行撰写。

第 1 章 绪论

本章从我国古人对飞行探索开始，对人类飞行历史进行了简单回顾。结合大气区间特点和太空概念内涵,对跨大气层飞行概念进行定义,并按照不同的实现技术途径,将跨大气层飞行器分为垂直起降重复使用火箭、垂直起飞水平着陆重复使用运载器和水平起降重复使用运载器,对上述三种典型跨大气层飞行器的研究现状进行介绍,最后对这三种典型飞行模式下的轨迹优化与制导面临的挑战进行阐述。

第2章　典型跨大气层飞行模式的运动方程

本章根据跨大气层飞行任务特点,确定运动方程建模的坐标系;对跨大气层飞行过程中引力场和大气模型进行介绍,最后推导了垂直起飞、水平起飞、垂直返回和水平返回四种典型飞行模式的动力学模型,为后续轨迹优化和制导奠定基础。

第3章　垂直起飞垂直降落的重复使用火箭弹道优化与制导技术

本章首先对当前重复使用火箭垂直起飞段使用的轨迹优化与制导技术进行总结。其次对重复使用火箭垂直起飞段弹道设计、摄动制导、迭代制导和最优制导技术进行介绍,并结合火箭参数,进行仿真验证。最后对当前重复使用火箭垂直返回段轨迹优化与制导所采用的方法进行阐述,并给出相关的算例。

第4章　垂直起飞水平着陆的跨大气层飞行器轨迹优化与制导技术

本章以垂直起飞水平着陆的跨大气层飞行器为背景,按照初期再入、能量管理和进场着陆三个阶段对各段的轨迹优化和制导方法进行介绍,内容包括再入走廊设计、可达域分析、再入制导技术、能量走廊与能量剖面、能量管理段轨迹设计与制导、进场着陆段轨迹设计与制导等,且每一部分后面都给出了相关的算例。

第5章　水平起飞水平着陆的跨大气层飞行器轨迹优化与制导技术

本章首先对水平起飞水平着陆的跨大气层飞行器水平起飞轨迹优化的研究现状进行概述,结合水平起飞水平着陆飞行器飞行约束和飞行剖面进行分析,随后基于等动压爬升法和Gauss伪谱法完成了水平起飞段轨迹优化。根据轨迹优化的结果,运用反馈线性化轨迹跟踪制导、自抗扰控制轨迹跟踪制导原理对水平起飞段轨迹进行跟踪。

在撰写本书的过程中,始终围绕跨大气层飞行轨迹优化与制导技术,以不同飞行器模式下轨迹优化和制导技术的基本结构为主线展开讨论,使本书具备了相对完整和系统全面的特点。

参　考　文　献

[1] 茅元仪,武备志. 1621 [EB/OL]. https://www.zsbeike.com/cd/41455396.html.

[2] 陈燮阳,乔惠英. 从木鸢、风筝到飞机的发明:人类飞行愿望的实现(三)[J]. 汽车研究与开发,2002(1):56-58.

[3] 历史百家汇. 达·芬奇的《鸟类飞行手稿》设计手稿启发了飞机的发明 [EB/OL]. 2021-4-3. https://m.sohu.com/a/307756011_717847/? pvid=000115_3w_a.

[4] 武际可. 人类飞起来前后:力学史杂谈之十五 [J]. 力学与实践,2003,25(6):76-80.

[5] 今科. 莱特兄弟发明飞机的故事 [J]. 今日科苑,2013,22:53-56.

[6] 百度百科. 莱特兄弟 [EB/OL]. https://vhsagj.smartapps.baidu.com/pages/lemma/lemma?/lemmaTitle=%E5%A4%AA%E7%A9%BA&lemmald=1003&from=bottomBarShare&hostname=baiduboxapp&_swebfr=1.

[7] 刘进军. 登天必由之路(下)[J]. 卫星与网络,2011,6:48-53.

[8] 龙乐豪,王国庆,吴胜宝,等. 我国重复使用航天运输系统发展现状及展望 [J]. 国际太空,2019

（9）：4 - 10.

[9] 韦常柱，琚啸哲，徐大富，等 . 垂直起降重复使用运载器返回制导与控制 [J]. 航空学报，2019，40（7）：192 - 215.

[10] 徐大富，张哲，吴克，等 . 垂直起降重复使用运载火箭发展趋势与关键技术研究进展 [J]. 科学通报，2016，61（32）：3453 - 3463.

[11] 高朝辉，张普卓，刘宇，等 . 垂直返回重复使用运载火箭技术分析 [J]. 宇航学报，2016，37（2）：145 - 152.

[12] 崔乃刚，吴荣，韦常柱，等 . 垂直起降可重复使用运载器发展现状与关键技术分析 [J]. 宇航总体技术，2018，2（2）：27 - 42.

[13] 胡冬生，郑杰，吴胜宝 . "新格伦" 火箭简析及其与 "猎鹰重型" 火箭的对比 [J]. 国际太空，2017（6）：43 - 48.

[14] 张雪松 . 艾伦·马斯克的终极梦想：可重复使用运载火箭 [J]. 太空探索，2014（7）：28 - 31.

[15] Launch manifest [EB/OL]. [2017 - 12 - 31]. http：//www. spacex. com/missions.

[16] SpaceX news [EB/OL]. [2017 - 12 - 31]. https：//www. nasaspaceflight. com/news/spacex/.

[17] 张浩 . 太空探索技术公司放弃 "龙" 飞船有动力着陆方案 [J]. 中国航天，2017（9）：50 - 51.

[18] 焉宁，胡冬生，郝宇星 . Space 公司 "超重-星舰" 运输系统方案分析 [J]. 国际太空，2020，503：11 - 17.

[19] TUMINO G，MANCUSO S，GALLEGO J M，et al. The IXV Experience：From the Mission Conception to the Flight Results [J]. Acta Astronautica，2016，124：2 - 17.

[20] NIITSU M，UZAWA K，KAMITA T. Hope - X：Development of Japanese All - composite Prototype re - entry Vehicle Structure [J]. Sampe Journal，2002，38（4）：34 - 39.

[21] 李黎峰 . 美国航天飞机结构解读 [J]. 航天员，2006（4）：23 - 25.

[22] 孙乐民 . 苏联航天飞机 [J]. 导弹与航天运载技术，1990（8）：9 - 20.

[23] BOLTZ W F. Space Shuttle Family：Shuttle II，Mini Shuttle，and Micro Shuttles [J]. Journal of Spacecraft，1998，35（6）：852 - 855.

[24] 李怡勇，李智，张睿，等 . 美空军 X - 37B 轨道飞行试验分析 [J]. 飞航导弹，2013（8）：87 - 92.

[25] GRANTZ A C. X - 37B Orbital Test Vehicle and Derivatives [C]. AIAA Space 2011 Conference & Exposition. Long Beach，USA，September，2011.

[26] 单文杰，代坤，康斯贝 . 印度可重复使用运载器计划初探 [J]. 国际太空，2012（12）：11 - 14.

[27] 彭小波 . 组合动力飞行器技术发展 [J]. 导弹与航天运载技术，2016，2（5）：1 - 6.

[28] FOSTER R W，ECHER W J D，ROBINSOR J W，et al. Studies of an Extensively Axisymmetric Rocket Based Combined Cycle（RBCC）Engine Powered Single - stage - to - orbit（SSTO）Vehicle [C]. AIAA/ASME/SAE/ ASEE 25th Joint Propulsion Conference. Monterey：AIAA ，1989. doi：10. 2514/6. 1989 - 2294.

[29] SNYDER L E，ESCHER D W，DEFRANCESCO R L，et al. Turbine Based Combination Cycle（TBCC）Propulsion Subsystem Integration [C]. 40th AIAA/ASME/SAE/ASEE Joint Propulsion Conference and Exhibit. Fort Lauderdale：AIAA ，2004. doi：10. 2514/6. 2004 - 3649.

[30] AGGARWAL R，LAKHARA K，SHARMA P B，et al. SABRE Engine：Single Stage to Orbit Rocket Engine [J]. International Journal of Innovative Research in Science，Engineering and Technology，2015，10（4）：10360 - 10366.

[31] EHRLICH C F JR. Early Studies of RBCC Applications and Lessons Learned for Today [C]. 36th AIAA/ ASME/SAE/ASEE Joint Propulsion Conference and Exhibit. Huntsville：AIAA ，2000. doi：10. 2514/6. 2000 - 3105.

[32] HYDE E H, ESCHER W J D, RODDY J E. Marquardt's Mach 4. 5 Supercharged Ejector Ramjet High - performance Aircraft Engine Project [C]. 36th AIAA/ASME/SAE/ASEE Joint Propulsion Conference and Exhibit. Huntsville: AIAA , 2000. doi: 10. 2514/6. 2000 - 3109.

[33] MURNS C E K, JR. National Aero - Space Plane Achievements and U. S. Space - launch Goals [C]. 6th AIAA International Aerospace Planes and Hypersonics Technologies Conference. Chattanooga: AIAA , 1995. doi: 10. 2514/6. 1995 - 6052.

[34] BURNS B R A. HOTOL Space Transport for the Twenty First Century [J]. Proceedings of the Institute of Mechanical Engineers, Part G: Journal of Aerospace Engineering, 1990, 204 (2): 101 -110.

[35] SCHABER R, SCHWAB R R. Hypersonic Propulsion Considerations for a Flying Testbed [C]. AIAA/ASME/SAE/ASEE 27th Joint Propulsion Conference. Sacramento: AIAA, 1991. doi: 10. 2514/6. 1991 - 2492.

[36] R LONGSTAFF, A BOND. The Skylon Project [C]. 17th AIAA International Space Planes and Hypersonic Systems and Technologies Conference. San Francisco: AIAA, 2011. doi: 10. 2514/6. 2011 -2244.

[37] 张连庆, 刘博, 李浩悦 . "佩刀" 发动机技术进展分析 [C]. 中国航天第三专业信息网第三十八届技术交流会暨第二届空天动力联合会议, 大连, 中国会议, 2017.

[38] HELLMAN B M, BRADFORD J E, GEMAIN BDS, et al. Two Stage to Orbit Conceptual Vehicle Designs Using the SABRE Engine [C]. SPACE Conferences and Exposition. Long Beach: AIAA , 2016. doi: 10. 2514/6. 2016 - 5320.

第 2 章　典型跨大气层飞行模式的运动方程

建立跨大气层飞行器的运动模型是研究跨大气层飞行轨迹优化与制导的基础。因此，本章首先结合三种典型跨大气层飞行任务特点，确定运动方程的坐标系；然后根据跨大气层飞行空域，对跨大气层飞行环境进行建模；最后推导给出跨大气层垂直起飞、水平起飞、垂直返回和水平返回四种典型飞行模式下的运动方程，为后续轨迹优化和制导研究提供理论依据。

2.1　坐标系定义及坐标变换

飞行器运动方程的建立离不开坐标系。选择在何种坐标系下建立运动方程，需要结合飞行器的具体任务剖面。在合适的坐标系下建模，可以得到较为简单的运动方程。与其他学科相比，飞行动力学中使用的坐标系数目相对较多，这是由于所涉及的力、力矩和运动变量多，而且规律复杂。对于高超声速飞行的再入段运动过程，建模时需要考虑地球曲率和地球自转因素的影响，通常将地球假设为圆球；对于一子级垂直着陆运动过程，由于整个飞行航程很短，地球曲率对飞行器运动的影响微乎其微，所以设计时，可将地球视为平面。本节结合跨大气层飞行的典型任务剖面，对运动过程中涉及的坐标系[1-4]进行定义。

2.1.1　坐标系定义

（1）地心惯性坐标系

地心惯性坐标系（图 2-1）即地心（第一）赤道坐标系。该坐标系原点在地心 O_E 处。$O_E X_I$ 轴在赤道面内指向春分点或惯性空间其他固定点。$O_E Z_I$ 轴垂直于赤道平面，与地球自转轴重合，指向北极。$O_E Y_I$ 轴与 $O_E X_I$、$O_E Z_I$ 轴共同构成右手直角坐标系。

（2）WGS-84 世界大地坐标系

WGS-84 世界大地坐标系（图 2-2）坐标原点在地球质心，$O_E Z_e$ 轴指向国际时间服务机构（BIH）1984.0 定义的协议地球极方向，$O_E X_e$ 轴指向 BIH1984.0 定义的起始子午面和赤道的交点，$O_E Y_e$ 轴与 $O_E X_e$ 轴和 $O_E Z_e$ 轴构成右手直角坐标系。

若原点对应参考椭球中心，参考椭球短轴与上述 $O_E Z_e$ 轴重合，零经度子午面与 $O_E X_e Z_e$ 平面重合，指向 $O_E X_e$ 轴方向，$O_E X_e Y_e$ 平面为赤道平面。当 WGS-84 世界大地坐标系采用直角坐标时，空间某测点相对该参考椭球的坐标为大地坐标，包括大地经度 λ_e（测点所在子午面与约定零经度子午面间的夹角）、地理纬度 ϕ_e（过测点参考椭球法线与赤道平面的夹角）和大地高度 H。当 WGS-84 坐标系采用球面极坐标时，空间某测点相对球面的坐标包括地心经度 λ、地心纬度 ϕ（地心至测点矢量与赤道平面 $O_E X_e Y_e$ 的夹角）和地心距 R，其中，$\lambda = \lambda_e$。

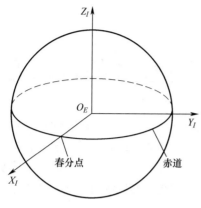

图 2-1　地心惯性坐标系

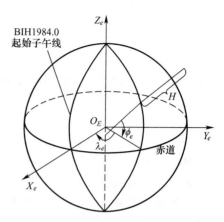

图 2-2　WGS-84 世界大地坐标系

（3）地心地固坐标系

地心地固坐标系（图 2-3）简称地心坐标系，是固连于地球的坐标系。原点为地球质心 O_E，$O_E X_e$ 轴在赤道平面内指向本初子午线（赤道平面与格林尼治子午面的交线）；$O_E Z_e$ 轴垂直于赤道平面并与地球自转轴重合，指向北极；$O_E Y_e$ 轴按右手法则确定。

（4）发射坐标系

发射坐标系（图 2-4）与地球固连，坐标原点为发射点 C；CY_n 轴与当地铅垂线重合而指向上方；CX_n 轴在过原点的水平面内指向发射瞄准方向，与 CY_n 轴垂直。CZ_n 轴与 CX_n 轴、CY_n 轴构成右手直角坐标系。

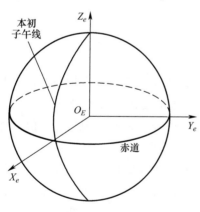

图 2-3　地心地固坐标系

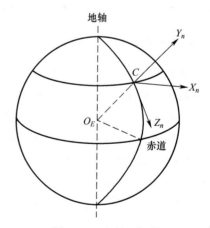

图 2-4　发射坐标系

（5）发射惯性坐标系

发射惯性坐标系 $CX_g Y_g Z_g$ 在飞行器起飞时刻（或起飞前指定时刻）与发射坐标系 $CX_n Y_n Z_n$ 重合，此后固化在惯性空间。

（6）北天东坐标系（当地水平坐标系或地理坐标系）

北天东坐标系（图 2-5）坐标原点为飞行器质心 O，OY_u 轴与过飞行器质心的参考椭球面法线重合，指向上方；OX_u 轴和过 OY_u 轴与参考椭球面交点的大地子午线切线平行，指向北方；OZ_u 轴与 OY_u、OX_u 轴构成右手直角坐标系。

（7）机体坐标系

机体坐标系（图 2-6）坐标原点为飞行器质心 O，OX_b 轴平行于机体纵轴，指向机头；OY_b 轴在飞行器纵向对称平面内，垂直于 OX_b 轴，指向上方；OZ_b 轴由右手法则确定。

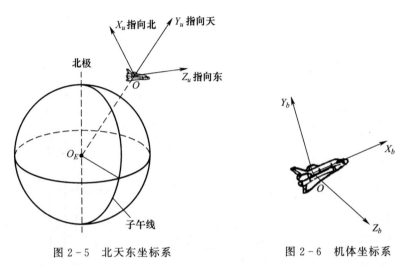

图 2-5　北天东坐标系　　　　　　　　　图 2-6　机体坐标系

（8）航迹坐标系

航迹坐标系（图 2-7）坐标原点为飞行器质心 O，OX_k 轴沿航迹速度方向；OY_k 轴在通过航迹速度矢量的铅垂平面内，垂直于航迹速度矢量，指向上方；OZ_k 轴由右手法则确定。

（9）气流坐标系

气流坐标系（图 2-8）坐标原点为飞行器质心 O，OX_v 轴沿气流速度方向，指向前方；OY_v 轴在飞行器对称平面内，垂直于气流速度矢量，指向上方；OZ_v 轴由右手法则确定。

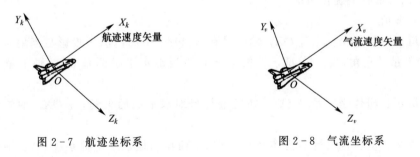

图 2-7　航迹坐标系　　　　　　　　　图 2-8　气流坐标系

（10）着陆场跑道坐标系

着陆场跑道坐标系（图 2-9）原点 O_d 位于飞行器着陆场一端跑道端头的中心点；O_dX_d 轴位于当地水平面内，指向跑道另一端端头的中心点方向；O_dY_d 轴沿坐标原点 O_d 处水平面的铅垂线向上；O_dZ_d 轴按右手法则确定。

（11）火箭本体坐标系

火箭本体坐标系（图 2 - 10）的坐标原点为火箭质心 O，OX_m 轴沿火箭纵轴，指向火箭理论尖点；OY_m 轴在火箭纵向对称面内，沿第三象限线；Z_m 轴由右手法则确定。

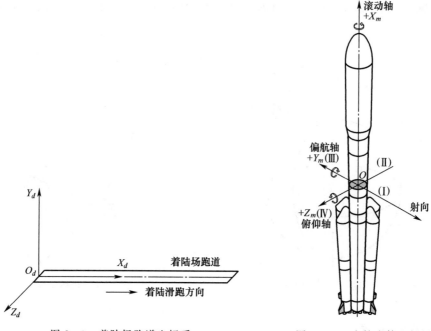

图 2 - 9　着陆场跑道坐标系　　　图 2 - 10　火箭本体坐标系

2.1.2　欧拉角定义

（1）攻角和侧滑角

攻角 α：空速在飞行器纵向对称面的正投影矢量与机体坐标系 $+OX_b$ 轴矢量的夹角，自正投影矢量方向绕机体坐标系 $+OZ_b$ 轴矢量右手旋转为正。

侧滑角 β：飞行器空速矢量与飞行器纵向对称面的夹角，自速度矢量方向绕气流坐标系 $+OY_v$ 轴矢量右手旋转为正。

（2）姿态角

偏航角 ψ：机体坐标系 $+OX_b$ 轴矢量在 X_uOZ_u 平面内的正投影与当地水平坐标系 $+OX_u$ 轴矢量的夹角，自 $+OX_u$ 轴矢量方向绕当地水平坐标系 OY_u 轴矢量右手旋转为正。

俯仰角 φ：机体坐标系 $+OX_b$ 轴矢量与当地水平面的夹角，$+OX_b$ 轴矢量指向天为正。

滚转角 γ：从包含飞行器机体坐标系 OX_b 轴和当地水平坐标系 $+OY_u$ 轴的平面绕 $+OX_b$ 轴矢量转到飞行器纵向对称平面的角度，$+OZ_b$ 轴矢量指向地球为正（或沿 OX_b 轴正方向看顺时针转动为正）。

（3）航迹倾角与航迹偏角

航迹偏角 χ：飞行器航迹速度矢量在当地水平坐标系平面的正投影与 $+OX_u$ 轴矢量的夹角，自正北方向绕当地水平坐标系 OY_u 轴矢量右手旋转为正。

航迹倾角 θ：飞行器航迹速度矢量与当地水平坐标系 X_uOZ_u 平面的夹角，航迹速度矢量指向天为正（或自航迹速度在当地水平面的正投影矢量绕航迹坐标系 $+OZ_k$ 轴矢量右手旋转为正）。

（4）倾侧角

倾侧角 σ：飞行器绕速度矢量正方向右手旋转转过的角。

2.1.3　坐标系转换关系

（1）北天东坐标系到机体坐标系

北天东坐标系 $OX_uY_uZ_u$ 通过三次旋转 $\boldsymbol{R}_y(\psi) \to \boldsymbol{R}_z(\varphi) \to \boldsymbol{R}_x(\gamma)$ 与机体坐标系 $OX_bY_bZ_b$ 重合（图 2-11），坐标旋转矩阵为

$$
\boldsymbol{L}_{bu} = \begin{bmatrix} 1 & 0 & 0 \\ 0 & \cos\gamma & \sin\gamma \\ 0 & -\sin\gamma & \cos\gamma \end{bmatrix} \begin{bmatrix} \cos\varphi & \sin\varphi & 0 \\ -\sin\varphi & \cos\varphi & 0 \\ 0 & 0 & 1 \end{bmatrix} \begin{bmatrix} \cos\psi & 0 & -\sin\psi \\ 0 & 1 & 0 \\ \sin\psi & 0 & \cos\psi \end{bmatrix}
$$

$$
= \begin{bmatrix} \cos\varphi\cos\psi & \sin\varphi & -\cos\varphi\sin\psi \\ \sin\gamma\sin\psi - \cos\gamma\sin\varphi\cos\psi & \cos\gamma\cos\varphi & \sin\gamma\cos\psi + \cos\gamma\sin\varphi\sin\psi \\ \cos\gamma\sin\psi + \sin\gamma\sin\varphi\cos\psi & -\sin\gamma\cos\varphi & \cos\gamma\cos\psi - \sin\gamma\sin\varphi\sin\psi \end{bmatrix}
$$

（2）北天东坐标系到航迹坐标系

北天东坐标系 $OX_uY_uZ_u$ 通过两次旋转 $\boldsymbol{R}_y(-\chi) \to \boldsymbol{R}_z(\theta)$ 与航迹坐标系 $OX_kY_kZ_k$ 重合（图 2-12），坐标旋转矩阵为

$$
\boldsymbol{L}_{ku} = \begin{bmatrix} \cos\theta & \sin\theta & 0 \\ -\sin\theta & \cos\theta & 0 \\ 0 & 0 & 1 \end{bmatrix} \begin{bmatrix} \cos\chi & 0 & \sin\chi \\ 0 & 1 & 0 \\ -\sin\chi & 0 & \cos\chi \end{bmatrix} = \begin{bmatrix} \cos\theta\cos\chi & \sin\theta & \cos\theta\sin\chi \\ -\sin\theta\cos\chi & \cos\theta & -\sin\theta\sin\chi \\ -\sin\chi & 0 & \cos\chi \end{bmatrix}
$$

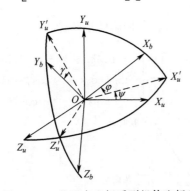

图 2-11　北天东坐标系到机体坐标系
转换示意图

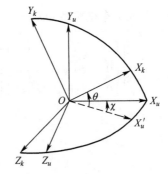

图 2-12　北天东坐标系到航迹坐标系
转换示意图

（3）气流坐标系到机体坐标系

气流坐标系 $OX_vY_vZ_v$ 通过两次旋转 $\boldsymbol{R}_y(\beta) \to \boldsymbol{R}_z(\alpha)$ 与机体坐标系 $OX_bY_bZ_b$ 重合（图 2-13），坐标旋转矩阵为

$$
\boldsymbol{L}_{bv} = \begin{bmatrix} \cos\alpha & \sin\alpha & 0 \\ -\sin\alpha & \cos\alpha & 0 \\ 0 & 0 & 1 \end{bmatrix} \begin{bmatrix} \cos\beta & 0 & -\sin\beta \\ 0 & 1 & 0 \\ \sin\beta & 0 & \cos\beta \end{bmatrix} = \begin{bmatrix} \cos\beta\cos\alpha & \sin\alpha & -\sin\beta\cos\alpha \\ -\cos\beta\sin\alpha & \cos\alpha & \sin\beta\sin\alpha \\ \sin\beta & 0 & \cos\beta \end{bmatrix}
$$

（4）航迹坐标系到气流坐标系

航迹坐标系 $OX_kY_kZ_k$ 经过一次旋转 $\mathbf{R}_x(\sigma)$ 与气流坐标系 $OX_vY_vZ_v$ 重合（图 2 - 14），坐标旋转矩阵为

$$\mathbf{L}_{vk} = \begin{bmatrix} 1 & 0 & 0 \\ 0 & \cos\sigma & \sin\sigma \\ 0 & -\sin\sigma & \cos\sigma \end{bmatrix}$$

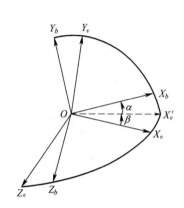

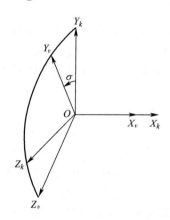

图 2 - 13 气流坐标系到机体坐标系
转换示意图

图 2 - 14 航迹坐标系到气流坐标系转
换示意图

（5）WGS - 84 世界大地坐标系到北天东坐标系

WGS - 84 世界大地坐标系 $O_EX_eY_eZ_e$ 通过三次旋转 $\mathbf{R}_z\left(\lambda - \dfrac{\pi}{2}\right) \rightarrow \mathbf{R}_x(\phi) \rightarrow \mathbf{R}_y\left(-\dfrac{\pi}{2}\right)$ 与北天东坐标系 $OX_uY_uZ_u$ 重合（图 2-15），坐标旋转矩阵为

$$\mathbf{L}_{ue} = \begin{bmatrix} 0 & 0 & 1 \\ 0 & 1 & 0 \\ -1 & 0 & 0 \end{bmatrix} \begin{bmatrix} 1 & 0 & 0 \\ 0 & \cos\phi & \sin\phi \\ 0 & -\sin\phi & \cos\phi \end{bmatrix} \begin{bmatrix} \sin\lambda & -\cos\lambda & 0 \\ \cos\lambda & \sin\lambda & 0 \\ 0 & 0 & 1 \end{bmatrix} = \begin{bmatrix} -\sin\phi\cos\lambda & -\sin\phi\sin\lambda & \cos\phi \\ \cos\phi\cos\lambda & \cos\phi\sin\lambda & \sin\phi \\ -\sin\lambda & \cos\lambda & 0 \end{bmatrix}$$

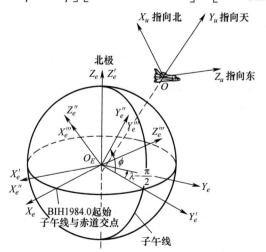

图 2 - 15 WGS - 84 世界大地坐标系到北天东坐标系转换示意图

（6）WGS-84 世界大地坐标系到着陆场跑道坐标系

设着陆场跑道坐标系坐标原点的大地经度和大地纬度分别为 λ_d 和 ϕ_d，O_dX_d 轴矢量与北天东坐标系 $OX_uY_uZ_u$ 的夹角为 ψ_d。WGS-84 世界大地坐标系 $O_EX_eY_eZ_e$ 到着陆场跑道坐标系的转换与到北天东坐标系的转换类似，这里不再给出转换示意图。WGS-84 世界大地坐标系通过旋转 $R_z\left(\lambda_d-\dfrac{\pi}{2}\right)\rightarrow R_x(\phi_d)\rightarrow R_y\left(-\psi_d-\dfrac{\pi}{2}\right)$ 与着陆场跑道坐标系 $O_dX_dY_dZ_d$ 重合，坐标旋转矩阵为

$$
\boldsymbol{L}_{de}=\begin{bmatrix}-\sin\psi_d & 0 & \cos\psi_d \\ 0 & 1 & 0 \\ -\cos\psi_d & 0 & -\sin\psi_d\end{bmatrix}\begin{bmatrix}1 & 0 & 0 \\ 0 & \cos\phi_d & \sin\phi_d \\ 0 & -\sin\phi_d & \cos\phi_d\end{bmatrix}\begin{bmatrix}\sin\lambda_d & -\cos\lambda_d & 0 \\ \cos\lambda_d & \sin\lambda_d & 0 \\ 0 & 0 & 1\end{bmatrix}
$$

$$
=\begin{bmatrix}-\sin\psi_d\sin\lambda_d-\cos\psi_d\sin\phi_d\cos\lambda_d & \sin\psi_d\cos\lambda_d-\cos\psi_d\sin\phi_d\sin\lambda_d & \cos\psi_d\cos\phi_d \\ \cos\phi_d\cos\lambda_d & \cos\phi_d\sin\lambda_d & \sin\phi_d \\ -\cos\psi_d\sin\lambda_d+\sin\psi_d\sin\phi_d\cos\lambda_d & \cos\psi_d\cos\lambda_d+\sin\psi_d\sin\phi_d\sin\lambda_d & -\sin\psi_d\cos\phi_d\end{bmatrix}
$$

（7）发射坐标系到火箭本体坐标系

发射坐标系 $CX_nY_nZ_n$ 到火箭本体坐标系 $OX_mY_mZ_m$ 的转换与北天东坐标系到机体坐标系的转换类似，同样可通过三次旋转 $R_y(\psi)\rightarrow R_z(\varphi)\rightarrow R_x(\gamma)$ 实现发射坐标系与火箭本体坐标系各轴方向的重合，因此，坐标旋转矩阵可表示为

$$
\boldsymbol{L}_{mn}=\boldsymbol{L}_{bu}
$$

2.2　跨大气层飞行环境建模

研究飞行器的运动应充分考虑作用在飞行器上的力，包括推力、地球引力和空气动力等。其中，地球引力、空气动力易受飞行环境的影响，随着高度的不断增加，大气会变得越来越稀薄，飞行器所受的地球引力也会变得越来越小。因此，在建模之前，先对引力场和大气建模情况进行介绍。

2.2.1　引力场

1. 地球引力加速度的数学模型

由于地球内部结构及物质组成复杂，导致密度分布不均，地表崎岖不平，因此很难对其建立精确的数学模型。一般采用国际上通用的地球模型表示方法，即认为地球是一个质量分布均匀的椭球体，其各项物理参数的大小和意义见表 2-1。

表 2-1　地球物理参数

名　称	符号	数　值
地球赤道半径（半长轴）/m	a_e	6378137
地球平均半径/m	R_m	6371004
地球扁率	e	1/298.257
地球自转角速度/（rad/s）	ω_e	7.292115×10^{-5}
地球引力常数/（m³/s²）	c	3.986005×10^{14}

（续）

名　称	符号	数　值
地球二阶带谐系数	J_2	1.08263×10^{-3}
海平面重力加速度/（m/s²）	g_0	9.80665

引力加速度是度量地球引力大小的物理量。按照万有引力定律，地球外同一距离处的引力加速度应该相等。但是，由于地球的自转和地球形状的不规则，造成飞行器随其运动引力加速度有所差异。引力加速度在 r 方向和地球旋转方向的两个分量分别为[2]

$$\begin{cases} g_r = -\dfrac{\mu}{r^2}\left[1 + \dfrac{3}{2}J_2\left(\dfrac{a_e}{r}\right)^2(1 - 5\sin^2\phi)\right] \\ g_\omega = -\dfrac{\mu}{r^2}(3J_2)\left(\dfrac{a_e}{r}\right)^2\sin\phi \end{cases} \tag{2-1}$$

式中，ϕ 为箭（器）在空间点的地心纬度；μ 为地球引力常数；r 为箭（器）到地球质心的距离。

2. 简化的引力场理论模型

为了满足器载计算机高效计算和快速仿真的要求，制导控制三自由度动力学模型采用简化的引力场理论模型，即[3]

$$g(r) = -\frac{a_e^2}{r^2}g_0 \tag{2-2}$$

式中，r 为地心惯性坐标系下飞行器质心到地心的距离。

3. 基于不规则椭球体地球的引力场

在进行再入制导控制精度评估分析时，为尽可能准确模拟真实飞行条件，在三自由度模型中采用非规则球形旋转引力场模型，具体如下：

$$g_0 = 9.780325336 \times [1 + 5.30244 \times 10^{-3}\sin^2\phi_e - 5.82 \times 10^{-6}\sin^2(2\phi_e)]$$

$$g = g_0 - 10^{-6} \times (3.0833878887 + 4.429743963 \times 10^{-3}\cos^2\phi_e - 1.9964614 \times 10^{-5}\cos^4\phi_e)H +$$

$$10^{-13} \times (7.2442778 + 2.116062 \times 10^{-2}\cos^2\phi_e - 3.34306 \times 10^{-4}\cos^4\phi_e - 1.908 \times$$

$$10^{-6}\cos^6\phi_e - 4.86 \times 10^{-9}\cos^8\phi_e)H^2 - 10^{-19} \times (1.51124922 + 1.148624 \times$$

$$10^{-2}\cos^2\phi_e + 1.4975 \times 10^{-4}\cos^4\phi_e + 1.66 \times 10^{-6}\cos^6\phi_e)H^3 +$$

$$10^{-26} \times (2.95239 + 4.167 \times 10^{-2}\cos^2\phi_e)H^4 \tag{2-3}$$

子午面内曲率半径 R_ϕ 和垂直于子午面的曲率半径 R_λ 分别为

$$R_\phi = a_e(1 - 2e + 3e\sin^2\phi_e) \tag{2-4}$$

$$R_\lambda = a_e(1 + e\sin^2\phi_e) \tag{2-5}$$

2.2.2　大气模型

1. 标准大气模型

标准大气模型假设大气是静止而干净的理想气体，是在给定高度的温度、气压和大气密度条件下，由流体静力学方程（110km 以上大气时用其推广形式）和理想气体状态方程计算得到的各个高度气压和大气密度数据。在标准大气模型中，除规定了各个高度上的温度、气压和大气密度外，对大气成分、标高、引力加速度、空气质点数密度、质点平均速度、平均碰撞频率、平均自由程、平均分子量、声速、黏滞系数、热传导率等也有所规定。标准大气模型需至少得到一国或国际组织所承认，可作为压力测高表校准、航空器性能计算、飞机和火箭设计和气象图表制作的依据。

标准大气模型通常采用数值形式或拟合公式，按一种假定的规律分布来描述大气模型，主要包括随高度方向变化的大气温度、气压和大气密度量值。这种近似的模型通常被用于飞行器概念设计和研究。从与实际大气的差异上看，它能粗略反映中纬度地区多年的大气年平均状况。一种标准大气模型，除相隔多年发现和实际情况相差较大应做修正外，一般不再经常变动。目前，航空航天领域应用最广的是 1976 年美国标准大气模型（USSA-1976）。表 2-2 给出了典型高度处的大气数据。

表 2-2　1976 年美国标准大气数据

几何高度/ km	位势高度/ km	温度/ K	气压/ hPa	大气密度/ (kg/m³)	分子量/ (kg/kmol)	重力加速度/ (m/s²)	层次
0.000	0	288.150	1.01325×10^3	1.2250×10^0	28.964	9.8066	对流层
11.019	11	216.650	2.2632×10^2	3.6392×10^{-1}	28.964	9.7727	
20.063	20	216.650	5.4748×10^1	8.8035×10^{-2}	28.964	9.7450	平流层
32.162	32	228.650	8.6801×10^0	1.3225×10^{-2}	28.964	9.7082	
47.350	47	270.650	1.1090×10^0	1.4275×10^{-3}	28.964	9.5522	
51.413	51	270.650	6.6938×10^{-1}	8.6160×10^{-4}	28.964	9.6499	中层
71.802	71	214.650	3.9564×10^{-2}	6.4211×10^{-5}	28.964	9.5888	
85.500	84.365	187.920	4.0802×10^{-3}	7.5641×10^{-6}	28.964	9.5481	
86.000	84.852	186.87	3.7338×10^{-3}	6.958×10^{-6}	28.95	9.5466	
91.000	89.716	186.87	1.5381×10^{-3}	2.860×10^{-6}	28.89	9.5381	热层
110.000	108.129	240.00	7.1042×10^{-5}	9.708×10^{-8}	27.27	9.4759	
120.000	117.777	360.00	2.5382×10^{-5}	2.222×10^{-8}	26.20	9.4466	
500.000	463.540	999.24	3.0236×10^{-9}	5.215×10^{-13}	14.33	8.4286	
800.000	710.574	999.99	1.7036×10^{-10}	1.136×10^{-14}	5.54	7.7368	外逸层
1000.000	864.071	1000.00	7.5138×10^{-11}	3.561×10^{-15}	3.94	7.3218	

注：几何高度 Z 在地理含义上相当于海拔，位势高度 h 是气象学中的一种假想高度，两者之间的关系为 $Z = r_0 h/(r_0 - h)$，其中，r_0 为地球有效半径，取 6356.755km。

在实际应用 1976 年美国标准大气模型时，通常采用数学拟合表 2-2，这样可以获得具有足够精度且无须按高度插值的标准大气数学模型，例如对大气密度的一种典型表达式为

$$\rho = \rho_0 \exp\left(-\frac{h}{H_0}\right) \tag{2-6}$$

式中，$H_0 = 6.7\text{km}$；ρ_0 为海平面大气密度。

多年来，中国尚无统一的大气标准，而 USSA—1976 是一个较为成熟的大气模型，其高度在 50km 以下的大气模型已被 ISO 选用，高度 30km 以下的大气同中国中纬度（45°N）的实际大气又十分接近，故原中国国家标准总局已将 USSA—1976 的 30km 以下部分选作中国的国家标准（GB 1920—1980），自 1980 年 5 月 1 日起实施，但 2005 年 10

月 14 日已废止。当然，在考虑具体问题时，仍应注意纬度和季节对实际大气的影响。

　　2. 拟合大气模型

　　在制导计算中若采用表格插值计算大气参数，通常会导致巨大的计算量。为提高计算效率，一般采用拟合大气模型替代表格差值。再入高度一般选在 120km，考虑再入高度偏差，初始的高度可能会大于 120km。拟合大气模型采用的也是指数模型，但较式（2 - 6）更加精确，则大气密度拟合公式为

$$\rho_{\text{std}} = \rho_0 \exp(k_1 + h(k_2 + h(k_3 + h(k_4 + h(k_5 + h(k_6 + h(k_7 + h(k_8 + h))))))))$$

$$(2 - 7)$$

式中，$\rho_0 = 1.225\text{kg/m}^3$，$k_1 = -9.3345 \times 10^{-3}$，$k_2 = -7.7135 \times 10^{-2}$，$k_3 = -3.8295 \times 10^{-3}$，$k_4 = 5.2428 \times 10^{-5}$，$k_5 = 6.4549 \times 10^{-7}$，$k_6 = -2.0311 \times 10^{-8}$，$k_7 = 1.5684 \times 10^{-10}$，$k_8 = -3.9284 \times 10^{-13}$，高度 h 的单位为 km。

　　对于标准大气模型的其他参数也都采用相同策略，拟合得到压强、温度和声速拟合公式。

　　压强拟合公式为

$$p_{\text{std}} = p_0 \exp(k_1 + h(k_2 + h(k_3 + h(k_4 + h(k_5 + h(k_6 + h(k_7 + h(k_8 + h))))))))$$

$$(2 - 8)$$

式中，$p_0 = 101325\text{Pa}$，拟合系数分别为 $k_1 = -6.0450 \times 10^{-3}$，$k_2 = 2.5864 \times 10^{-1}$，$k_3 = -4.4770 \times 10^{-1}$，$k_4 = 1.4013 \times 10^{-1}$，$k_5 = -2.3721 \times 10^{-2}$，$k_6 = -2.7716 \times 10^{-4}$，$k_7 = -2.1903 \times 10^{-6}$，$k_8 = 6.4516 \times 10^{-9}$。

　　声速拟合公式为

$$V_{\text{std}} = \frac{k_1 + k_2 h^{0.5} + k_3 h + k_4 h^{1.5} + k_5 h^2 + k_6 h^{2.5}}{1 + k_7 h^{0.5} + k_8 h + k_9 h^{1.5} + k_{10} h^2 + k_{11} h^{2.5}} \qquad (2 - 9)$$

式中，$k_1 = 340.2911$，$k_2 = -8.7245 \times 10^{-1}$，$k_3 = -3.0010 \times 10^2$，$k_4 = 3.0777 \times 10^{-1}$，$k_5 = 1.0666 \times 10^2$，$k_6 = -5.2091 \times 10^{-2}$，$k_7 = -1.8273 \times 10^{-1}$，$k_8 = 4.1432 \times 10^{-3}$，$k_9 = 1.4587$，$k_{10} = -1.2125 \times 10^{-4}$，$k_{11} = -4.5201 \times 10^{-2}$。

　　在理想气体条件下，温度与声速的平方成正比

$$T_{\text{std}} = k_{12} V_{\text{std}}^2 \qquad (2 - 10)$$

式中，温度转换系数 $k_{12} = 2.4884 \times 10^{-3}$。试验表明，式（2 - 10）描述的温度模型与试验值差别很小。

2.3　动力学建模

　　经典力学告诉我们，任何一个物体在空间的运动，都可以视为物体质心平移和绕质心转动的合成运动，表现为位置和姿态的运动。本书聚焦飞行器的轨迹优化与制导，因此只需关注质心平移运动即可。对于跨大气层飞行器，完整描述飞行器在空间运动的数学模型是相当复杂的。在不同的飞行阶段，根据不同任务要求，所需建立的飞行器运动模型也不尽相同。

　　飞行器的质心平移运动是三个自由度的运动，表现为一组复杂的非线性常微分方程。它由描述飞行器质心运动的动力学方程、运动学方程、气动模型、角度关系方程、质量计

算方程等组成。本节给出四种典型飞行模式的飞行器运动方程的详细推导过程，为后续章节分析奠定基础。

2.3.1　垂直起飞动力学建模

1. 运载火箭受力分析[1,2]

（1）火箭发动机推力

假设火箭发动机推力矢量方向是沿纵轴向前，即不存在推力偏心问题，那么，在运载火箭本体坐标系下推力可以表示为

$$\boldsymbol{P}_b = [P_0 \quad 0 \quad 0]^\mathrm{T} \tag{2-11}$$

式中，P_0 为发动机额定推力。因此，发动机推力在发射坐标系内表示为

$$\boldsymbol{P}_n = \boldsymbol{L}_{mn}^\mathrm{T} \boldsymbol{P}_b \tag{2-12}$$

（2）气动力

火箭在大气层内飞行时受到气动力的作用，所受的气动力 $\boldsymbol{R}$ 在运载火箭本体坐标系内表示为

$$\boldsymbol{R}_b = \frac{1}{2}\rho V^2 S_{ref} \ [C_A \quad C_N \quad C_Z]^\mathrm{T} \tag{2-13}$$

则气动力在发射坐标系内表示为

$$\boldsymbol{R}_n = \boldsymbol{L}_{mn}^\mathrm{T} \boldsymbol{R}_b \tag{2-14}$$

式中，C_A、C_N 和 C_Z 分别为轴向力系数、法向力系数和侧向力系数；V 为火箭飞行的速度大小；S_{ref} 为运载火箭的有效横截面面积；ρ 为当地大气密度，一般是高度的函数，采用不同的大气密度模型，具有不同的数学表达形式。

（3）地球引力

火箭受到的地球引力在发射坐标系下的表达式为

$$m\boldsymbol{g} = mg_r \frac{\boldsymbol{R}_0 + \boldsymbol{r}_p}{r} + mg_\omega \frac{\boldsymbol{\omega}_e}{\omega_e} \tag{2-15}$$

式中，$\boldsymbol{g}$ 为引力加速度；$\boldsymbol{\omega}_e$ 为地球自转角速度矢量；$\boldsymbol{R}_0$ 为火箭发射点地心矢量；$\boldsymbol{r}_p$ 为发射点指向火箭质心的矢量，且 $\boldsymbol{r}_p = [x \quad y \quad z]^\mathrm{T}$。

将以上引力投射到发射坐标系，可得

$$m\boldsymbol{g} = m\frac{g_r}{r}\begin{bmatrix} R_{0x} + x \\ R_{0y} + y \\ R_{0z} + z \end{bmatrix} + m\frac{g_\omega}{\omega_e}\begin{bmatrix} \omega_{ex} \\ \omega_{ey} \\ \omega_{ez} \end{bmatrix} \tag{2-16}$$

式中，R_{0x}、R_{0y}、R_{0z} 为 $\boldsymbol{R}_0$ 在发射坐标系下的投影；ω_{ex}、ω_{ey}、ω_{ez} 为 $\boldsymbol{\omega}_e$ 在发射坐标系下的投影。以上两投影可由发射点位置和发射方位角计算得到。则地球引力加速度在发射坐标系中的分量为

$$\boldsymbol{g} = \begin{bmatrix} g_x \\ g_y \\ g_z \end{bmatrix} = \frac{g_r}{r}\begin{bmatrix} R_{0x} + x \\ R_{0y} + y \\ R_{0z} + z \end{bmatrix} + \frac{g_\omega}{\omega_e}\begin{bmatrix} \omega_{ex} \\ \omega_{ey} \\ \omega_{ez} \end{bmatrix} \tag{2-17}$$

2. 运载火箭动力学方程[1,2]

（1）质心平动动力学方程

在发射坐标系内，质心平动动力学方程为

$$m\dot{\boldsymbol{V}} = \boldsymbol{P}_n + m\boldsymbol{g} + \boldsymbol{R}_n \tag{2-18}$$

式中，$\boldsymbol{P}_n$ 为运载火箭推力矢量。运载火箭在垂直起飞段弹道设计或制导计算时，一般忽略滚转角的影响，此时运载火箭质心平动动力学方程为

$$
\begin{bmatrix} \dot{V}_x \\ \dot{V}_y \\ \dot{V}_z \end{bmatrix} = \frac{1}{m} \begin{bmatrix} P_0\cos\varphi\cos\psi \\ -P_0\sin\varphi\cos\psi \\ P_0\sin\psi \end{bmatrix} + \frac{g_r}{r} \begin{bmatrix} R_{0x}+x \\ R_{0y}+y \\ R_{0z}+z \end{bmatrix} + \frac{g_\omega}{\omega_e} \begin{bmatrix} \omega_{ex} \\ \omega_{ey} \\ \omega_{ez} \end{bmatrix} +
$$
$$
\frac{1}{2m}\rho V^2 S_{ref} \begin{bmatrix} C_A\cos\varphi\cos\psi - C_N\sin\varphi\cos\psi + C_Z\sin\psi \\ C_A\sin\varphi + C_N\cos\varphi \\ -C_A\cos\varphi\sin\psi + C_N\sin\varphi\sin\psi + C_Z\cos\psi \end{bmatrix} \tag{2-19}
$$

（2）质心运动学方程

在发射坐标系下，火箭的质心运动学方程为

$$
\begin{cases} \dot{x} = V_x \\ \dot{y} = V_y \\ \dot{z} = V_z \end{cases} \tag{2-20}
$$

（3）质量变化方程

火箭的质量变化方程为

$$\dot{m} = -m_c(t) \tag{2-21}$$

式中，$m_c(t)$ 为质量变化率。

2.3.2　水平起飞动力学建模

1. 基本假设与概述

RBCC 先进动力飞行器是一个复杂的系统，组合循环动力、机体/发动机一体化设计等先进技术的采用，使飞行器气动/推进/结构/轨迹之间存在显著的动态交叉耦合效应。在飞行过程中飞行器质量实时变化，结构会出现弹性形变，飞行器几何形状、飞行状态参数等对空气动力和发动机推力的影响表现出复杂的非线性函数关系。若在建立 RBCC 先进动力飞行器数学模型时考虑所有这些因素，会使问题变得极为复杂。为了简化问题又不失一般性，在建立模型的过程中可以忽略一些次要因素。

本书主要探索 RBCC 先进动力飞行器的飞行能力，探讨新型轨迹优化和制导方法对 RBCC 先进动力飞行器的适用性，着重解决多变量多约束、非线性耦合以及不确定性影响下 RBCC 先进动力飞行器轨迹优化与制导问题，所涉及的内容体现在动力学模型上，主要表现为动力的使用形式和干扰的复杂性，因此参考航空飞行器、吸气式高超声速飞行器和再入飞行器等动力学模型的建立过程，可假定地球为均质圆球，且暂不考虑地球自转。

虽然在建模过程中做了部分假设，但整个动力学模型仍能充分体现出 RBCC 先进动力飞行器复杂的非线性、不确定性和动力特殊性，所以所建模型具有一定的代表性，能够满足 RBCC 先进动力飞行器轨迹优化和制导设计等问题的理论研究和仿真验证需要。

2. 组合动力飞行器受力分析[5]

（1）气动力模型

飞行器所受气动力表示为

$$\begin{cases} D = C_D q S_{ref} \\ L = C_L q S_{ref} \\ Z = C_Z q S_{ref} \end{cases} \tag{2-22}$$

式中，C_D、C_L、C_Z 分别为阻力系数、升力系数和侧向力系数；q 为动压，且 $q = 0.5\rho V^2$。RBCC 先进动力飞行器一般为面对称构型，采用 BTT 转弯方式，因此，侧向力系数一般为 0。

（2）发动机推力模型

RBCC 发动机的性能与飞行状态密切相关，本书主要考虑 RBCC 发动机推力 $\boldsymbol{F}(Ma, H)$、比冲 $I_{sp}(Ma, H)$ 随马赫数和高度的变化。根据动力系统数值模拟计算结果，为保证 RBCC 发动机各模态正常工作，对某一马赫数下飞行高度范围的要求见表 2-3，RBCC 发动机推力、比冲特性分别如图 2-16 和图 2-17 所示。可以看出，RBCC 发动机推力、比冲随马赫数和高度的变化规律非常复杂，难以建立解析的多变量表达式，使用时只能实时插值，这将影响 RBCC 先进动力飞行器轨迹优化计算效率。

表 2-3　RBCC 发动机正常工作马赫数-高度范围

Ma	H_{min}/km	H_{max}/km
0.5	4	10
1	6	12
1.5	10	16
2	12	18
3	14	24
4	18	28
5	20	30
6	21	32
7	24	35
8	26	37
9	29	40

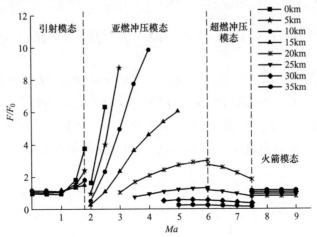

图 2-16　RBCC 发动机推力特性

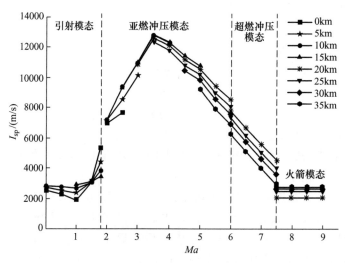

图 2 - 17　RBCC 发动机比冲特性

3. 飞行器动力学模型

由于不考虑地球自转，则地心地固坐标系可以看作惯性坐标系，在地心地固坐标系下飞行器质心平动方程的矢量形式为

$$\begin{cases} \dfrac{\mathrm{d}\boldsymbol{r}}{\mathrm{d}t} = \boldsymbol{V} \\[2mm] m\,\dfrac{\mathrm{d}\boldsymbol{V}}{\mathrm{d}t} = m\boldsymbol{g} + \boldsymbol{R} + \boldsymbol{P} \end{cases} \tag{2-23}$$

式中，$\boldsymbol{V}$ 为飞行器速度矢量；$\boldsymbol{R}$ 为气动力矢量；$\boldsymbol{P}$ 为 RBCC 发动机实际推力矢量。

为了简便地确定式（2-23）中的各个矢量，本书选择在航迹坐标系中进行计算。航迹坐标系为动坐标系，由泊松公式可得

$$\begin{cases} \dfrac{\partial(\boldsymbol{r})_k}{\partial t} + (\boldsymbol{\omega}_{ke})_k \times (\boldsymbol{r})_k = (\boldsymbol{V})_k \\[2mm] m\left[\dfrac{\partial(\boldsymbol{V})_k}{\partial t} + (\boldsymbol{\omega}_{ke})_k \times (\boldsymbol{V})_k\right] = (m\boldsymbol{g})_k + (\boldsymbol{R})_k + (\boldsymbol{P})_k \end{cases} \tag{2-24}$$

式中，$\boldsymbol{\omega}_{ke}$ 为航迹坐标系相对于地心地固坐标系的旋转角速度矢量；$(\quad)_k$ 表示各矢量在航迹坐标系中的分量。

$\boldsymbol{r}$ 在北天东坐标系中表示为 $[0 \quad r \quad 0]^{\mathrm{T}}$，所以 $\boldsymbol{r}$ 在航迹坐标系中的分量为

$$(\boldsymbol{r})_k = \boldsymbol{L}_{ku}[0 \quad r \quad 0]^{\mathrm{T}} = [r\sin\theta \quad r\cos\theta \quad 0]^{\mathrm{T}} \tag{2-25}$$

$\boldsymbol{\omega}_{ke}$ 可分解为北天东坐标系相对于地心地固坐标系的旋转角速度矢量与航迹坐标系相对于北天东坐标系的旋转角速度矢量之和，所以由坐标系转换关系可知 $\boldsymbol{\omega}_{ke}$ 在航迹坐标系中的分量为

$$(\boldsymbol{\omega}_{ke})_k = \boldsymbol{L}_{ku}\left(R_x\left(-\frac{\pi}{2}\right)R_y\left(-\phi-\frac{\pi}{2}\right)\begin{bmatrix}0\\0\\\dot{\lambda}\end{bmatrix} + R_x\left(-\frac{\pi}{2}\right)\begin{bmatrix}0\\-\dot{\phi}\\0\end{bmatrix}\right) + \left(R_z(\theta)\begin{bmatrix}0\\-\dot{\chi}\\0\end{bmatrix} + \begin{bmatrix}0\\0\\\dot{\theta}\end{bmatrix}\right)$$

$$= \begin{bmatrix} \dot{\lambda}\cos\theta\cos\chi\cos\phi + \dot{\lambda}\sin\theta\sin\phi - \dot{\phi}\cos\theta\sin\chi - \dot{\chi}\sin\theta \\ -\dot{\lambda}\sin\theta\cos\chi\cos\phi + \dot{\lambda}\cos\theta\sin\phi + \dot{\phi}\sin\theta\sin\chi - \dot{\chi}\cos\theta \\ -\dot{\lambda}\sin\chi\cos\phi - \dot{\phi}\cos\chi + \dot{\theta} \end{bmatrix} \qquad (2-26)$$

V 在航迹坐标系中的分量为

$$(\boldsymbol{V})_k = [V \quad 0 \quad 0]^{\mathrm{T}} \qquad (2-27)$$

$m\boldsymbol{g}$ 在北天东坐标系中表示为 $[0 \quad -mg \quad 0]^{\mathrm{T}}$，所以 $m\boldsymbol{g}$ 在航迹坐标系中的分量为

$$(m\boldsymbol{g})_k = \boldsymbol{L}_{ku} \begin{bmatrix} 0 \\ -mg \\ 0 \end{bmatrix} = \begin{bmatrix} -mg\sin\theta \\ -mg\cos\theta \\ 0 \end{bmatrix} \qquad (2-28)$$

$\boldsymbol{R}$ 在气流坐标系中表示为 $[-D \quad L \quad Z]^{\mathrm{T}}$，$D$、$L$、$Z$ 分别为飞行器所受阻力、升力、侧向力大小，所以 $\boldsymbol{R}$ 在航迹坐标系中的分量为

$$(\boldsymbol{R})_k = \boldsymbol{L}_{vk}^{\mathrm{T}} \begin{bmatrix} -D \\ L \\ Z \end{bmatrix} = \begin{bmatrix} -D \\ L\cos\sigma - Z\sin\sigma \\ L\sin\sigma + Z\cos\sigma \end{bmatrix} \qquad (2-29)$$

$\boldsymbol{P}$ 在机体坐标系中表示为 $[\tau P \quad 0 \quad 0]^{\mathrm{T}}$，其中，$\tau$ 为发动机节流阀开度，所以 $\boldsymbol{P}$ 在航迹坐标系中的分量为

$$(\boldsymbol{P})_k = \boldsymbol{L}_{vk}^{\mathrm{T}} \boldsymbol{L}_{bv}^{\mathrm{T}} \begin{bmatrix} \tau P \\ 0 \\ 0 \end{bmatrix} = \begin{bmatrix} \tau P\cos\alpha\cos\beta \\ \tau P\sin\alpha\cos\sigma + \tau P\cos\alpha\sin\beta\sin\sigma \\ \tau P\sin\alpha\sin\sigma - \tau P\cos\alpha\sin\beta\cos\sigma \end{bmatrix} \qquad (2-30)$$

综合上述推导过程，再加上飞行器质量变化方程，整理可得航迹坐标系下 RBCC 高超声速飞行器三自由度运动方程为

$$\begin{cases} \dot{r} = V\sin\theta \\[2mm] \dot{\phi} = \dfrac{V\cos\theta\cos\chi}{r} \\[2mm] \dot{\lambda} = \dfrac{V\cos\theta\sin\chi}{r\cos\phi} \\[2mm] \dot{V} = -g\sin\theta + \dfrac{-D + \tau P\cos\alpha\cos\beta}{m} \\[2mm] \dot{\theta} = \left(\dfrac{V}{r} - \dfrac{g}{V}\right)\cos\theta + \dfrac{L\cos\sigma - Z\sin\sigma + \tau P(\sin\alpha\cos\sigma + \cos\alpha\sin\beta\sin\sigma)}{mV} \\[2mm] \dot{\chi} = \dfrac{V}{r}\cos\theta\sin\chi\tan\phi + \dfrac{L\sin\sigma + Z\cos\sigma + \tau P(\sin\alpha\sin\sigma - \cos\alpha\sin\beta\cos\sigma)}{mV\cos\theta} \\[2mm] \dot{m} = -\tau P/(g_0 I_{sp}) \end{cases} \qquad (2-31)$$

4. 飞行器不确定性模型

飞行器在实际飞行过程中总会受到各种干扰力，这些干扰主要包括气动参数偏差、发动机推力偏差和大气偏差等。为了表示方便，将偏差参数统一用 Γ 表示

$$\Gamma = \Gamma_0 + \Delta\Gamma \qquad (2-32)$$

式中，Γ_0 表示参数标准值；$\Delta\Gamma$ 表示参数拉偏量；Γ 代表的物理参数包括升力系数、阻力系数、发动机推力和大气密度等。

2.3.3 垂直返回动力学建模

1. 垂直返回段动力学方程

首先建立着陆表面固定参考系。由于着陆段飞行距离较短，假设在整个着陆过程中地表为一个平面。

如图 2-18 所示，x 方向垂直于着陆表面；y 方向为预先设定好的地表水平横向；z 方向满足右手坐标系，为地表水平侧向。假设着陆段火箭发动机的推力始终沿箭体纵轴的方向，攻角保持为 180°，火箭着陆段的动力学方程为[6]

$$\begin{cases} \dot{\boldsymbol{r}}(t) = \boldsymbol{v}(t) \\ \dot{\boldsymbol{v}}(t) = \boldsymbol{g}_e(t) + \dfrac{\boldsymbol{P}(t)}{m(t)} + \boldsymbol{a}_D(t) \\ \dot{\boldsymbol{m}}(t) = -\dfrac{1}{I_{sp}} \|\boldsymbol{P}(t)\| = -\alpha \|\boldsymbol{P}(t)\| \end{cases} \tag{2-33}$$

式中，$\boldsymbol{r}(t)$、$\boldsymbol{v}(t)$ 分别为火箭当前的位置和速度矢量；$m(t)$ 为火箭当前质量；$\boldsymbol{P}(t)$ 为火箭的推力矢量；$\boldsymbol{g}_e(t)$ 为引力加速度矢量；I_{sp} 为发动机比冲，为简化后续推导，定义 $\alpha = 1/I_{sp}$，为比冲的倒数，是一个常量；$\boldsymbol{a}_D(t)$ 为火箭在下降过程中受到的空气阻力加速度矢量，考虑到着陆段火箭飞行速度较低，气动阻力相对推力为小量级，因此将其当作扰动力进行分析。

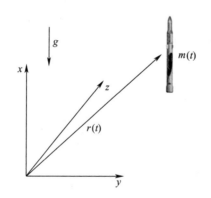

图 2-18　火箭垂直着陆地表固定参考系

在考虑气动阻力影响的条件下，假设火箭返回过程中攻角一直保持为 180°，则气动加速度方向为速度的反方向。气动阻力的大小主要由气动力轴向力系数 C_A、火箭有效横截面面积 S_{ref} 和当地大气密度 ρ 所决定

$$\boldsymbol{a}_D(t) = -\frac{1}{2} C_A \rho S_{ref} \|\boldsymbol{v}\|^2 / m(t) \tag{2-34}$$

2. 垂直返回过程约束条件[7]

（1）推力大小约束

如果设计的制导控制律超过火箭自身控制能力的范围，将无法保证精确着陆的要求，

因此，优化设计过程中需要设置推力幅值约束，即

$$0 \leqslant P_1 \leqslant \| \boldsymbol{P}(t) \| \leqslant P_2 \tag{2-35}$$

式中，P_1 和 P_2 分别代表推力幅值的下限和上限，在整个飞行时间内推力设计值不能超出该范围。

（2）火箭与着陆点位置关系约束

火箭与着陆点位置关系约束主要包括两点。首先，需要保证火箭在飞行过程中不能与地面相撞，即

$$r_x(t) \geqslant 0 \tag{2-36}$$

其次，由于地表附近可能存在凸起、斜坡等，为了避免火箭在着陆过程中与凸起发生干涉，定义火箭与着陆点之间的连线和地平面之间的夹角为干涉夹角 $\theta_{alt}(t)$，干涉夹角需要大于临界值 $\widetilde{\theta}_{alt}$，从而避免凸起对火箭造成影响。

$$\widetilde{\theta}_{alt} \leqslant \theta_{alt}(t) \leqslant \frac{\pi}{2} \tag{2-37}$$

$$\theta_{alt}(t) = \arctan \frac{r_x(t)}{\sqrt{r_y^2(t) + r_z^2(t)}} \tag{2-38}$$

式中，$\widetilde{\theta}_{alt}$ 为干涉夹角能够允许的最小值，此约束限制火箭在以着陆点为顶点的倒圆锥内飞行，直至最终垂直降落在着陆点。

（3）推进剂剩余量约束

由于火箭在着陆段飞行之前已经历多个飞行阶段，剩余推进剂有限，因此在着陆段进行制导律的设计时需要考虑推进剂剩余量的约束

$$m(t_0) = m_{\text{wet}}, \ m(t_f) \geqslant m_{\text{dry}} \tag{2-39}$$

式中，$m(t_0)$ 为着陆段起始时刻的火箭质量；m_{wet} 为火箭含推进剂总质量；m_{dry} 代表推进剂耗尽极限情况下火箭的结构质量，是火箭飞行过程中质量的下限。

（4）精确着陆约束

火箭垂直回收段的关键任务是保证火箭最终能够精确定点着陆，即着陆瞬间的位置速度降为 0

$$\boldsymbol{r}(0) = r_0, \ \boldsymbol{v}(0) = v_0, \ \boldsymbol{r}(t_f) = 0, \ \boldsymbol{v}(t_f) = 0 \tag{2-40}$$

式中，r_0、v_0 分别为火箭着陆段的起始位置和速度；着陆末端约束保证位置 $\boldsymbol{r}(t_f)$ 和速度 $\boldsymbol{v}(t_f)$ 同时降为 0。同时，由于推力方向沿着箭体纵轴，只需推力方向垂直地面就可以保证火箭姿态垂直着陆，即加速度矢量需要满足在水平横向和侧向都为 0，在竖直方向不为 0，即

$$\dot{v}_x(t_f) = \dot{v}_y(t_f) = 0, \ \dot{v}_z(t_f) \neq 0 \tag{2-41}$$

从上述优化问题中不难看出，存在质量随时间变化的非凸约束和最省推进剂的非凸性能指标。若要采用凸优化方法进行求解，需要将原非凸问题进行凸化处理。

2.3.4　水平返回动力学建模

1. 矢量形式的质心动力学方程

在地心惯性坐标系中，再入飞行器矢量形式的质心动力学方程为

$$m \frac{\mathrm{d}^2 \boldsymbol{r}}{\mathrm{d}t^2} = \boldsymbol{R} + m\boldsymbol{g} \tag{2-42}$$

式中，m 为飞行器的质量；$\boldsymbol{r}$ 为飞行器的地心矢量；$\boldsymbol{R}$ 为空气动力。

通常关心的是飞行器相对于地球的运动，选取大地坐标系为参考坐标系，由于大地坐标系为动参考系，其相对于惯性坐标系以角速度 ω_e 转动，根据矢量的导数法则，有

$$m \frac{\mathrm{d}^2 \boldsymbol{r}}{\mathrm{d}t^2} = m \frac{\delta^2 \boldsymbol{r}}{\delta t^2} + 2m\boldsymbol{\omega}_e \frac{\delta \boldsymbol{r}}{\delta t} + m\boldsymbol{\omega}_e (\boldsymbol{\omega}_e \times \boldsymbol{r}) \tag{2-43}$$

式（2-43）的后两项分别为科氏惯性力与离心惯性力。将式（2-43）代入质心动力学方程，整理可得

$$m \frac{\delta^2 \boldsymbol{r}}{\delta t^2} = \boldsymbol{R} + m\boldsymbol{g} - 2m\boldsymbol{\omega}_e \frac{\delta \boldsymbol{r}}{\delta t} - m\boldsymbol{\omega}_e (\boldsymbol{\omega}_e \times \boldsymbol{r}) \tag{2-44}$$

在大地坐标系，$\dfrac{\delta \boldsymbol{r}}{\delta t} = \boldsymbol{V}$，$\boldsymbol{V}$ 为飞行器相对于地球的速度，因此有

$$m \frac{\mathrm{d}\boldsymbol{V}}{\mathrm{d}t} = \boldsymbol{R} + m\boldsymbol{g} - 2m\boldsymbol{\omega}_e \times \boldsymbol{V} - m\boldsymbol{\omega}_e (\boldsymbol{\omega}_e \times \boldsymbol{r}) \tag{2-45}$$

该方程在不同的坐标系下，具有不同的表现形式。若选取航迹坐标系描述质心的运动，则根据

$$\frac{\mathrm{d}\boldsymbol{V}}{\mathrm{d}t} = \frac{\delta \boldsymbol{V}}{\delta t} + \boldsymbol{\omega} \times \boldsymbol{V} \tag{2-46}$$

式中，$\boldsymbol{\omega}$ 为航迹坐标系相对大地坐标系转动的角速度。在航迹坐标系下质心动力学方程可以写成

$$\frac{\delta(\boldsymbol{V})_k}{\delta t} = -(\boldsymbol{\omega})_k \times (\boldsymbol{V})_k + \frac{1}{m}(\boldsymbol{R})_k + (\boldsymbol{g})_k - 2(\boldsymbol{\omega}_e)_k \times (\boldsymbol{V})_k - (\boldsymbol{\omega}_e)_k \times [(\boldsymbol{\omega}_e)_k \times (\boldsymbol{r})_k] \tag{2-47}$$

（1）速度矢量 $\boldsymbol{V}$ 在航迹坐标系下的表示

速度矢量 $\boldsymbol{V}$ 在航迹坐标系下可表示为

$$(\boldsymbol{V})_k = [V \quad 0 \quad 0]^{\mathrm{T}} \tag{2-48}$$

（2）地心矢量 $\boldsymbol{r}$ 在航迹坐标系下的表示

地心矢量 $\boldsymbol{r}$ 在航迹坐标系下可表示为

$$(\boldsymbol{r})_k = \boldsymbol{L}_{ku} \begin{bmatrix} 0 \\ r \\ 0 \end{bmatrix} = \begin{bmatrix} r\sin\theta \\ r\cos\theta \\ 0 \end{bmatrix} \tag{2-49}$$

（3）相对角速度 $\boldsymbol{\omega}$ 在航迹坐标系下的表示

航迹坐标系相对于大地坐标系的角速度

$$\boldsymbol{\omega} = \boldsymbol{\omega}_{ku} + \boldsymbol{\omega}_{ue} \tag{2-50}$$

式中，$\boldsymbol{\omega}_{ue}$ 为当地水平坐标系相对于大地坐标系的角速度；$\boldsymbol{\omega}_{ku}$ 为航迹坐标系相对于当地水平坐标系的角速度。

当地水平坐标系相对于大地坐标系的角速度在当地水平坐标系下的投影为

$$\boldsymbol{\omega}_{ue} = \begin{bmatrix} \omega_N \\ \omega_T \\ \omega_E \end{bmatrix} = \begin{bmatrix} \dot{\lambda}\cos\phi \\ \dot{\lambda}\sin\phi \\ -\dot{\phi} \end{bmatrix} \tag{2-51}$$

从而有

$$(\boldsymbol{\omega})_k = \begin{bmatrix} 0 \\ 0 \\ \dot{\theta} \end{bmatrix} + L_{ku}\left(\begin{bmatrix} \dot{\lambda}\cos\phi \\ \dot{\lambda}\sin\phi \\ -\dot{\phi} \end{bmatrix} + \begin{bmatrix} 0 \\ -\dot{\chi} \\ 0 \end{bmatrix}\right) \tag{2-52}$$

展开可得

$$(\boldsymbol{\omega})_k = \begin{bmatrix} \dot{\lambda}\cos\theta\cos\chi\cos\phi + \dot{\lambda}\sin\theta\sin\phi - \dot{\phi}\cos\theta\sin\chi - \dot{\chi}\sin\theta \\ -\dot{\lambda}\sin\theta\cos\chi\cos\phi + \dot{\lambda}\cos\theta\sin\phi + \dot{\phi}\sin\theta\sin\chi - \dot{\chi}\cos\theta \\ -\dot{\lambda}\sin\chi\cos\phi - \dot{\phi}\cos\chi + \dot{\theta} \end{bmatrix} \tag{2-53}$$

（4）地球旋转角速度 $\boldsymbol{\omega}_e$ 在航迹坐标系下的表示

地球旋转角速度 $\boldsymbol{\omega}_e$ 在当地水平坐标系下的分量为 $[\omega_e\cos\phi \quad \omega_e\sin\phi \quad 0]^{\mathrm{T}}$，地球旋转角速度 $\boldsymbol{\omega}_e$ 在航迹坐标系下可表示为

$$(\boldsymbol{\omega}_e)_k = \boldsymbol{L}_{ku}\begin{bmatrix} \omega_e\cos\phi \\ \omega_e\sin\phi \\ 0 \end{bmatrix} = \omega_e\begin{bmatrix} \cos\theta\cos\chi\cos\phi + \sin\theta\sin\phi \\ -\sin\theta\cos\chi\cos\phi + \cos\theta\sin\phi \\ -\sin\chi\cos\phi \end{bmatrix} \tag{2-54}$$

（5）气动力在航迹坐标系下的表示

气动力在航迹坐标系下的分量为

$$(\boldsymbol{R})_k = \begin{bmatrix} R_{xk} \\ R_{yk} \\ R_{zk} \end{bmatrix} = \boldsymbol{L}_{vk}^{\mathrm{T}}\begin{bmatrix} -D \\ L \\ Z \end{bmatrix} = \begin{bmatrix} 1 & 0 & 0 \\ 0 & \cos\sigma & -\sin\sigma \\ 0 & \sin\sigma & \cos\sigma \end{bmatrix}\begin{bmatrix} -D \\ L \\ Z \end{bmatrix} = \begin{bmatrix} -D \\ L\cos\sigma - Z\sin\sigma \\ L\sin\sigma + Z\cos\sigma \end{bmatrix} \tag{2-55}$$

综上可以得到，航迹坐标系下的质心动力学方程为

$$\begin{bmatrix} \dot{V} \\ V\dot{\theta} \\ V\dot{\chi}\cos\theta \end{bmatrix} = -V\begin{bmatrix} 0 \\ -\dot{\lambda}\cos\phi\sin\chi - \dot{\phi}\cos\chi \\ -\dot{\lambda}\cos\phi\sin\theta\cos\chi + \dot{\lambda}\sin\phi\cos\theta + \dot{\phi}\sin\theta\sin\chi \end{bmatrix} - g\begin{bmatrix} \sin\theta \\ \cos\theta \\ 0 \end{bmatrix} +$$

$$\frac{1}{m}\begin{bmatrix} -D \\ L\cos\sigma - Z\sin\sigma \\ L\sin\sigma + Z\cos\sigma \end{bmatrix} - 2V\omega_e\begin{bmatrix} 0 \\ -\sin\chi\cos\phi \\ \sin\theta\cos\chi\cos\phi - \cos\theta\sin\phi \end{bmatrix} -$$

$$r\omega_e^2\begin{bmatrix} \cos\phi(-\cos\theta\cos\chi\sin\phi + \sin\theta\cos\phi) \\ \cos\phi(-\sin\theta\cos\chi\sin\phi - \cos\theta\cos\phi) \\ -\sin\chi\sin\phi\cos\phi \end{bmatrix} \tag{2-56}$$

2. 质心运动学方程

根据位置矢量导数关系

$$\frac{\mathrm{d}\boldsymbol{r}}{\mathrm{d}t} = \frac{\delta\boldsymbol{r}}{\delta t} + \boldsymbol{\omega} \times \boldsymbol{r} \tag{2-57}$$

在当地水平坐标系下

$$\left(\frac{\mathrm{d}\boldsymbol{r}}{\mathrm{d}t}\right)_u = \begin{bmatrix} V_{ux} \\ V_{uy} \\ V_{uz} \end{bmatrix} = \boldsymbol{L}_{ku}^{\mathrm{T}} \begin{bmatrix} V \\ 0 \\ 0 \end{bmatrix} = \begin{bmatrix} V\cos\theta\cos\chi \\ V\sin\theta \\ V\cos\theta\sin\chi \end{bmatrix} \tag{2-58}$$

$$\left(\frac{\delta\boldsymbol{r}}{\delta t}\right)_u = \begin{bmatrix} 0 & \dot{r} & 0 \end{bmatrix}^{\mathrm{T}} \tag{2-59}$$

$$\boldsymbol{\omega}_{ue} = \begin{bmatrix} \omega_N & \omega_T & \omega_E \end{bmatrix}^{\mathrm{T}} = \begin{bmatrix} \dot{\lambda}\cos\phi & \dot{\lambda}\sin\phi & -\dot{\phi} \end{bmatrix}^{\mathrm{T}} \tag{2-60}$$

从而有

$$\begin{cases} \dot{r} = V\sin\theta \\ \dot{\lambda} = \dfrac{V\cos\theta\sin\chi}{r\cos\phi} \\ \dot{\phi} = \dfrac{V\cos\theta\cos\chi}{r} \end{cases} \tag{2-61}$$

3. 全量运动方程模型

将以上各方程综合，可以得到飞行器的全量运动方程为

$$\begin{cases} \dot{r} = V\sin\theta \\ \dot{\lambda} = \dfrac{V\cos\theta\sin\chi}{r\cos\phi} \\ \dot{\phi} = \dfrac{V\cos\theta\cos\chi}{r} \\ \dot{V} = -r\omega_e^2\cos\phi(-\cos\theta\cos\chi\sin\phi + \sin\theta\cos\phi) - \dfrac{D}{m} - g\sin\theta \\ \dot{\theta} = \dot{\phi}\cos\chi + \dot{\lambda}\cos\phi\sin\chi - \dfrac{g}{V}\cos\theta + 2\omega_e\sin\chi\cos\phi - \\ \qquad \dfrac{r\omega_e^2}{V}\cos\phi(-\sin\theta\cos\chi\sin\phi - \cos\theta\cos\phi) + \dfrac{1}{mV}(L\cos\sigma - Z\sin\sigma) \\ \dot{\chi} = -\dot{\lambda}\cos\phi\tan\theta\cos\chi + \dot{\lambda}\sin\phi + \dot{\phi}\tan\theta\sin\chi - 2\omega_e(\tan\theta\cos\chi\cos\phi - \sin\phi) + \\ \qquad \dfrac{r\omega_e^2}{V\cos\theta}\sin\chi\sin\phi\cos\phi + \dfrac{1}{mV\cos\theta}(L\sin\sigma + Z\cos\sigma) \end{cases}$$

$$\tag{2-62}$$

飞行器水平返回过程一般包含初期再入段、能量管理段和进场着陆段。能量管理段之后，飞行器高度已比较低，且距离落地点的直线距离比较近。因此，在对升力式再入飞行器能量管理段和进场着陆段进行建模时，可以忽略地球扁率和地球自转的影响。能量管理段和进场着陆段动力学方程可以进一步简化为

$$
\begin{cases}
\dot{r} = V\sin\theta \\
\dot{\lambda} = \dfrac{V\cos\theta\sin\chi}{r\cos\phi} \\
\dot{\phi} = \dfrac{V\cos\theta\cos\chi}{r} \\
\dot{V} = -\dfrac{D}{m} - g\sin\theta \\
\dot{\theta} = \dot{\phi}\cos\chi + \dot{\lambda}\cos\phi\sin\chi - \dfrac{g}{V}\cos\theta + \dfrac{1}{mV}(L\cos\sigma - Z\sin\sigma) \\
\dot{\chi} = -\dot{\lambda}\cos\phi\tan\theta\cos\chi + \dot{\lambda}\sin\phi + \dot{\phi}\tan\theta\sin\chi + \dfrac{1}{mV\cos\theta}(L\sin\sigma + Z\cos\sigma)
\end{cases}
\tag{2-63}
$$

通常情况下，进场着陆段运动方程一般在着陆场跑道坐标系下建立。通过坐标系变换 $L_{du} = L_{de}L_{ue}^{\mathrm{T}}L_{ku}^{\mathrm{T}}$ 可将航迹坐标系下的进场着陆段动力学方程转换到着陆场跑道坐标系下，这里不再给出详细推导过程。

进场着陆过程高度已非常低，不再进行大的倾侧，飞行过程中器下点经纬度的变化基本可以忽略。因此，进场着陆段着陆场跑道坐标系下的动力学方程可简化为

$$
\begin{cases}
\dot{r} = V\sin\theta \\
m\dot{V} = -D - mg\sin\theta \\
mV\dot{\theta} = L - mg\cos\theta
\end{cases}
\tag{2-64}
$$

参　考　文　献

[1] 徐延万. 弹道导弹、运载火箭控制系统设计与分析 [M]. 北京：宇航出版社，1997.

[2] 龙乐豪，等. 液体弹道导弹与运载火箭系列——总体设计 [M]. 北京：中国宇航出版社，2009.

[3] 李福昌，余梦伦. 运载火箭工程 [M]. 北京：中国宇航出版社，2002.

[4] 李伟. 基于精确控制解的运载火箭迭代制导自适应性分析研究 [D]. 哈尔滨：哈尔滨工业大学，2012.

[5] 张蒙正，张玫，严俊峰，等. RBCC 动力系统工作模态问题 [J]. 火箭推进，2015，41 (2)：1-6.

[6] ACIKMESE B，PLOEN S R. Convex Programming Approach to Powered Descent Guidance for Mars Landing [J]. Journal of Guidance Control & Dynamics，2007，30 (5)：1353-1366.

[7] 张志国，马英，耿光有，等. 火箭垂直回收着陆段在线制导凸优化方法 [J]. 弹道学报，2017，29 (1)：9-16.

第3章 垂直起飞垂直降落的重复使用火箭弹道优化与制导技术

以较低成本进入太空是人类长期以来的梦想，而发展可重复使用航天运载器是实现低成本自由进出空间的一种方式。近年来，随着美国猎鹰9号重复使用火箭的成熟应用，掀起了新一轮重复使用技术的发展热潮。与传统构型火箭相比，垂直起降重复使用火箭具有改进幅度小、着陆场需求低、技术跨度和成本相对较低等优势，是当前发展可重复使用航天运载器的热点方向，也是未来低成本快速往返太空的主要手段。

以两级重复使用火箭典型飞行剖面为例，其一子级飞行剖面包含垂直起飞段、调姿段、修航段、高空减速段和垂直降落段。二子级飞行剖面包含垂直起飞段、在轨运行段、离轨过渡段、无动力再入段与垂直返回着陆段。由于一子级飞行调姿段、修航段和高空减速段的机动能力较弱，而二子级飞行在轨运行段、离轨过渡段、无动力再入段的弹道优化及制导与常规航天器所采用的方法类似。因此，本章重点关注重复使用火箭垂直起飞段和垂直降落段的弹道优化方法与制导技术。

垂直起飞段，运载火箭的任务是保证有效载荷以一定轨道精度入轨。由于有效载荷入轨特性取决于运载火箭关机点的飞行速度和位置，所以运载火箭垂直起飞段弹道优化和制导的任务为保证关机时刻运载火箭的速度和位置满足期望的指标要求。垂直返回着陆段，运载火箭弹道优化和制导技术的目的是将其一子级/二子级准确地在预定位置实现软着陆，确保箭体能够无损回收并实现重复使用。

3.1 垂直起飞段轨迹优化与制导技术

运载火箭垂直起飞段轨迹优化设计（也称为弹道优化设计），在总体设计中起着极其重要的作用。火箭的总体方案、设计参数、运载能力、飞行方案等都是根据弹道设计的结果确定的。制导系统的任务是保证有效载荷以一定的轨道精度入轨，有效载荷的入轨轨道精度决定了火箭整个任务的执行情况，能否达到指定的交接班条件是总体设计中首要关心的问题，也是衡量垂直起飞段制导方法是否有效的标准。

本节简要阐述运载火箭的垂直起飞段弹道设计，侧重介绍垂直起飞段目前所采用的几种制导技术，主要包括摄动制导、迭代制导与最优制导。

3.1.1 弹道设计技术

当前，运载火箭垂直起飞段弹道设计的主要工作为飞行程序角选择，因为运载火箭的飞行性能（如运载能力、箭体载荷、气动加热、级间分离高度、子级落点位置等）都与飞行程序角所确定的弹道形状有关。火箭选择飞行程序角除满足入轨条件外，还应考虑各分系统提出的技术约束，如稠密大气飞行时攻角尽可能小、俯仰程序角应是时间的连续函数等。

1. 弹道设计

垂直起飞段弹道设计主要是通过设计飞行程序角来满足半长轴、偏心率、近地点幅角等轨道要求，通过设计发射方位角来满足轨道倾角的要求。飞行程序角包括俯仰程序角 φ_{cx}、偏航程序角 ψ_{cx} 和滚转程序角 γ_{cx}，通常弹道设计变量主要为俯仰程序角 φ_{cx}。

选择飞行程序角的具体要求可归纳如下[1]：

1）垂直发射。它具有发射简单、射向调整容易、有利于火箭快速穿越大气层等优点。

2）飞行程序角是时间的连续函数。显然不连续的程序角对控制系统是不利的，因此对于不连续的俯仰程序角需要对不连续点进行平滑处理，使俯仰程序角速率限制在控制系统所能承受的范围内。

3）在稠密大气层内飞行时，要求以接近于零的攻角飞行，以减少气动载荷和气动干扰。火箭推重比越大，小攻角条件就越重要，攻角引起的横向过载随着推重比的增大而增大。

4）飞行中的最大动压要低，穿越稠密大气层的时间要短。最大动压和穿越稠密大气层的时间与一级飞行终点的弹道倾角关系密切，增大一级飞行终点的弹道倾角（飞行弹道变陡）能降低飞行中的最大动压和减少穿越稠密大气层的时间，但改变一级飞行终点的弹道倾角对运载能力有影响。同时，一级飞行终点的弹道倾角对一子级落点，一、二级分离高度有影响。因此，在弹道设计时要统一考虑这些因素。

5）级间分离段的飞行条件应能确保可靠的分离，要求级间分离时有一定的高度和小的攻角。

6）尽可能减少飞行中的能量损失，提高火箭的运载能力。

7）兼顾地面测控系统的要求，如入轨点位置的测控条件、雷达测量的视角限制等。

对应大气层飞行性能要求，第一级俯仰程序角必须满足零攻角和常值分离姿态的要求，第一级可归纳为

$$\varphi_{cx}(t) = \begin{cases} \varphi_{cx}(t_0) & t_0 \leqslant t \leqslant t_1 \\ \theta(t) + \alpha(t) + \omega_z t & t_1 < t \leqslant t_3 \\ \varphi_{cx}(t_3) & t > t_3 \end{cases} \qquad (3-1)$$

式中，θ 为弹道倾角；ω_z 为地球自转角速度在发射坐标系 CZ_n 轴上的分量；t_1 为转弯开始时间；t_3 为转弯结束时间。

攻角采用指数变化的形式，即

$$\alpha(t) = -4\alpha_m e^{-a(t-t_1)} \left[1 - e^{-a(t-t_1)} \right] \qquad (3-2)$$

式中，α_m 为亚声速段攻角绝对值的最大值；a 为常系数。

火箭一级飞行攻角曲线如图 3-1 所示。图中 t_2 为亚声速段结束时间，在 $[t_2, t_3]$ 时间段内火箭以接近于零的攻角飞行；t_{k1} 表示一级关机时间，$[t_3, t_{k1}]$ 时间段内的攻角是为了满足关机和级间分离段的常值姿态角要求而产生的。

在真空飞行段，一般采用直线形式的俯仰程序角，即

$$\varphi_{cx}(t) = \begin{cases} \varphi_{cx}(t_{0i}) & t_{0i} \leqslant t < t_{1i} \\ \varphi_{cx}(t_{0i}) + k_i(t - t_{1i}) & t_{1i} < t \leqslant t_{2i} \\ \varphi_{cx}(t_{2i}) & t > t_{2i} \end{cases} \qquad (3-3)$$

式中，i 为飞行段；k_i 为程序角变化率；t_{1i}、t_{2i} 分别为程序角变化起始时间和结束时间，

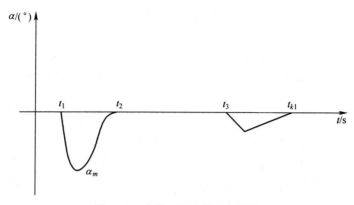

图 3-1　火箭一级飞行攻角曲线

如图 3-2 所示。

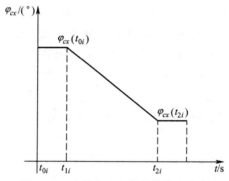

图 3-2　火箭真空飞行段俯仰程序角

　　可以用牛顿迭代法求解满足入轨要求的 α_m 和 k_i 等设计变量值。当设计变量较多时，即可设定优化目标，通过序列二次规划或进化算法等进行优化设计，如使火箭运载能力最大。

　　2. 算例分析

　　以 SpaceX 公司猎鹰 9R 火箭为例，在卡纳维拉尔角发射工位实施发射，针对 28.5°倾角、200km 高度 LEO 目标任务进行垂直起飞段弹道设计。

　　猎鹰 9R 火箭各级质量参数见表 3-1。

表 3-1　猎鹰 9R 火箭参数

类型	参　数	数　值
质量参数	一子级结构质量/t	21.5
	一子级推进剂加注量/t	409
	二子级结构质量/t	5.6
	二子级推进剂加注量/t	106
发动机参数	一级发动机推力/kN	845×9
	一级发动机比冲/（m/s）	2800
	二级发动机推力/kN	934
	二级发动机比冲/（m/s）	3381

（续）

类型	参　　数	数　　值
发射点参数	纬度/(°)	28.5
	经度/(°)	−81.5
	高度/m	10

经过迭代，可得火箭发射方位角为 92.66°，可将不少于 22t 的有效载荷送入 LEO，其俯仰程序角设计结果如图 3−3 所示。

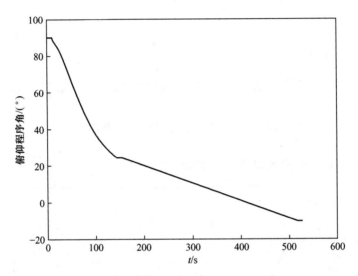

图 3−3　俯仰程序角随时间变化曲线

火箭飞行高度和速度随时间变化情况分别如图 3−4 和图 3−5 所示。

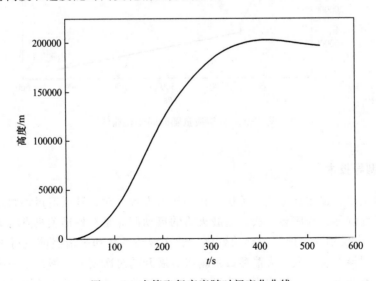

图 3−4　火箭飞行高度随时间变化曲线

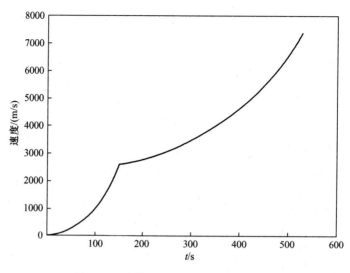

图 3-5　火箭飞行速度随时间变化曲线

火箭质量随时间变化曲线如图 3-6 所示。

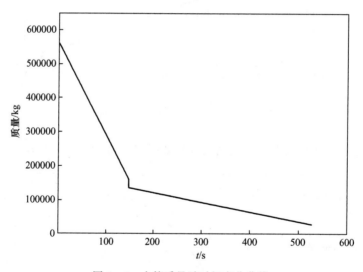

图 3-6　火箭质量随时间变化曲线

3.1.2　摄动制导技术

　　摄动制导是以小偏差理论建立关机方程和导引方程，对运载火箭运动轨迹进行控制的制导，又称线性制导、程序导引法。运载火箭的摄动制导是在标准关机点将火箭弹道参数（射程、横程、半长轴等）展开为泰勒级数，根据摄动系数和火箭当前飞行参数进行导引和关机判断的制导方法。根据火箭参数泰勒级数展开的阶次划分，展开至一阶项的称为一阶摄动制导，展开至二阶项的称为二阶摄动制导，二阶摄动制导的方法误差要比一阶摄动制导小得多。

　　制导系统主要包括制导信息的获取和制导方程的构建。制导方程一般分为两个部分：

一部分是关机方程，主要计算与火箭射程或入轨周期有关的特征量，控制发动机关机；另一部分是导引方程，给出横向、法向导引信号。采用摄动法进行制导计算的前提是必须保证实际弹道与标准弹道之间（特别是在主动段）的偏差很小。在火箭主动段，通常需要对火箭实施横向和法向导引，将关机时的各种偏差控制在一个较小的范围区间。

按关机方程的构建方式，制导方法可以分为摄动制导和显式制导两大类[2,3]。目前，我国的长征系列运载火箭在大气层内飞行多采用摄动制导方法，因此本节首先介绍运载火箭的上升段摄动制导技术。

1. 关机方程

运载火箭各级对制导系统的要求不同，需要采用不同的关机方式，包括射程关机、速度关机和半长轴关机等，其中，以射程关机应用最为广泛。以射程关机为例，摄动制导设计关机方程的目的是使火箭箭体落到预定的目标位置。当发射点和目标参数确定之后，可以按照火箭发动机和箭体结构的额定参数、大气和地球引力场的标准参数，事先设计标准飞行弹道。如果运载火箭实际飞行条件和标准飞行条件一致，则制导系统只需运载火箭在预定的关机时刻发出关闭发动机指令，就可以使火箭箭体落到预置目标点[3]，即

$$L(\overline{X_k}, \overline{t_k}) = \overline{L} \tag{3-4}$$

式中，L 为射程；$\overline{t_k}$、$\overline{X_k}$ 分别为关机时刻和关机时刻对应的位置、速度状态参数。在式（3-4）中，下标 k 表示关机时刻对应的状态参数，横线表示标准弹道状态下的参数，下同。

落点的横向偏差 ΔH 为零，即

$$\Delta H(\overline{X_k}, \overline{t_k}) = \Delta \overline{H} = 0 \tag{3-5}$$

但是，实际的飞行条件总会偏离标准条件，例如发动机的推力偏差、箭体结构的参数偏差、大气条件偏差等作用于箭体上形成干扰。在这些干扰的作用下火箭将不能沿着标准的弹道飞行，如果不施加适当的制导，仍然按照标准关机时刻进行关机，必然出现关机点运动参数偏差。

除特殊设计的弹道外，射程偏差函数 $\Delta L(t)$ 在主动段飞行过程中是时间 t 的单调递增函数，而且最初为负值，逐渐增加到零，最后再为正。$\Delta L(t_k) = 0$ 的时刻 t_k，就是关闭火箭发动机使箭体开始自由飞行的时刻，因此射程控制归结为对关机时间的控制[4,5]。

定义发动机的推力加速度为控制加速度，地球引力加速度为零控加速度，则 t_k 时刻满足约束条件 $\Delta L(t_k) = 0$ 的状态称为零控无偏状态。当 $\Delta L(t) < 0$ 时，火箭在发动机程序推力的作用下加速飞行，并且 $\overline{t_k}$ 附近某时刻达到零控无偏状态，终止推力（控制加速度为 0），火箭将沿零控弹道（自由飞行段弹道）落到预定目标点。

由于发动机推力按照预定程序变化，需要加以控制的是发动机的工作时间，即让发动机工作或者从某一时刻起停止工作。关机方程用来选择发动机的关机时刻，关机控制方程设计的任务是找出关机控制状态量 $K(t)$ 的表达式。

如果按照条件 $K(t_k) = \overline{K}(\overline{t_k})$ 关机，即在 t_k 时刻系统达到零控无偏状态，$\Delta L(t_k) = 0$，因此

$$K(t_k) = \overline{K}(\overline{t_k}) \Leftrightarrow \Delta L(t_k) = 0 \tag{3-6}$$

可得

$$\Delta L(t_k) = \sum_{i=1}^{6} \frac{\partial L}{\partial x_{ik}} x_i(t_k) + \frac{\partial L}{\partial t_k} \Delta t_k - \sum_{i=1}^{6} \frac{\partial L}{\partial x_{ik}} \bar{x}_i(\bar{t}_k) = 0 \qquad (3-7)$$

式中，$x_i(i=1, \cdots, 6)$ 表示三个方向位置和三个方向速度。

现取标准关机控制量

$$\bar{K}(\bar{t}_k) = \sum_{i=1}^{6} \frac{\partial L}{\partial x_{ik}} \bar{x}_i(\bar{t}_k) = 0 \qquad (3-8)$$

再由式（3-6）式（3-7）得，正确的关机控制必须使关机时刻 t_k 的状态变量满足以下条件

$$J(t_k) = \sum_{i=1}^{6} \frac{\partial L}{\partial x_{ik}} x_i(t_k) + \frac{\partial L}{\partial t_k} \Delta t_k - \bar{K}(\bar{t}_k) = 0 \qquad (3-9)$$

把式（3-9）作为关机方程的设计指标，如果该指标得到满足，必然有 $\Delta L(t_k) = 0$ 成立，因此关机控制方程设计的任务就是选择关机状态变量 $K(t)$，使其在实际的关机时刻 t_k 满足终端设计指标 $J(t_k) = 0$。

箭载计算机能够实时解算出运载火箭的真实位置和速度，可以直接从射程控制的基本方程出发，来设计显式的关机方程 $K(t)$，取关机控制状态量为

$$K(t) = \sum_{i=1}^{6} \frac{\partial L}{\partial x_{ik}} x_i(t_k) + \frac{\partial L}{\partial t_k} \Delta t_k \qquad (3-10)$$

因此，关机条件可以表示为

$$K(t_k) - \bar{K}(\bar{t}_k) = 0 \qquad (3-11)$$

箭上制导计算机导航解算出火箭的实时运动参数，不断按式（3-10）计算出 $K(t)$，与由标准弹道决定的标准关机控制量 $\bar{K}(\bar{t}_k)$ 相比较，当满足式（3-11）或两者差值小于容许值时，适时发出发动机关机指令，关闭发动机。

在半长轴关机方案和速度关机方案中，其关机方程与射程关机类似，将公式中的射程 L 用半长轴 a 或者速度 V 替换即可，在此不再赘述。

2. 导引方程

运载火箭导引控制保证火箭在飞行过程中沿预定轨道飞行。导引控制包括横向导引和法向导引两部分。导引控制和关机控制一起对轨道各特征点进行调整，以满足火箭对制导系统的各项要求。箭上计算机实时进行横向导引和法向导引计算，并将导引量分别送入姿态控制系统回路中，通过摆动发动机或转动燃气舵，控制火箭的姿态来实施导引。

不同的摄动制导关机方程对应的导引控制量是不一样的。在射程关机方案中，横向和法向导引量分别为横程 H 和弹道倾角 Θ。在半长轴关机方案中，横向导引量可以选择轨道倾角 i 或者升交点赤经 Ω，法向导引量可以选择偏心率 e 或者近地点幅角 ω。速度关机方案可以根据需要参照射程关机和半长轴关机方案，选择合适的导引量。

（1）横向导引方程[6]

运载火箭制导的任务在于使射程偏差 ΔL 和横程偏差 ΔH 都为零。横程偏差 ΔH 可表示为

$$\Delta H = \frac{\partial H}{\partial \dot{\bar{r}}_k} \Delta \dot{\bar{r}}_k + \frac{\partial H}{\partial \bar{r}_k} \Delta \bar{r}_k + \frac{\partial H}{\partial t_k} \Delta t_k \qquad (3-12)$$

式中，r 为位置矢量。横向导引控制要求在关机时刻 t_k 满足 $\Delta H(t_k) = 0$，关机时刻 t_k 是

由关机控制方程来确定的，由于干扰的随机性，不可能同时满足射程和横程的关机条件，为此往往采用先满足横程的横向控制再考虑射程的关机控制原则，即在标准弹道关机时刻 $\bar{t}_k$ 之前，某一时刻 $\bar{t}_k - T$ 开始，直到 $\bar{t}_k$ 时，一直保持

$$\Delta H = 0(\bar{t}_k - T \leqslant t < \bar{t}_k) \tag{3-13}$$

这就是说，先满足横向控制要求，并加以保持，再按射程控制要求来关机。因为横向只能控制 z 和 v_z，为了满足式（3-13），必须在 $\bar{t}_k - T$ 之前足够长时间内对火箭的质心横向运动进行控制，故称横向控制为横向导引。

式（3-12）中的偏差为全偏差，将其换成等时偏差，则

$$\Delta H(t_k) = \delta H(t_k) + \dot{H}(\bar{t}_k)\Delta t_k \tag{3-14}$$

式中，$\delta H = \dfrac{\partial H}{\partial \dot{\bar{r}}_k}\delta\dot{\bar{r}} + \dfrac{\partial H}{\partial \bar{r}_k}\delta\bar{r}_k$，$\dot{H} = \displaystyle\sum_{i=1}^{6}\dfrac{\partial H}{\partial X_{ik}}\dot{\bar{X}}_i(\bar{t}_k) + \dfrac{\partial H}{\partial t_k}$。

由于 t_k 是按射程控制方程关机的时间，故

$$\Delta L(t_k) = \delta L(t_k) + \dot{L}(\bar{t}_k)\Delta t_k = 0 \tag{3-15}$$

式中，$\dot{L} = \displaystyle\sum_{i=1}^{6}\dfrac{\partial L}{\partial X_{ik}}\dot{\bar{X}}_i(\bar{t}_k) + \dfrac{\partial L}{\partial t_k}$。故可得到

$$\Delta t_k = -\dfrac{\delta L(t_k)}{\dot{L}(\bar{t}_k)} \tag{3-16}$$

代入式（3-12），得

$$\Delta H(t_k) = \delta H(t_k) - \dfrac{\dot{H}(\bar{t}_k)}{\dot{L}(\bar{t}_k)}\delta L(t_k) \tag{3-17}$$

式中，$\delta L(t_k) = -\dfrac{\partial L}{\partial \dot{\bar{r}}_k}\delta\dot{\bar{r}}_k + \dfrac{\partial L}{\partial \bar{r}_k}\delta\bar{r}_k$，故

$$\Delta H(t_k) = \left(\dfrac{\partial H}{\partial \dot{\bar{r}}_k} - \dfrac{\dot{H}}{\dot{L}}\dfrac{\partial L}{\partial \dot{\bar{r}}_k}\right)_{\bar{t}_k}\delta\dot{\bar{r}}_k + \left(\dfrac{\partial H}{\partial \bar{r}_k} - \dfrac{\dot{H}}{\dot{L}}\dfrac{\partial L}{\partial \bar{r}_k}\right)_{\bar{t}_k}\delta\bar{r}_k \tag{3-18}$$

令横向控制函数 $W_H(t) = k_1(\bar{t}_k)\delta\dot{\bar{r}}_k + k_2(\bar{t}_k)\delta\bar{r}_k$，则当 $t \to t_k$，$W_H(t) \to \Delta H(t_k)$，则按 $W_H(t) = 0$ 控制横向质心运动，与按 $\Delta H(t) \to 0$ 控制是等价的。

该函数组成的控制信号为

$$u_\psi = a_0^H W_H(t) \tag{3-19}$$

式中，a_0^H 为控制系统放大系数；u_ψ 为对应 $W_H(t)$ 的控制电压。

将 u_ψ 送入偏航姿态控制系统，实现对横向质心运动的控制，使运载火箭产生偏航，以消除 $W_H(t)$，即消除 $\Delta H(t)$，实现横向控制。其控制结构框图如图 3-7 所示。

（2）法向导引方程

法向导引的目的是控制关机点当地速度倾角偏量 $\Delta\Theta(t_k)$ 小于容许值，以保证运载火箭摄动制导的准确性。

$\Delta\Theta(t_k)$ 在关机点的一阶展开表达式为

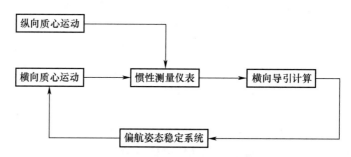

图 3 - 7　运载火箭横向导引系统控制框图

$$\Delta\Theta = \frac{\partial\Theta}{\partial\dot{\boldsymbol{r}}_k}\Delta\dot{\boldsymbol{r}} + \frac{\partial\Theta}{\partial\overline{\boldsymbol{r}}_k}\Delta\overline{\boldsymbol{r}}_k + \frac{\partial\Theta}{\partial t_k}\Delta t_k \qquad (3-20)$$

经过与横向导引系统类似的推导后，可得

$$\Delta\Theta(t_k) = \left(\frac{\partial\Theta}{\partial\dot{\boldsymbol{r}}_k} - \frac{\dot{\Theta}}{\dot{L}}\frac{\partial L}{\partial\dot{\boldsymbol{r}}_k}\right)_{\overline{t}_k}\delta\dot{\boldsymbol{r}}_k + \left(\frac{\partial\Theta}{\partial\overline{\boldsymbol{r}}_k} - \frac{\dot{\Theta}}{\dot{L}}\frac{\partial L}{\partial\overline{\boldsymbol{r}}_k}\right)_{\overline{t}_k}\delta\overline{\boldsymbol{r}}_k = k_3(\overline{t}_k)\delta\dot{\boldsymbol{r}}_k + k_4(\overline{t}_k)\delta\overline{\boldsymbol{r}}_k$$

$$(3-21)$$

式中，$\dot{\Theta} = \sum_{i=1}^{6}\frac{\partial\Theta}{\partial X_{ik}}\dot{\overline{X}}_i(\overline{t}) + \frac{\partial\Theta}{\partial t_k}$。相应引入法向控制函数 $W_\Theta(t) = k_3(\overline{t}_k)\delta\dot{\boldsymbol{r}}_k + k_4(\overline{t}_k)\delta\overline{\boldsymbol{r}}_k$，并组成控制信号

$$u_\varphi = a_0^\Theta W_\Theta(t) \qquad (3-22)$$

式中，a_0^Θ 为控制系统放大系数；u_φ 为对应 $W_\Theta(t)$ 的控制电压。将 u_φ 送入俯仰姿态控制通道，使火箭产生俯仰，以消除 $W_\Theta(t)$，即消除 $\Delta\Theta(t)$，实现法向导引控制。

在半长轴关机方案和速度关机方案中，其横向、法向导引方程与射程关机方案类似，将横向导引量 H 用轨道倾角 i 或者升交点赤经 Ω 替换即可，法向导引量 Θ 用偏心率 e 或者近地点幅角 ω 替换即可，在此不再赘述。

3. 算例分析

为验证摄动制导算法性能，摄动制导仿真时设置的主要偏差条件见表 3 - 2。

表 3 - 2　偏差条件

参数名称	一级	二级
起飞质量偏差/kg	0.25%	0.57%
比冲偏差/(m/s)	20	15
推力秒耗量偏差	2%	2%
大气压力偏差	10%	0
气动系数偏差	10%	0
大气密度偏差	10%	0

根据上述仿真条件，利用摄动制导方法进行 2000 次打靶仿真，半长轴、偏心率、轨道倾角的散点图和分布图如图 3 - 8～图 3 - 13 所示。

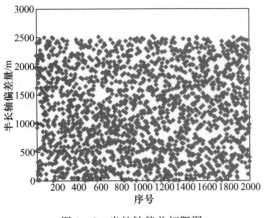

图 3 - 8　半长轴偏差打靶图

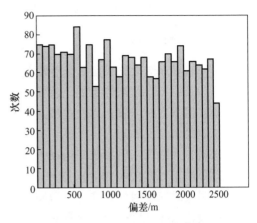

图 3 - 9　半长轴偏差频数分布图

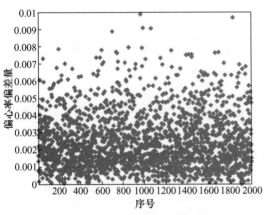

图 3 - 10　偏心率偏差打靶图

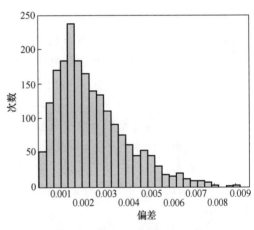

图 3 - 11　偏心率偏差频数分布图

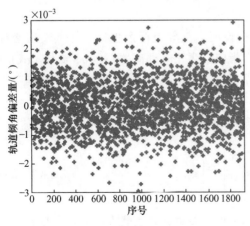

图 3 - 12　轨道倾角偏差打靶图

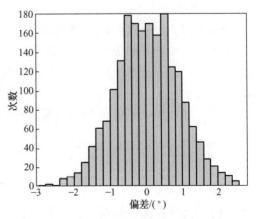

图 3 - 13　轨道倾角偏差频数分布图

通过对仿真结果进行统计分析可知，摄动制导半长轴偏差小于 2500m，偏心率偏差小于 0.01，轨道倾角偏差小于 0.003°，有较高的入轨精度。

3.1.3　迭代制导技术

由于摄动制导要先确定一条标准弹道，其导引和关机控制均完全依赖于该标准弹道；如果作用在运载火箭箭体上的干扰较大，则实际飞行弹道偏离标准弹道较大；或者尽管干扰很小，但飞行时间较长，使关机点参数偏差较大；因此，摄动制导精度不总是很理想，也难以满足未来发展需求；另外，摄动制导射前发射诸元的计算也十分复杂。

根据有效载荷入轨参数和运载火箭的实时运动参数，按控制泛函的显函数表达式进行实时计算的制导方法叫作显式制导，即在飞行过程中，不断地计算火箭的实时速度和位置，利用实时速度和位置进行火箭制导方程的运算，以控制火箭飞行。显式制导可以简化设计和快速预报，比摄动制导具有更大的灵活性，容许实际飞行轨道与预定轨道有较大的偏差，在大干扰下也有较高的制导精度。

显式制导的主要方法有闭路制导、E 制导和迭代制导。迭代制导方法是显式制导方法中应用最广泛的一种，我国的 CZ-2F、CZ-5、CZ-7 等运载火箭的大气层外飞行段采用了迭代制导方法，国外多个型号如美国的"土星"火箭、法国的"阿里安"火箭均采用了迭代制导方法，并取得了良好效果。与摄动制导相比，迭代制导不需要计算和装定发射诸元，对确定的目标轨道，实时生成飞向目标轨道的瞬时最优弹道，对干扰具有良好的鲁棒性[7,8]。

迭代制导的指导思想来源于最优控制。火箭飞行中姿态变化大，飞行攻角大，一般在运载火箭飞出大气层后开始加入迭代制导控制。同时，火箭动力飞行一般每段飞行时间和距离都不很长，因此，为了简化运载火箭的运动方程，可采取以下假设[9]：

1) 采用迭代制导飞行时，运载火箭飞行高度已很高，忽略气动力的影响，即 $R_\xi = R_\psi = R_\zeta = 0$。

2) 控制是连续的，发动机的摆角不大，可以近似认为推力总是沿着运载火箭纵轴方向，即 $P_\xi = P$，$P_\eta = P_\zeta = 0$。

3) 由于姿态控制系统对滚动进行控制，故在飞行过程中，滚动角很小，可以忽略。

1. 问题描述

首先对迭代制导用到的制导坐标系定义进行说明。制导坐标系也称目标点轨道坐标系，原点在地心，$o\eta$ 轴为地心与入轨点的连线，指向上为正（远离地心），$o\xi$ 轴与 $o\eta$ 轴垂直，且与入轨点当地水平面平行，指向运载火箭的运动方向，$o\zeta$ 轴与 $o\xi$ 轴、$o\eta$ 轴成右手定则。

在 $o\text{-}\xi\eta\zeta$ 坐标系中，运载火箭经简化的真空飞行运动方程为

$$\begin{bmatrix} \ddot{\xi} \\ \ddot{\eta} \\ \ddot{\zeta} \end{bmatrix} = \frac{F}{m} \begin{bmatrix} \cos\varphi_\xi \cos\psi_\zeta \\ \sin\varphi_\xi \cos\psi_\zeta \\ -\sin\psi_\zeta \end{bmatrix} + \begin{bmatrix} g_\xi \\ g_\eta \\ g_\zeta \end{bmatrix} \tag{3-23}$$

式中，φ_ξ 为运载火箭纵轴在 $\xi\eta$ 平面上的投影与 $o\xi$ 轴的夹角，是运载火箭的一个与制导有关的姿态角，称为俯仰角；ψ_ζ 为运载火箭纵轴与 $\xi o\eta$ 平面的夹角，是运载火箭的另一个与制导有关的姿态角，称为偏航角，如图 3-14 所示；g_ξ、g_η、g_ζ 是与运载火箭位置和纬

度有关的引力加速度矢量 $\boldsymbol{g}$ 在 o - $\xi\eta\zeta$ 坐标系中的三个分量。

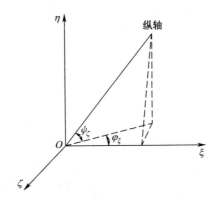

图 3 - 14　运载火箭纵轴在 $\xi o\eta$ 平面上的投影

在以运载火箭瞬时点状态 $(\dot{\xi}_0,\ \xi_0,\ \dot{\eta}_0,\ \eta_0,\ \dot{\zeta}_0,\ \zeta_0)$ 为初值，目标点 c 的状态 $(\dot{\xi}_c,\ \xi_c,\ \dot{\eta}_c,\ \eta_c,\ \dot{\zeta}_c,\ \zeta_c)^{\mathrm{T}}$ 为终端值的条件下，引入状态矢量 $\boldsymbol{X}$[10-12]

$$\boldsymbol{X}=\{x_1,\ x_2,\ x_3,\ x_4,\ x_5,\ x_6\}^{\mathrm{T}}=\{\dot{\xi},\ \xi,\ \dot{\eta},\ \eta,\ \dot{\zeta},\ \zeta\}^{\mathrm{T}} \tag{3-24}$$

则运载火箭方程式（3-24）由定义在时间间隔 $[0,\ t_c]$ 上的状态方程表示为

$$\dot{\boldsymbol{X}}=\begin{bmatrix}0&0&0&0&0&0\\1&0&0&0&0&0\\0&0&0&0&0&0\\0&0&1&0&0&0\\0&0&0&0&0&0\\0&0&0&0&1&0\end{bmatrix}\begin{bmatrix}x_1\\x_2\\x_3\\x_4\\x_5\\x_6\end{bmatrix}+\frac{F}{m}\begin{bmatrix}\cos\varphi_\xi\cos\psi_\zeta\\0\\\sin\varphi_\xi\cos\psi_\zeta\\0\\-\sin\psi_\zeta\\0\end{bmatrix}+\begin{bmatrix}g_\xi\\0\\g_\eta\\0\\g_\zeta\\0\end{bmatrix} \tag{3-25}$$

作为初值的运载火箭瞬时状态表示为

$$\boldsymbol{X}\mid_0=\{x_{10},\ x_{20},\ x_{30},\ x_{40},\ x_{50},\ x_{60}\}^{\mathrm{T}}=\{\dot{\xi}_0,\ \xi_0,\ \dot{\eta}_0,\ \eta_0,\ \dot{\zeta}_0,\ \zeta_0\}^{\mathrm{T}}$$
$$\tag{3-26}$$

作为终端约束的目标点 c 的状态表示为

$$\boldsymbol{X}\mid_{t_c}=\{x_{1c},\ x_{2c},\ x_{3c},\ x_{4c},\ x_{5c},\ x_{6c}\}^{\mathrm{T}}=\{\dot{\xi}_c,\ \xi_c,\ \dot{\eta}_c,\ \eta_c,\ \dot{\zeta}_c,\ \zeta_c\}^{\mathrm{T}}$$
$$\tag{3-27}$$

在式（3-25）中，$\dfrac{F}{m}=\dfrac{V_e}{\tau-t}$ 是运载火箭在剩余飞行弹道（在时间间隔 $[0,\ t_c]$ 内运载火箭自瞬时点至目标点 c 的飞行航迹）中，各时刻的发动机推力产生的加速度估算值；t 是以运载火箭各瞬时作为零秒，在剩余弹道中的飞行时间；τ 是运载火箭瞬时质量耗尽时间，其值是运载火箭瞬时质量与发动机推进剂秒流量之比；V_e 是发动机喷气速度，又称为特征速度，其值为发动机比推力与重量、质量换算系数之积；$x_1,\ \cdots,\ x_6$ 是状态变量；φ_ξ、ψ_ζ 是控制变量。

运载火箭在剩余飞行弹道中各点的引力加速度矢量是一个未知位置矢量的复杂函数。

为了简化计算，对剩余弹道段的地球模型进行局部平面假设。此时，其间引力加速度矢量近似为运载火箭瞬时点引力加速度矢量与目标点 c 的引力加速度矢量的平均值，即

$$
\begin{bmatrix} g_\xi \\ g_\eta \\ g_\zeta \end{bmatrix} = \frac{1}{2} \begin{bmatrix} g_{\xi 0} \\ g_{\eta 0} \\ g_{\zeta 0} \end{bmatrix} + \frac{1}{2} \begin{bmatrix} g_{\xi c} \\ g_{\eta c} \\ g_{\zeta c} \end{bmatrix} \tag{3-28}
$$

式中，g_ξ、g_η、g_ζ 为运载火箭剩余弹道中各点的引力加速度矢量在坐标系 $o-\xi\eta\zeta$ 中的三个分量；$g_{\xi 0}$、$g_{\eta 0}$、$g_{\zeta 0}$ 为运载火箭瞬时点引力加速度矢量在坐标系 $o-\xi\eta\zeta$ 中的三个分量；$g_{\xi c}$、$g_{\eta c}$、$g_{\zeta c}$ 为运载火箭目标点 c 的引力加速度矢量在坐标系 $o-\xi\eta\zeta$ 中的三个分量。

随着运载火箭不断接近关机点，平均引力加速度代表的真实性也随着增强，简化引力项越接近关机点越准确。由于使用"平均引力"代替了真实引力，带来了一定的误差，这相当于给原运动方程增加了一个干扰力，但是由于迭代制导方法在每个制导周期都可以消除前一周期的累积误差，所以不会引起太大的入轨偏差[9]。

2. 问题求解[9]

迭代制导实际上是以最短飞行时间引导火箭飞向目标点 c 的最优控制问题。由于运载火箭发动机一般都是一个恒值推力系统，因而这个快速控制问题等价于最少推进剂消耗、弹道有效载荷为最大的最优控制问题。其性能指标函数可以表示为

$$
J = \int_0^{t_c} \mathrm{d}t \tag{3-29}
$$

由此，式（3-24）～式（3-29）就组成了一个定义在时间间隔 $[0, t_c]$ 上的运载火箭运动的最优控制问题。求解这个最优控制问题，就是寻找一组容许控制 $(\varphi_\xi, \psi_\zeta)$，使其在最短飞行时间 t_c 内，将运载火箭由初始状态 $X|_0$ 转移到目标点状态 $X|_{t_c}$，与之相应的运载火箭飞行轨迹（状态方程的解）就是运载火箭由瞬时点至目标点 c 的瞬时最优弹道。

这个最优控制问题实质上是一个泛函的条件极值问题。为了便于问题的解答，暂时考虑无终端约束，即状态变量终端值全为不确定的情形。

为求解上述问题，引进哈密顿函数

$$
H = \lambda_1 \left(\frac{F}{m} \cos\varphi_\xi \cos\psi_\zeta + g_\xi \right) + \lambda_3 \left(\frac{F}{m} \sin\varphi_\xi \cos\psi_\zeta + g_\eta \right)
$$
$$
+ \lambda_4 x_3 + \lambda_5 \left(-\frac{F}{m} \sin\psi_\zeta + g_\zeta \right) + \lambda_6 x_5 + 1 \tag{3-30}
$$

通过数学方法，可以得到一个与式（3-29）等价的性能指标 J。当泛函 J 取极值时，根据其变分必须为零可以推导得到一组用来求解状态变量 $(x_1, x_2, x_3, x_4, x_5, x_6)$、控制矢量 $(\varphi_\xi, \psi_\zeta)$ 和拉格朗日乘子 $(\lambda_1, \lambda_2, \lambda_3, \lambda_4, \lambda_5, \lambda_6)$ 的微分方程和代数方程。

根据最优控制理论，可以得到极值条件、伴随方程和横截条件分别为

$$
\begin{bmatrix} \lambda_1 \sin\varphi_\xi \cos\psi_\zeta - \lambda_3 \cos\varphi_\xi \cos\psi_\zeta \\ \lambda_1 \cos\varphi_\xi \sin\psi_\zeta + \lambda_3 \sin\varphi_\xi \sin\psi_\zeta + \lambda_5 \cos\psi_\zeta \end{bmatrix} = 0 \tag{3-31}
$$

$$[\dot{\lambda}_1,\ \dot{\lambda}_2,\ \dot{\lambda}_3,\ \dot{\lambda}_4,\ \dot{\lambda}_5,\ \dot{\lambda}_6]^T = [-\lambda_2,\ 0,\ -\lambda_4,\ 0,\ -\lambda_6,\ 0]^T \tag{3-32}$$

$$[\lambda_1\delta x_1,\ \lambda_2\delta x_2,\ \lambda_3\delta x_3,\ \lambda_4\delta x_4,\ \lambda_5\delta x_5,\ \lambda_6\delta x_6]^T = 0 \tag{3-33}$$

可由式（3-31）～式（3-33）求近似解，得到控制角 φ_ξ、ψ_ζ 的表达式

$$\begin{cases} \varphi_\xi = \overline{\varphi_\xi} + k_2 t - k_1 \\ \psi_\zeta = \overline{\psi_\zeta} + e_2 t - e_1 \end{cases} \tag{3-34}$$

式中，$\overline{\varphi_\xi}$、$\overline{\psi_\zeta}$ 是为满足目标点速度矢量产生的控制角；k_1、k_2、e_1、e_2 是为了达到目标点位置矢量产生的附加控制角量值参数。

最优控制问题根据不同的终端约束情况，k_1、k_2、e_1、e_2 选取也不同[9-14]，下面分别针对不同情况介绍问题的求解。

（1）速度矢量 $(\dot{\xi}_c,\ \dot{\eta}_c,\ \dot{\zeta}_c)$ 为确定量，位置矢量 $(\xi_c,\ \eta_c,\ \zeta_c)$ 为不确定情况

由于位置矢量 $(\xi_c,\ \eta_c,\ \zeta_c)$ 不确定，与之相应的状态变量 x_2、x_4、x_6 的终端值不确定，即 $\delta x_i|_{t_c} \neq 0 (i = 2,\ 4,\ 6)$，因此由横截条件可得

$$\lambda_{20} = \lambda_{40} = \lambda_{60} = 0 \tag{3-35}$$

考虑伴随方程可得

$$\lambda_1 = \lambda_{10},\ \lambda_3 = \lambda_{30},\ \lambda_5 = \lambda_{50} \tag{3-36}$$

解极值条件可得控制变量表达式为

$$\begin{cases} \varphi_\xi = \arctan\left(\dfrac{\lambda_{30}}{\lambda_{10}}\right) \\ \psi_\zeta = \arctan\left(-\dfrac{\lambda_{50}}{\lambda_{10}}\cos\varphi_\xi\right) \end{cases} \tag{3-37}$$

式（3-37）表明，为了实现所需速度的最优控制，要求运载火箭在目标点 c 处达到预定的速度矢量，它的瞬时控制角应是一组瞬时常值。

将瞬时控制角记为

$$\begin{cases} \varphi_\xi = \overline{\varphi_\xi} \\ \psi_\zeta = \overline{\psi_\zeta} \end{cases} \tag{3-38}$$

由于可以把运载火箭的空间运动分解成平面运动和横向运动的组合，结合惯性制导的特点，运载火箭运动方程式（3-25）可以改写成

$$\begin{bmatrix} \ddot{\xi} \\ \ddot{\eta} \\ \ddot{\zeta} \end{bmatrix} = \left(\frac{F}{m}\right)_{\xi\eta} \begin{bmatrix} \cos\varphi_\xi \\ \sin\varphi_\xi \\ -\sin\psi_\zeta \end{bmatrix} + \begin{bmatrix} g_\xi \\ g_\eta \\ g_\zeta \end{bmatrix} \tag{3-39}$$

将式（3-38）代入式（3-39），按初值 $(\dot{\xi},\ \dot{\eta},\ \dot{\zeta},\ \xi,\ \eta,\ \zeta)|_0 = (\dot{\xi}_0,\ \dot{\eta}_0,\ \dot{\zeta}_0,$ $\xi_0,\ \eta_0,\ \zeta_0)$ 以及终端值 $(\dot{\xi},\ \dot{\eta},\ \dot{\zeta})|_{t_c} = (\dot{\xi}_c,\ \dot{\eta}_c,\ \dot{\zeta}_c)$ 在时间间隔 $[0,\ t_c]$ 上进行积分求解，可得

$$
\begin{cases}
\varphi_\xi = \arctan\left(\dfrac{\dot\eta_c - \dot\eta_0 - g_\eta t_c}{\dot\xi_c - \dot\xi_0 - g_\xi t_c}\right) \\[3mm]
\psi_\zeta = \arctan\left[\dfrac{\dot\zeta_c - \dot\zeta_0 - g_\zeta t_c}{V_e \ln\left(\dfrac{\tau}{\tau - t_c}\right)}\right]
\end{cases}
\tag{3-40}
$$

在式（3-40）中，剩余飞行时间 t_c 是以运载火箭当前时刻作为零秒，运载火箭飞完剩余弹道尚需的估算时间。

根据控制要求，运载火箭瞬时点至目标点 c 的期望速度增量与按运动方程式（3-25）在时间间隔 $[0, t_c]$ 上积分计算求得的剩余速度增量必须相等，从而得到求解 t_c 的方程，即

$$
\begin{cases}
\Delta V^2 = (\dot\xi_c - \dot\xi_0 - g_\xi t_c)^2 + (\dot\eta_c - \dot\eta_0 - g_\eta t_c)^2 + (\dot\zeta_c - \dot\zeta_0 - g_\xi t_c)^2 \\[2mm]
t_c = (1 - e^{-\frac{\Delta V}{V_e}})
\end{cases}
\tag{3-41}
$$

方程经制导计算机迭代计算可以得到满足精度要求的 t_c。

（2）速度矢量 $(\dot\xi_c,\ \dot\eta_c,\ \dot\zeta_c)$ 及两个位置分量 η_c、ζ_c 为确定量，ξ_c 为不确定情况

运载火箭的控制规律表明，为确保运载火箭在目标点 c 处达到预定的速度矢量形成的控制角 $\overline{\varphi_\xi}$、$\overline{\psi_\zeta}$ 在控制角 φ_ξ、ψ_ζ 中占主要部分，而为了确保位置量形成的附加控制角仅是其中的小量，不妨进行以下假设

$$
\begin{cases}
\varphi_\xi = \overline{\varphi_\xi} + k_2 t - k_1 \\
\psi_\zeta = \overline{\psi_\zeta} + e_2 t - e_1
\end{cases}
\tag{3-42}
$$

把 $k_2 t - k_1$ 和 $e_2 t - e_1$ 视为小量，对 $\cos\varphi_\xi$、$\sin\varphi_\xi$、$\cos\psi_\zeta$、$\sin\psi_\zeta$ 近似展开，并取一阶项，可以得到

$$
\begin{cases}
\ddot\xi = \dfrac{V_e}{\tau - t}\cos\overline{\psi_\zeta}(\cos\overline{\varphi_\xi} + k_1\sin\overline{\varphi_\xi} - k_2 t\sin\overline{\varphi_\xi}) + g_\xi \\[3mm]
\ddot\eta = \dfrac{V_e}{\tau - t}\cos\overline{\psi_\zeta}(\sin\overline{\varphi_\xi} - k_1\sin\overline{\varphi_\xi} + k_2 t\sin\overline{\varphi_\xi}) + g_\eta \\[3mm]
\ddot\zeta = \dfrac{V_e}{\tau - t}(\sin\overline{\psi_\zeta} - e_1\cos\overline{\psi_\zeta} + e_2 t\cos\overline{\psi_\zeta}) + g_\zeta
\end{cases}
\tag{3-43}
$$

在时间间隔 $[0, t_c]$ 上，按初值 $(\dot\xi,\ \dot\eta,\ \dot\zeta,\ \xi,\ \eta,\ \zeta)\big|_0 = (\dot\xi_0,\ \dot\eta_0,\ \dot\zeta_0,\ \xi_0,\ \eta_0,\ \zeta_0)$，以及终端值 $(\dot\xi,\ \dot\eta,\ \dot\zeta)\big|_{t_c} = (\dot\xi_c,\ \dot\eta_c,\ \dot\zeta_c)$ 进行积分求解，可得 k_1、k_2、e_1、e_2 的计算公式。

3. 算例分析

为了便于对摄动制导、迭代制导算法性能进行对比分析，迭代制导仿真算例采用与摄动制导相同的偏差条件，具体数据见表 3-2。利用迭代制导方法进行 2000 次打靶仿真，半长轴、偏心率、轨道倾角的打靶图和分布图如图 3-15～图 3-20 所示。

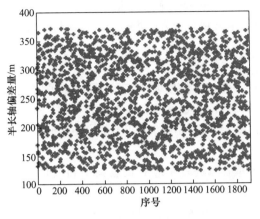

图 3-15　半长轴偏差打靶图

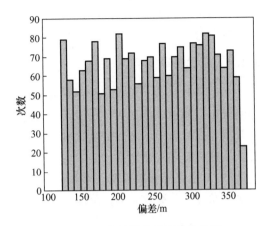

图 3-16　半长轴偏差频数分布图

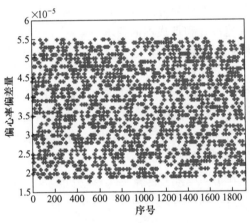

图 3-17　偏心率偏差打靶图

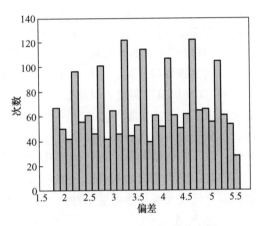

图 3-18　偏心率偏差频数分布图

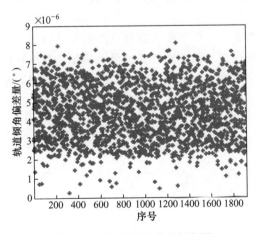

图 3-19　轨道倾角偏差打靶图

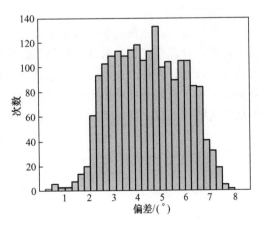

图 3-20　轨道倾角偏差频数分布图

通过上述仿真结果可知，迭代制导半长轴偏差小于 400m，偏心率偏差小于 10^{-4}，轨道倾角偏差小于 10^{-5}（°），有极高的入轨精度，迭代制导的各项入轨指标均比摄动制导高。

3.1.4 最优制导技术

传统的制导方式具有一定的可靠性和稳定性，为正常的发射任务提供了有力而相对成功的保障。同时，由于大气段采用开环制导以及真空段近似算法存在着种种局限，传统的上升制导存在着一些难以避免的缺陷，使其难以满足未来快速、低成本、自主机动的发射要求。这些缺陷主要包括[15]：

1）发生意外和故障时，难以针对意外情况和故障进行相应的轨迹调整和故障处理，因此在发射后具有较大的风险。

2）大气段开环制导方式的成功，极大地依赖于仿真模型的准确性和地面制导方案的详细设计。由于制导方案需要针对不同的大气环境和飞行参数进行大量的仿真试验，这不仅需要大量的时间和成本，而且在方案和参数调整后需要重新设计和仿真，致使难以快速的迭代和测试。特别是在进行新型的飞行器和制导方案的研究过程中，传统制导方式存在长周期和高成本的缺点，难以满足未来飞行器快速设计和低成本的要求。

3）对发射当天的天气状况具有极高的依赖性。在天气发生突变的情况下，不得不推迟发射或另选发射日期，这使传统制导方式具有很大的局限性。

4）真空段虽然实现了闭环制导，但由于其在固定重力场、小俯仰和偏航角等假设和简化约束下，真空段制导存在着不少的局限性。包括：飞行方案的精度和灵活性受到限制，不利于处理多次点火等复杂上升制导问题；闭环制导在短飞行弧段情况下存在着近似最优，但飞行弧段越长，目前的上升制导将会越偏离最优轨迹。

因此，在大气段内探索引入闭环制导方式，并不断增强和完善真空段闭环制导对多次点火以及轨迹在线规划等复杂性问题的处理能力是运载火箭发展的必然要求。

1. 问题描述

垂直起飞段最优制导算法的基本思想是利用最优控制理论描述火箭垂直起飞段制导问题，构成一个两点边值问题。当最优控制问题满足横截条件以及初始协态值时，即可求解最优控制函数。

解决上述两点边值问题一般采用非线性规划算法，但非线性规划算法需要进行大量的迭代计算，计算量很大。若最优控制问题的计算过程（即弹道计算过程）采用一般的数值方法计算，则计算耗时太大，无法保证算法的实时性。为解决实时性问题，垂直起飞段制导算法采用了包括线性化重力假设在内的多种手段简化火箭飞行动力学方程的求解。在大气层内飞行，运载火箭运动方程可以表示为

$$\begin{cases} \dot{\boldsymbol{r}} = \boldsymbol{V} \\ \dot{\boldsymbol{V}} = \boldsymbol{g}(\boldsymbol{r}) + \dfrac{\boldsymbol{A}}{m(t)} + \dfrac{T\boldsymbol{l}_b}{m(t)} + \dfrac{\boldsymbol{N}}{m(t)} \\ \dot{m} = -\dfrac{T}{g_0 I_{sp}} \end{cases} \tag{3-44}$$

大气层内飞行段比真空飞行段多了轴向和侧向气动力，无法得到解析解，但可以得到最优机体轴方向的解。大气层内最优上升问题可以当成是真空段问题的扩展。

在大气层内，哈密顿函数为

$$H = \boldsymbol{p}_r^{\mathrm{T}} \boldsymbol{V} + \boldsymbol{p}_V^{\mathrm{T}} \left[-\frac{1}{r^3} \boldsymbol{r} + (T - A) \boldsymbol{l}_b + N \boldsymbol{l}_n \right] + \mu(\boldsymbol{l}_b^{\mathrm{T}} \boldsymbol{l}_b - 1) \qquad (3-45)$$

最优性条件为

$$\frac{\partial H}{\partial \boldsymbol{l}_b} = 0 \qquad (3-46)$$

由最优性条件可推导出

$$\boldsymbol{l}_b^* \equiv c_1(\boldsymbol{x}, \ \boldsymbol{p}, \ \boldsymbol{l}_b^*) \, \boldsymbol{p}_V + c_2(\boldsymbol{x}, \ \boldsymbol{p}, \ \boldsymbol{l}_b^*) \, \boldsymbol{V}_r \qquad (3-47)$$

最优性条件可以进行以下简化

$$\frac{\partial H}{\partial \boldsymbol{l}_b} = 0$$
$$\Rightarrow \frac{\partial H}{\partial \alpha} = 0 \qquad (3-48)$$
$$\Rightarrow \tan(\Phi - \alpha)(T - A + N_\alpha) - (A_\alpha + N) = 0$$

进一步推导，可得到最优推力矢量为

$$\boldsymbol{l}_b = \frac{\sin\alpha}{\sin\Phi} \boldsymbol{l}_{p_V} + \frac{\sin(\Phi - \alpha)}{\sin\Phi} \boldsymbol{l}_{V_r} \qquad (3-49)$$

由以上结果可知：

1）机体轴的最优方向在主矢量 $\boldsymbol{p}_V$ 和相对速度 $\boldsymbol{V}_r$ 所在的平面内。

2）确定最优机体轴的问题是一个单参数搜索问题（搜索 α）。

3）当气动力 $A = N = 0$，则 $\boldsymbol{l}_b$ 的最优方向与协态 $\boldsymbol{p}_V$ 的方向一致。

4）以上算法可以应用于液体和固体火箭。

2. 问题求解

（1）大气层内最优上升制导问题的数值解法

运载火箭上升制导的最优控制问题是一高度非线性的边值问题，使用解析方法求解这类问题非常困难，因此工程上常采用一些数值算法来进行求解。这些数值方法都是基于类似的制导思想，通过逐渐递推逼近来求解最优控制问题。

求解常微分方程组边值问题的数值方法主要有单重打靶法（Simple Shooting Method，SS）、多重打靶法（Multiple Shooting Method，MS）、有限差分法（Finite Difference Method，FD）等。单重打靶法尝试选择不同的未知初始值，通过求解初值问题以得到近似解，并使之与终端边界相等，其中，初值问题一般使用多重积分求得近似解。由于单重打靶法对初始猜想的敏感性，在上升最优轨迹设计中一般不使用此方法。多重打靶法和有限差分法在初始端和终端之间插入多个节点，在每个节点增加线性等式约束，从而将两点边值问题（TPBVP）转化为多点边值问题，不同的是多重打靶法求解初值问题得到常微分方程组边值问题的解，而有限差分法则使用差分方程代替微分方程进行计算（图 3-21 和图 3-22）。

大气层内最优上升制导问题实际上是一个 TPBVP。TPBVP 可以表示为

$$\begin{cases} \dot{\boldsymbol{y}} = \boldsymbol{f}(\boldsymbol{y}, \ t) \\ \boldsymbol{B}_0[\boldsymbol{y}(t_0)] = \boldsymbol{0} \\ \boldsymbol{B}_f[\boldsymbol{y}(t_f)] = \boldsymbol{0} \end{cases} \qquad (3-50)$$

在时间区间上划分为 M 个相等的区间，即 $t_0 < t_1 < t_2 \cdots < t_M = t_f$，则令以上每一个节点处的未知量为 $\mathbf{y}_0$，$\mathbf{y}_1$，$\cdots$，$\mathbf{y}_M = \mathbf{y}_f$，在两个相邻节点 t_{k-1} 和 t_k 间的 $y(t)$ 可以通过线性函数近似。相近节点间的导数值可以通过中心差分来近似

$$\dot{\mathbf{y}}\left(t_{k-1} + \frac{h}{2}\right) \approx \frac{1}{h}(\mathbf{y}_k - \mathbf{y}_{k-1}) = \mathbf{f}\left(t_{k-1} + \frac{h}{2}, \frac{\mathbf{y}_k + \mathbf{y}_{k+1}}{2}\right), \quad k = 1, 2, \cdots, N$$

$$(3-51)$$

定义残差为

$$\begin{cases} \mathbf{E}_0 = \mathbf{B}_0 \\ \mathbf{E}_N = \mathbf{B}_f \\ \mathbf{E}_k(\mathbf{y}_k, \mathbf{y}_{k-1}) = \mathbf{y}_k - \mathbf{y}_{k-1} - h\mathbf{f}\left(t_{k-1} + \frac{h}{2}, \frac{\mathbf{y}_k + \mathbf{y}_{k+1}}{2}\right), \quad k = 1, \cdots, N-1 \end{cases}$$

$$(3-52)$$

这样，原始的 TPBVP 转化为一个非线性代数问题，维数为 $(N+1) \times 12$

$$\mathbf{E}(\mathbf{Y}) = \mathbf{0} \tag{3-53}$$

其中，$\mathbf{E} = [\mathbf{E}_0^T, \mathbf{E}_1^T, \cdots, \mathbf{E}_N^T]$，$\mathbf{Y} = [\mathbf{y}_0^T, \mathbf{y}_1^T, \cdots, \mathbf{y}_N^T]$。

从而，原始的 TPBVP 的求解就转变为非线性代数方程组的求根问题。

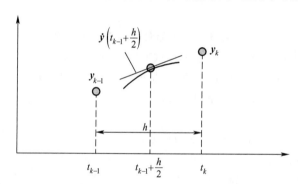

图 3 - 21　TPBVP 的配点法

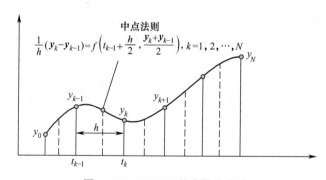

图 3 - 22　TPBVP 的有限差分法

（2）最优制导算法的过程约束处理

最优控制问题的约束主要包括端点约束（End - Point Constraints）和过程约束

(Path Constraints)，其中，端点约束是初始端和末端状态的函数，而过程约束是中间点或整个飞行过程状态和控制的函数。按约束中包含变量的不同，过程约束可分为控制约束、控制–状态约束和状态约束。

最优制导算法需要处理以下三种常见约束[15]：

① $S_1 = q\alpha - Q_\alpha \leqslant 0$

对于第 1 种约束，协态方程为

$$\boldsymbol{p}' = -\frac{\partial H}{\partial \boldsymbol{x}} - \lambda_{q\alpha}\frac{\partial S_1}{\partial \boldsymbol{x}} \tag{3-54}$$

当 $S_1 < 0$，乘子 $\lambda_{q\alpha} = 0$，问题转化为原始的无约束问题；

当 $S_1 = 0$，乘子 $\lambda_{q\alpha}$ 满足条件

$$\frac{\partial H}{\partial \boldsymbol{l}_b} + \lambda_{q\alpha}\frac{\partial S_1}{\partial \boldsymbol{l}_b} = 0$$

$$\lambda_{q\alpha} = -\frac{\partial H / \partial \alpha}{q} \tag{3-55}$$

由于

$$\frac{\partial S_1}{\partial \boldsymbol{l}_b} = q\frac{\partial \alpha}{\boldsymbol{l}_b} = q\left(\frac{\cos\alpha}{\sin\alpha}\boldsymbol{l}_b - \frac{1}{\sin\alpha}\boldsymbol{l}_{V_r}\right) \tag{3-56}$$

由此可知，体轴的最优方向在由 $\boldsymbol{p}_V$ 和 $\boldsymbol{V}_r$ 确定的平面内。因此，可以利用原始无约束问题的方式来确定最优体轴 $\boldsymbol{l}_b^*$。

② $S_2 = T - T_{\max} \leqslant 0$

对于第 2 种约束，由于最大加速度通常发生在离开稠密大气层时，此约束不受任何弹道状态变量和控制变量的影响。因此，不是一个状态或控制约束。一旦 $S_2 = 0$，引擎的流量可以调整为

$$\eta = T_{\max}m(t)g_0 / T_{\mathrm{vac}} \tag{3-57}$$

③ $S_3 = q - q_{\max} \leqslant 0$

在箭上计算环境下，在每一个制导周期内，整个垂直起飞段弹道的状态、控制和发动机流量由当前状态完全确定。为保证箭上计算简单与可靠，假定最优体轴仍然由不考虑动压约束的方法确定，即最优体轴仍然在由 $\boldsymbol{p}_V$ 和 $\boldsymbol{V}_r$ 确定的平面内。考虑 q 在时刻 t 的一阶导数

$$q'(t) = a_q(\boldsymbol{x}, \boldsymbol{l}_b)\eta(t) + b_q(\boldsymbol{x}, \boldsymbol{l}_b) \tag{3-58}$$

式中，η 为当前的引擎流量。

令 $\delta > 0$ 为一个时间增量。$q(t+\delta)$ 的一阶近似为

$$q(t+\delta) \approx q(t) + q'(t)\delta = q(t) + [a_q(\boldsymbol{x}, \boldsymbol{l}_b)\eta(t) + b_q(\boldsymbol{x}, \boldsymbol{l}_b)]\delta \tag{3-59}$$

为确定当前时刻 t 的引擎流量 $\eta(t)$，要求 $q(t+\delta) \leqslant q_{\max}$。利用前面的近似，则有

$$\eta(t) \leqslant \frac{q_{\max} - q(t) - b_q\delta}{a_q\delta} \equiv \eta_q \tag{3-60}$$

3. 算例分析

将垂直起飞段制导算法应用于 Ares V 火箭的最优上升飞行制导，其中，Ares V 火箭有效载荷质量为 56000.0kg，整流罩质量为 15000.0kg，助推器及各芯级质量参数见表 3-3。

表 3 - 3　Ares V 火箭质量参数　　　　　　　　　（单位：kg）

类型	个数	结构质量	加注质量	起飞消耗量	安全余量	不可用量
大助推	1	205116.3	1260000.0	0.0	0.0	0.0
一子级	1	142571.8	1441559.0	17459.0	22064.7	14100.0
二子级	1	26789.3	270869.3317	446.7	4808.3	2708.7

Ares V 火箭发动机相关参数见表 3 - 4。

表 3 - 4　Ares V 火箭发动机相关参数

类型	比冲/（m/s）	秒流量/（kg/s）	喷口面积/m²	推力角/（°）
大助推	2567.6	9970.4	21.16	0.0
一级芯级大推力	4059.16	4364.9	20.75	0.0
二级芯级大推力	4390.4	595.6	1.83	0.0

发射点及目标轨道参数见表 3 - 5。

表 3 - 5　发射点及目标轨道参数

参数	发射点经度	发射点纬度	发射点高度	目标轨道倾角	目标轨道高度	目标轨道偏心率
数值	110.95°	19.61°	20m	27.369°	6571.0km	0.0

应用垂直起飞段最优制导算法得到的计算结果如图 3 - 23～图 3 - 29 所示。

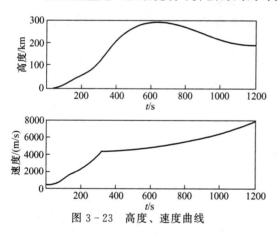

图 3 - 23　高度、速度曲线

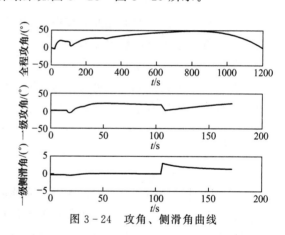

图 3 - 24　攻角、侧滑角曲线

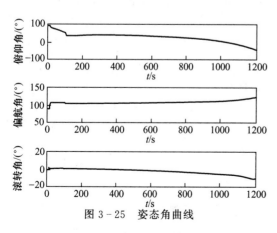

图 3 - 25　姿态角曲线

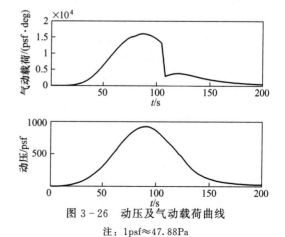

图 3 - 26　动压及气动载荷曲线

注：1psf≈47.88Pa

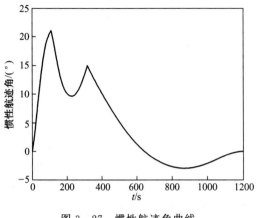

图 3 - 27　惯性航迹角曲线

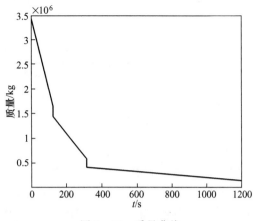

图 3 - 28　质量曲线

以上初步计算结果表明，垂直起飞段制导算法可以较好地应用于传统开环制导的大气层内飞行控制，其计算结果以及各个状态参量变化均在合理接受范围内，未出现工程型号中无法接纳的苛刻应用条件。

在 Ares V 火箭的第一级飞行控制系统分别采用上升段制导算法，与传统的开环制导算法进行计算比较，得到大气层内飞行的攻角剖面差别如图 3 -30 所示。

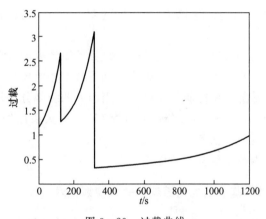

图 3 - 29　过载曲线

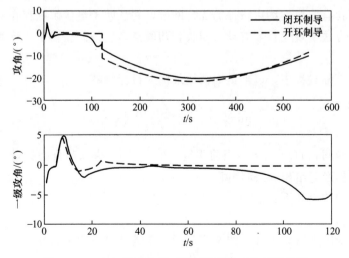

图 3 - 30　大气层内飞行两种制导算法攻角剖面差异

在偏差飞行条件下，对两种制导算法进行 1000 次的蒙特卡洛弹道仿真计算，得到的统计结果见表 3-6。

表 3-6 两种制导算法性能比较

一子级制导	参数	均值	标准差	99.73%置信区间	0.27%置信区间
闭环制导	质量/kg	44301.8	427.1	45308.0	42931.6
	峰值动压/Pa	1529.3	287.1	2977.1	846.9
开环制导	质量/kg	44130.7	362.8	45053.5	43176.4
	峰值动压/Pa	1549.2	471.2	3311.6	684.2

分析以上统计结果发现，垂直起飞段制导算法比传统的开环制导算法的运载能力平均提高了约 170kg，峰值动压却有所下降。从这点来看，垂直起飞段闭环制导算法显示出了明显的计算性能优势。

3.2 垂直返回段轨迹规划与制导技术

自 20 世纪 60 年代开始，世界各航天大国相继开展了大量可重复使用运载器的研制工作。从研究现状来看，火箭发动机技术相对比较成熟，已经成功应用于一次性运载火箭和部分重复使用的航天飞机上。当前，两级部分重复使用运载器是重复使用技术研究发展的一个热点。SpaceX 公司的猎鹰 9R 系列火箭已经多次成功实现一子级海上平台回收和陆上原场回收任务。

本节主要基于凸优化原理，介绍运载火箭垂直返回段的轨迹规划与着陆制导技术。

3.2.1 基于凸优化原理的轨迹规划技术

Acikmese 和 Blackmore 在研究火星软着陆问题时，考虑着陆器推力大小约束、姿态指向约束、飞行高度角约束，采用凸优化方法进行了火星动力下降段的轨道优化，通过凸优化理论解决了含有非线性约束条件的优化问题，并证明了最优解的存在[16-18]。近年来，利用凸优化制导方法实现飞行器有动力回收着陆段高精度控制获得了广泛的研究[19]。

1. 问题描述

在火箭垂直着陆过程中，以推进剂消耗最优为目标函数

$$\min J = \int_0^{t_f} \parallel \frac{\boldsymbol{F}_c(t)}{m(t)} \parallel \mathrm{d}t \tag{3-61}$$

式中，t_f 为飞行时间；$m(t)$ 为火箭当前质量；$\boldsymbol{F}_c(t)$ 为火箭的推力矢量。在凸优化问题处理中，可以根据经验给出 t_f 预估值。

该优化问题的约束如下：

（1）推力约束

推力的大小受限于发动机推力的调节范围，需满足以下约束条件

$$0 \leqslant F_1 \leqslant \parallel F_c(t) \parallel \leqslant F_2 \tag{3-62}$$

式中，F_1 为发动机推力调节范围下限；F_2 为发动机推力调节范围上限。

（2）推进剂消耗量约束

考虑到飞行器携带的推进剂有限，推进剂消耗量需满足以下约束条件

$$m(t_0) = m_{\text{wet}}, \ m(t_f) \geqslant m_{\text{dry}} \tag{3-63}$$

（3）着陆地形约束

为了避免飞行器在着陆过程中与斜坡发生干涉，定义飞行器和着陆点之间的连线与地面的干涉夹角 $\theta_{\text{alt}}(t)$，需要满足以下约束条件

$$\widetilde{\theta}_{\text{alt}} \leqslant \theta_{\text{alt}}(t) \leqslant \frac{\pi}{2} \tag{3-64}$$

其中，$\theta_{\text{alt}}(t) = \arctan \dfrac{r_x(t)}{\sqrt{r_y^2(t) + r_z^2(t)}}$，$r_x(t)$、$r_y(t)$ 和 $r_z(t)$ 分别表示三个位置分量。

（4）垂直软着陆终端状态约束

飞行器软着陆终端要求位置、速度均为 0，姿态为垂直降落状态。需要满足的约束条件为

$$\boldsymbol{r}(t_f) = 0, \ \boldsymbol{v}(t_f) = 0$$
$$\dot{v}_x(t_f) = \dot{v}_y(t_f) = 0 \tag{3-65}$$
$$\theta = 0($$

式中，θ 为发动机推力轴线与当地重力方向的夹角。

2. 凸化处理

从上节优化问题模型中不难看出，状态方程含有质量倒数项为非凸函数，同时推力约束方程所定义的集合为非凸集，是非凸优化问题。若要采用凸优化方法进行求解，需要将原非凸问题进行凸化处理（图 3-31）。

令 $u = F_c(t)/m(t)$，$z = \ln m(t)$，则质量方程可转化为

$$\dot{z}(t) = -\frac{\|u\|}{I_{spg0} \boldsymbol{g}_e(t)} \tag{3-66}$$

式中，$m(t)$ 为飞行器质量；$\boldsymbol{g}_e(t)$ 为引力加速度矢量；I_{spg0} 为发动机比冲。

引入松弛变量 σ，同时考虑软着陆垂直下降段高度与天体半径相比可以忽略，对轨迹优化问题进行变换[20]：

1）通过变量代换及恒定重力场假设，将包含质量方程在内的状态方程线性化。

2）通过引入松弛变量 σ，将控制输入约束方程二维空间中的非凸集约束转换为三维空间中的凸集约束。

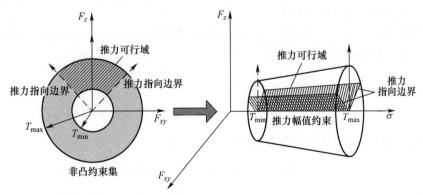

图 3-31　推力约束凸变换示意图

3）通过对推力大小约束右端方程进行一阶泰勒展开，将非凸约束范围在不影响着陆精度的前提下近似缩小为凸集约束。

通过上述处理，将优化问题变换为凸优化问题，该问题描述为

$$\min J = \int_0^{t_f} \sigma(t)\,\mathrm{d}t \qquad\qquad (3-67)$$

运动学与动力学方程为

$$\dot{\boldsymbol{r}}(t) = \boldsymbol{v}(t)$$
$$\dot{\boldsymbol{v}}(t) = \boldsymbol{g}_e(t) + \boldsymbol{u}(t) \qquad\qquad (3-68)$$
$$\dot{z}(t) = -\alpha\sigma(t)$$

定义 m_{wet} 为飞行器初始质量，$\boldsymbol{u}(t)$ 为控制变量，假设始点和终点状态为 $\boldsymbol{r}(0) = r_0$，$\boldsymbol{v}(0) = v_0$，$\boldsymbol{r}(t_f) = 0$，$\boldsymbol{v}(t_f) = 0$，且满足以下约束

$$\|\boldsymbol{u}(t)\| \leqslant \sigma(t)$$
$$F_1 e^{-z_0}\{1 - [z(t) - z_0(t)]\} \leqslant \sigma(t)$$
$$\sigma(t) \leqslant F_2 e^{-z_0}\{1 - [z(t) - z_0(t)]\}$$
$$\ln(m_{\mathrm{wet}} - \alpha F_2 t) \leqslant z(t)$$
$$z(t) \leqslant \ln(m_{\mathrm{wet}} - \alpha F_1 t)$$
$$r_x(t) \geqslant 0$$
$$\|\boldsymbol{S}\boldsymbol{x}\| + \boldsymbol{c}^{\mathrm{T}}\boldsymbol{x} \leqslant 0$$
$$m(t_0) = m_{\mathrm{wet}}$$

其中，$\boldsymbol{S} = \begin{bmatrix} 0 & 1 & 0 & 0 & 0 & 0 \\ 0 & 0 & 1 & 0 & 0 & 0 \end{bmatrix}$，$\boldsymbol{x} = (\boldsymbol{r} \quad \boldsymbol{v})^{\mathrm{T}}$，$\boldsymbol{c} = [-\tan\tilde{\theta}_{\mathrm{alt}}(t) \quad 0 \quad 0 \quad 0 \quad 0 \quad 0]$。

3. 离散化处理

对于含有复杂约束条件的优化问题，一般采用一定的数值逼近方法，将连续系统最优控制问题转化为参数优化问题，然后通过一定的参数寻优算法得到最优控制问题的离散数值解。按照约束类型，所建着陆轨迹优化模型为凸优化中的二阶锥优化问题，内点法是目前针对该类问题最为有效的解法。

本文采用一系列分段常值函数来逼近连续系统控制量，对连续系统等时间间隔离散化，得到相应的参数优化问题模型，并通过 MATLAB 优化工具包进行求解，该方法对于二阶锥优化问题有很高的收敛效率。

在着陆时间段 $[0, t_f]$ 内，取等间隔离散时间序列 $\{t_0, t_1, \cdots, t_N\}$，则着陆过程控制量可通过以下分段常值函数表示

$$\varphi_j(t) = \begin{cases} 1, & t \in [t_{j-1}, t_j) \\ 0, & t \notin [t_{j-1}, t_j) \end{cases} \qquad\qquad (3-69)$$

则该优化问题连续系统状态方程经过离散化，得

$$\dot{\boldsymbol{x}}(t_k) = \boldsymbol{A}\boldsymbol{x}(t_{k-1}) + \boldsymbol{B}\boldsymbol{\eta}(t_{k-1}) + \boldsymbol{B}\boldsymbol{g}(t_{k-1}) \qquad\qquad (3-70)$$

其中，对 $k = 0, 1, \cdots, N$，有 $\boldsymbol{x}(t_k) = [\boldsymbol{r}(t_k) \quad \boldsymbol{v}(t_k) \quad z(t_k)]^{\mathrm{T}}$，$\eta(t_k) =$

$$[u_x(t_k) \quad u_y(t_k) \quad u_z(t_k) \quad \sigma(t_k)]^T , \boldsymbol{A} = \begin{bmatrix} 0 & I & 0 \\ 0 & 0 & 0 \\ 0 & 0 & 0 \end{bmatrix}, \boldsymbol{B} = \begin{bmatrix} 0 & 0 \\ I & 0 \\ 0 & -\alpha \end{bmatrix} 。$$

这样，经过离散化后的凸优化问题模型为

$$\min J = \sum_{k=0}^{N} \sigma(t_k) \Delta t \tag{3-71}$$

该问题满足以下约束

$$\begin{cases} \| u(t_k) \| \leqslant \sigma(t_k) \\ F_1 e^{-z_0} \{1 - [z(t_k) - z_0(t_k)]\} \leqslant \sigma(t_k) \\ \sigma(t_k) \leqslant F_2 e^{-z_0} \{1 - [z(t_k) - z_0(t_k)]\} \\ \ln(m_{\text{wet}} - \alpha F_2 t_k) \leqslant z(t_k) \\ z(t_k) \leqslant \ln(m_{\text{wet}} - \alpha F_1 t_k) \\ r_x(t_k) \geqslant 0 \\ \| \boldsymbol{Sx}(t_k) \| + \boldsymbol{c}^T \boldsymbol{x}(t_k) \leqslant 0 \end{cases} \tag{3-72}$$

其中初始质量 $m(t_0) = m_{\text{wet}}$，初始位置和速度分别为 $\boldsymbol{r}(0) = r_0$，$\boldsymbol{v}(0) = v_0$，着陆位置和速度分别为，$\boldsymbol{r}(t_f) = 0$，$\boldsymbol{v}(t_f) = 0$，$\boldsymbol{c} = [-\tan\widetilde{\theta}_{\text{alt}}(t_k) \quad 0 \quad 0 \quad 0 \quad 0 \quad 0]$，$\boldsymbol{S} = \begin{bmatrix} 0 & 1 & 0 & 0 & 0 & 0 \\ 0 & 0 & 1 & 0 & 0 & 0 \end{bmatrix}$，$k = 0, 1, \cdots, N$。

利用求解工具箱可以实现上述离散化后凸优化问题的求解。对于离散点 N 的选取，随着 N 取值增大，达到同样算法的收敛精度，求解时间将变长，但是得到的轨迹规划结果更加光滑，精度更高。具体 N 值的选取，需要兼顾规划精度和凸优化问题规模。

4. 实现过程

凸优化在线轨迹规划实现过程如图 3-32 所示。

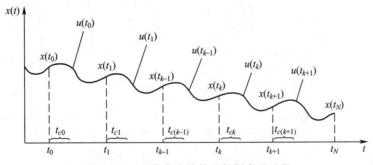

图 3-32　凸优化在线轨迹规划实现过程

1）根据给定（预测）的火箭着陆段起始点位置 $\boldsymbol{x}(t_0)$，用凸优化方法求解 $\boldsymbol{x}(t_0) \rightarrow \boldsymbol{x}(t_N)$ 的初始控制律 $\boldsymbol{u}(t_0)$。

2）进入时段 $t_0 \rightarrow t_1$ 内采用控制 $\boldsymbol{u}(t_0)$。

3）在第 $\boldsymbol{x}(t_{k-1})$ 处，采用上一时刻求解得到的 $\boldsymbol{u}(t_{k-1})$ 预测 t_k 时刻的状态量 $\boldsymbol{x}(t_k)$，用凸优化方法求解 $\boldsymbol{x}(t_k) \rightarrow \boldsymbol{x}(t_N)$ 的控制律 $\boldsymbol{u}(t_k)$。

4）火箭实际进入时段 $t_k \rightarrow t_{k+1}$ 内采用控制 $\boldsymbol{u}(t_k)$。

5）当飞行时刻达到 t_N 时或经判断已实现着陆，结束控制指令。

5. 算例分析

仿真中采用的火箭发动机参数及初始、终端约束见表 3-7。

表 3-7　仿真中采用的火箭发动机参数及初始、终端约束

着陆段参数	取值	着陆段参数	取值
发动机最大推力/kN	640	着陆干涉夹角约束/(°)	10
比冲/(m/s)	280	发动机开机时刻位置/m	(3000，200，200)
湿重/kg	15000	发动机开机时刻速度/(m/s)	(−350，10，−10)
干重/kg	10000	着陆位置约束/m	(0，0，0)
发动机最小推力调节比例（%）	0	着陆速度约束/(m/s)	(0，0，0)
发动机最大推力调节比例（%）	100	着陆加速度约束/(m/s²)	水平方向加速度为 0 垂直方向加速度大于 0

推力调节范围 0~100% 工况下的轨迹规划仿真结果如图 3-33 所示。

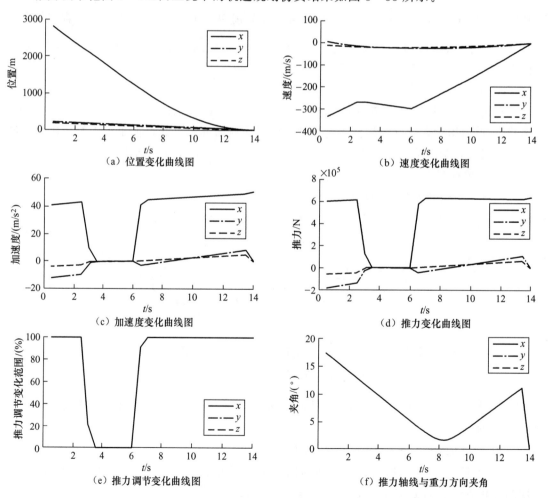

（a）位置变化曲线图　　　　（b）速度变化曲线图

（c）加速度变化曲线图　　　　（d）推力变化曲线图

（e）推力调节变化曲线图　　　　（f）推力轴线与重力方向夹角

图 3-33　推力调节范围 0~100% 工况下的轨迹规划仿真结果

仿真结果表明，在不同的发动机推力调节范围内，凸优化轨迹规划方法均能规划出正确的轨迹，实现飞行器精确着陆。各种推力调节方案下最优着陆时间和推进剂消耗量变化不大。

本文考虑的初始偏差主要包括初始位置偏差和速度偏差。在仿真中加入±500m 的位置误差，加入±5m/s 的速度误差。

从图 3-34 可以看出，在不同的初始位置和初始速度偏差条件下，凸优化轨迹规划方法均能规划出正确的轨迹，实现飞行器精确着陆，这充分表明凸优化轨迹规划方法对初始偏差有较大的适应能力，降低了飞行器上一飞行段的终端约束精度要求。

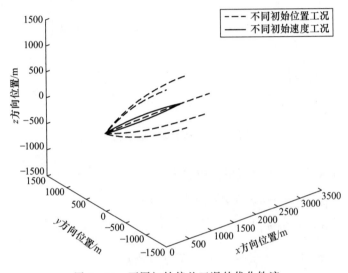

图 3-34　不同初始偏差工况的优化轨迹

3.2.2　基于序列凸优化的着陆制导技术

对于实时轨迹优化算法的研究，凸优化算法在数学原理和计算上的优势，使其具备较强在线应用的潜力，但应用前提是将优化问题描述为凸问题。目前，针对飞行器轨迹优化应用的凸化方法研究热点主要集中在两个方向上[16-18,21-22]，一是无损凸化（Lossless Convexification）方法，二是序列凸化（Successive Convexification）方法。无损凸化最大的优势在于可解析地（不存在近似就不需要数值迭代）、等价地将复杂的非凸约束变换为简单的凸约束，具有极高的计算效率，但是，只有少数的非凸约束形式具备无损凸化的条件。序列凸化是一种有效的基于线性化近似的凸化方法[22]，该方法首先将系统动力学和线性过程约束基于给定参考轨迹进行泰勒展开一阶近似，并附加"信赖域"（Trust-Region）约束，来限制扰动变量在小范围内变化，进而保证线性化子问题是对原问题的良好近似；随后，设计迭代算法，反复求解近似子问题并不断更新参考轨迹，使子问题解向原问题最优解收敛。序列凸化方法以其良好的收敛性能、广泛的问题适用性、简单的算法思路成为当前飞行器轨迹优化领域的热点研究方法之一。

1. 问题描述

为便于动力学建模，本节采用下述两组参考坐标系（图 3-35）：

1) 目标点坐标系 F_L：坐标系原点 O 位于目标着陆点，OX_L 轴指向水平正东方向，OY_L 轴指向水平正北方向，OZ_L 轴垂直于地面向上。

2) 本体坐标系 F_B：坐标系原点 O_B 位于飞行器质心，$O_B X_B$ 轴沿着飞行器的惯性主轴方向，平行于无偏角的推力矢量方向；$O_B Y_B$ 轴垂直于对称平面，指向飞行器右方；$O_B Z_B$ 轴由右手法则确定。

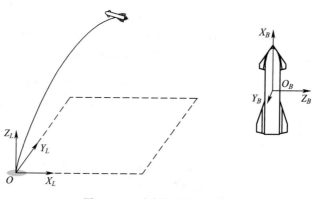

图 3-35　动力软着陆示意图

六自由度动力软着陆动力学模型可描述为

$$
\begin{cases}
\dot{m}(t) = -\alpha_{\dot{m}} \parallel \boldsymbol{T}_B(t) \parallel_2 - \beta_{\dot{m}} \\
\dot{\boldsymbol{r}}_L(t) = \boldsymbol{v}_L(t) \\
\dot{\boldsymbol{v}}_L(t) = \dfrac{1}{m(t)} \boldsymbol{C}_{L \leftarrow B}(t) \boldsymbol{T}_B(t) + \boldsymbol{g}_L \\
\dot{\boldsymbol{q}}_{B \leftarrow L}(t) = \dfrac{1}{2} \boldsymbol{\Omega}[\boldsymbol{\omega}_B(t)] \boldsymbol{q}_{B \leftarrow L}(t) \\
\boldsymbol{J}_B \dot{\boldsymbol{\omega}}_B(t) = [\boldsymbol{r}_{T,B} \times] \boldsymbol{T}_B(t) - [\boldsymbol{\omega}_B(t) \times] \boldsymbol{J}_B \boldsymbol{\omega}_B(t)
\end{cases}
\tag{3-73}
$$

式中，m 为飞行器质量；$\alpha_{\dot{m}} = 1/(I_{sp} g_0)$，$I_{sp}$ 为比冲，g_0 为标准地球重力加速度；$\boldsymbol{r}_L$、$\boldsymbol{v}_L$ 为飞行器在坐标系 F_L 下的位置、速度矢量；$\boldsymbol{T}_B$ 为推力；$\boldsymbol{\omega}_B$ 为坐标系 F_B 相对于 F_L 的角速度矢量；$\boldsymbol{q}_{B \leftarrow L}$ 为坐标系 F_B 相对于 F_L 的单位姿态四元素；$\boldsymbol{g}_L$ 为重力矢量；$\boldsymbol{r}_{T,B}$ 为推力作用点到质心力矩的力臂（假设飞行器质心在着陆过程保持不变）；$\boldsymbol{J}_B$ 为惯性矩阵；$\boldsymbol{C}_{L \leftarrow B}(t)$ 为从坐标系 F_L 到 F_B 的旋转矩阵，展开形式为

$$
\boldsymbol{C}_{B/L} = \begin{bmatrix}
1 - 2(q_2^2 + q_3^2) & 2(q_1 q_2 + q_0 q_3) & 2(q_1 q_3 - q_0 q_2) \\
2(q_1 q_2 - q_0 q_3) & 1 - 2(q_1^2 + q_3^2) & 2(q_2 q_3 + q_0 q_1) \\
2(q_1 q_3 + q_0 q_2) & 2(q_2 q_3 - q_0 q_1) & 1 - 2(q_1^2 + q_2^2)
\end{bmatrix}
\tag{3-74}
$$

$\boldsymbol{\Omega}(\xi)$ 为四元素的乘法展开形式

$$
\boldsymbol{\Omega}(\xi) \triangleq \begin{bmatrix}
0 & -\xi_x & -\xi_y & -\xi_z \\
\xi_x & 0 & \xi_z & -\xi_y \\
\xi_y & -\xi_z & 0 & \xi_x \\
\xi_z & \xi_y & -\xi_x & 0
\end{bmatrix}
\tag{3-75}
$$

$[\boldsymbol{\xi} \times]$ 为叉乘展开形式

$$[\boldsymbol{\xi} \times] \triangleq \begin{bmatrix} 0 & -\xi_z & \xi_y \\ \xi_z & 0 & -\xi_x \\ -\xi_y & \xi_x & 0 \end{bmatrix} \qquad (3-76)$$

推进剂消耗最少通常是动力软着陆轨迹优化问题的目标，所以本节以最大剩余质量作为轨迹优化问题的目标函数。由动力软着陆动力学方程可知，整个动力学方程的控制变量为发动机的推力矢量，同时，由于并未约束总飞行时间，而整个动力着陆时间也会对推进剂消耗产生影响，所以，整个推力轨迹优化问题以推力矢量和飞行总时间作为优化控制变量，整个目标函数可以表示为

$$\min_{t_f, \boldsymbol{T}_B} = -m(t_f) \qquad (3-77)$$

式中，t_f 为动力着陆总飞行时间；$\boldsymbol{T}_B$ 为本体坐标系下飞行推力矢量。

六自由度动力软着陆问题约束条件主要包括[18]

①推进剂约束

$$m_{\text{dry}} \leqslant m(t) \qquad (3-78)$$

式中，m_{dry} 为飞行器干重。

②推力约束

$$T_{\min} \leqslant \| \boldsymbol{T}_B(t) \|_2 \leqslant T_{\max} \qquad (3-79)$$

$$\cos\delta_{\max} \| \boldsymbol{T}_B(t) \|_2 \leqslant \hat{\boldsymbol{n}} \cdot \boldsymbol{T}_B(t) \qquad (3-80)$$

式中，$T_{\min}$ 和 $T_{\max}$ 分别为推力大小的下限和上限；$\delta_{\max}$ 为最大推力偏角。$\hat{\boldsymbol{n}}$ 为方向单位向量，$\| \hat{\boldsymbol{n}} \| = 1$。

③斜坡角约束

因为着陆表面可能存在凸起、斜坡等地形，为了避免飞行器在动力软着陆过程中与其发生碰撞，定义斜坡约束为

$$\boldsymbol{e}_1 \cdot \boldsymbol{r}_L(t) \geqslant \tan\gamma_g \| \boldsymbol{H}_{23}^T \boldsymbol{r}_L(t) \|_2 \qquad (3-81)$$
$$\boldsymbol{H}_{23} \triangleq [\boldsymbol{e}_2 \quad \boldsymbol{e}_3]$$

④倾侧角约束

为了避免优化的轨迹存在过大的倾侧角，需要限制倾侧角大小

$$\cos\theta_{\max} \leqslant 1 - 2[q_2^2(t) + q_3^2(t)] \qquad (3-82)$$

式中，$\theta_{\max}$ 为最大倾侧角。

⑤角速度约束

角速度约束为

$$\| \boldsymbol{\omega}_B(t) \|_2 \leqslant \omega_{\max} \qquad (3-83)$$

⑥边界约束

火箭动力软着陆初始、终端状态约束为

$$\begin{cases} m(0) = m_{\text{wet}} \\ \boldsymbol{r}_L(0) = \boldsymbol{r}_{L,i} & \boldsymbol{r}_L(t_f) = \boldsymbol{0} \\ \boldsymbol{v}_L(0) = \boldsymbol{v}_{L,i} & \boldsymbol{v}_L(t_f) = \boldsymbol{v}_{L,f} \\ \boldsymbol{q}_{B \leftarrow L}(0) = \boldsymbol{q}_{B \leftarrow L,i} & \boldsymbol{q}_{B \leftarrow L}(t_f) = \boldsymbol{q}_{B \leftarrow L,f} \\ \boldsymbol{\omega}_B(0) = \boldsymbol{\omega}_{B,i} & \boldsymbol{\omega}_B(t_f) = \boldsymbol{0} \end{cases} \qquad (3-84)$$

式中，m_{wet} 为火箭含推进剂初始总质量；$\boldsymbol{r}_{L,i}$、$\boldsymbol{v}_{L,i}$ 分别为初始位置和速度矢量；$\boldsymbol{q}_{B\leftarrow L,i}$、$\boldsymbol{\omega}_{B,i}$ 分别为初始姿态四元素和角速度矢量；$\boldsymbol{v}_{L,f}$ 为终端速度；$\boldsymbol{q}_{B\leftarrow L,i}$ 为终端姿态四元素。

2. 凸化处理

因为上述动力软着陆轨迹优化问题包含较多非凸约束，主要存在于动力学方程和推力大小约束，这一节主要针对这两部分的非凸约束转化为凸约束。本文采用序列凸优化的方法将非凸形式的轨迹优化问题转化为一个凸形式的二阶锥子问题，迭代求解这个二阶锥子问题最终将收敛至最优轨迹。

（1）动力学方程线性化

针对非凸形式的动力学方程，采用线性化的方法凸化动力学方程约束。为了方便表示，定义状态变量 $\boldsymbol{x}(t) \in \mathbb{R}^{14}$ 和控制变量 $\boldsymbol{u}(t) \in \mathbb{R}^{3}$。

$$\boldsymbol{x}(t) \triangleq \begin{bmatrix} m(t) & \boldsymbol{r}_L^{\mathrm{T}}(t) & \boldsymbol{v}_L^{\mathrm{T}}(t) & \boldsymbol{q}_{B\leftarrow L}^{\mathrm{T}}(t) & \boldsymbol{\omega}_B^{\mathrm{T}}(t) \end{bmatrix}^{\mathrm{T}} \tag{3-85}$$

$$\boldsymbol{u}(t) \triangleq \boldsymbol{T}_B(t)$$

动力学方程可以简写为

$$\frac{\mathrm{d}}{\mathrm{d}t}\boldsymbol{x}(t) = f[\boldsymbol{x}(t), \boldsymbol{u}(t)] \triangleq \begin{bmatrix} \dot{m}(t) & \dot{\boldsymbol{r}}_L^{\mathrm{T}}(t) & \dot{\boldsymbol{v}}_L^{\mathrm{T}}(t) & \dot{\boldsymbol{q}}_{B\leftarrow L}^{\mathrm{T}}(t) & \dot{\boldsymbol{\omega}}_B^{\mathrm{T}}(t) \end{bmatrix}^{\mathrm{T}}$$

$$\tag{3-86}$$

将时间变量 t 标准化为 $\tau \in [0, 1]$，式（3-86）可以表示为

$$\frac{\mathrm{d}}{\mathrm{d}t}\boldsymbol{x}(t) = \frac{\mathrm{d}\tau}{\mathrm{d}t}\frac{\mathrm{d}}{\mathrm{d}\tau}\boldsymbol{x}(t) \tag{3-87}$$

记 τ 与 t 缩比系数 $\sigma = \left(\dfrac{\mathrm{d}\tau}{\mathrm{d}t}\right)^{-1}$，以 τ 为自变量，式（3-87）可以表示为

$$\boldsymbol{x}'(\tau) = \frac{\mathrm{d}}{\mathrm{d}\tau}\boldsymbol{x}(\tau) = \sigma f[\boldsymbol{x}(\tau), \boldsymbol{u}(\tau)] \tag{3-88}$$

为了将式（3-88）整个非线性动力学方程转化为凸约束的形式，可以将动力学方程在参考轨迹（由 $\Delta\alpha_1$、$\Delta\alpha_2$ 和 Δt_1 构成）进行一阶泰勒展开，得到近似的线性化动力学方程为

$$\begin{cases} \boldsymbol{x}'(\tau) = \boldsymbol{A}(\tau)\boldsymbol{x}(\tau) + \boldsymbol{B}(\tau)\boldsymbol{u}(\tau) + \boldsymbol{\Sigma}(\tau)\sigma + \boldsymbol{z}(\tau) \\ \boldsymbol{A}(\tau) \triangleq \hat{\sigma} \cdot \dfrac{\partial}{\partial \boldsymbol{x}}f(\boldsymbol{x}, \boldsymbol{u})\big|_{\hat{x}(\tau), \hat{u}(\tau)} \\ \boldsymbol{B}(\tau) \triangleq \hat{\sigma} \cdot \dfrac{\partial}{\partial \boldsymbol{u}}f(\boldsymbol{x}, \boldsymbol{u})\big|_{\hat{x}(\tau), \hat{u}(\tau)} \\ \boldsymbol{\Sigma}(\tau) \triangleq f[\hat{\boldsymbol{x}}(\tau), \hat{\boldsymbol{u}}(\tau)] \\ \boldsymbol{z}(\tau) \triangleq -\boldsymbol{A}(\tau)\hat{\boldsymbol{x}}(\tau) - \boldsymbol{B}(\tau)\hat{\boldsymbol{u}}(\tau) \end{cases} \tag{3-89}$$

（2）控制约束线性化

因为最小推力约束是一个非凸性约束，因此，需要线性化最小推力约束，定义函数 $g: \mathbb{R}^3 \to \mathbb{R}$。

$$g[\boldsymbol{u}(\tau)] = T_{\min} - \|\boldsymbol{u}(\tau)\| \leqslant 0 \tag{3-90}$$

同样，将式（3-90）在参考轨迹处进行一阶泰勒展开，得到近似的线性化动力学方程为

$$T_{\min} \leqslant \frac{\hat{\boldsymbol{u}}^{\mathrm{T}}(\tau)}{\|\hat{\boldsymbol{u}}(\tau)\|_2}\boldsymbol{u}(\tau) \tag{3-91}$$

式中，$\hat{\boldsymbol{u}}(\tau)$ 为参考轨迹控制变量。

3. 离散化处理

为了将这个连续时间的优化控制问题转化为一个优化参数在有限维度的优化问题，需要将整个问题进行离散化处理。针对问题的离散化，存在几种常用的离散方法，像控制变量采用零阶保持器和一阶保持器的离散方法、直接采用经典四阶龙格库塔法的离散方法以及采用谱方法的离散方法。文献 [23] 比较了这四种离散方法的优劣势，对比发现，一阶保持器和伪谱法可以得到较高质量的优化结果，且计算效率高，但伪谱法形式较为复杂，所以本文采用一阶保持器的离散方法，将标准化的时间离散为 N 个等间距的离散点。

$$\tau_k \triangleq \frac{k}{N-1}, \quad k = 0, \cdots, N-1 \tag{3-92}$$

对控制变量采用一阶保持器的方式对每个步长的控制变量进行插值，在 $\tau \in [\tau_k, \tau_{k+1}]$，对于 $k = 0, 1, \cdots, N-2$，定义

$$\begin{cases} \boldsymbol{u}(\tau) \triangleq \alpha_k(\tau)\boldsymbol{u}_k + \beta_k(\tau)\boldsymbol{u}_{k+1} \\ \alpha_k(\tau) = \dfrac{\tau_{k+1} - \tau}{\tau_{k+1} - \tau_k} \\ \beta_k(\tau) = \dfrac{\tau - \tau_k}{\tau_{k+1} - \tau_k} \end{cases} \tag{3-93}$$

记 $\boldsymbol{\Phi}(\tau_{k+1}, \tau_k)$ 表示无输入时状态 $\boldsymbol{x}(\tau_k)$ 到 $\boldsymbol{x}(\tau_{k+1})$ 的状态转移矩阵。状态转移矩阵 $\boldsymbol{\Phi}(\tau, \tau_k)$ 的微分形式可以表示为

$$\frac{\mathrm{d}}{\mathrm{d}\tau}\boldsymbol{\Phi}(\tau, \tau_k) = \boldsymbol{A}(\tau)\boldsymbol{\Phi}(\tau, \tau_k) \quad \boldsymbol{\Phi}(\tau_k, \tau_k) = \boldsymbol{I} \tag{3-94}$$

通过上述离散方法，可以将动力学方程离散为

$$\begin{aligned} &\boldsymbol{x}_{k+1} = \bar{\boldsymbol{A}}_k \boldsymbol{x}_k + \bar{\boldsymbol{B}}_k \boldsymbol{u}_k + \bar{\boldsymbol{C}}_k \boldsymbol{u}_{k+1} + \bar{\boldsymbol{\Sigma}}_k \sigma + \bar{\boldsymbol{z}}_k \\ &\bar{\boldsymbol{A}}_k \triangleq \boldsymbol{\Phi}(\tau_{k+1}, \tau_k) \\ &\bar{\boldsymbol{B}}_k \triangleq \int_{\tau_k}^{\tau_{k+1}} \boldsymbol{\Phi}(\tau_{k+1}, \xi)\boldsymbol{B}(\xi)\alpha_k(\xi)\mathrm{d}\xi \\ &\bar{\boldsymbol{C}}_k \triangleq \int_{t_k}^{t_{k+1}} \boldsymbol{\Phi}(\tau_{k+1}, \xi)\boldsymbol{B}(\xi)\beta_k(\xi)\mathrm{d}\xi \\ &\bar{\boldsymbol{\Sigma}}_k \triangleq \int_{\tau_k}^{\tau_{k+1}} \boldsymbol{\Phi}(\tau_{k+1}, \xi)\boldsymbol{\Sigma}(\xi)\mathrm{d}\xi \\ &\bar{\boldsymbol{z}}_k \triangleq \int_{\tau_k}^{\tau_{k+1}} \boldsymbol{\Phi}(\tau_{k+1}, \xi)\boldsymbol{z}(\xi)\mathrm{d}\xi \end{aligned} \tag{3-95}$$

4. 动力学松弛和信赖域策略

(1) 动力学松弛[24-30]

序列凸化算法的线性化过程容易造成子问题人工不可行和无界。为克服子问题人工不可行问题（即在原始非线性约束下存在可行解时线性化处问题不可行），设计了动力学松弛策略，用于弥补线性化近似误差，即在式（3-95）上加入动力学松弛变量 $\boldsymbol{v}_k^i \in \mathbb{R}^{14}$。

$$\boldsymbol{x}_{k+1}^j = \bar{\boldsymbol{A}}_k^i \boldsymbol{x}_k^i + \bar{\boldsymbol{B}}_k^i \boldsymbol{u}_k^i + \bar{\boldsymbol{C}}_k^i \boldsymbol{u}_k^i + \bar{\boldsymbol{\Sigma}}_k \sigma^i + \bar{\boldsymbol{z}}_k^i + \boldsymbol{v}_k^i \tag{3-96}$$

式中，上标 i 为迭代序号；下标 k 为离散点位置，$k = 0, 1, \cdots, N-2$。

（2）信赖域策略[24-30]

对于 $k = 0, 1, \cdots, N-2$，定义

$$\begin{cases} \delta \boldsymbol{x}_k^i = \boldsymbol{x}_k^i - \boldsymbol{x}_k^{i-1} \\ \delta \boldsymbol{u}_k^i = \boldsymbol{u}_k^i - \boldsymbol{u}_k^{i-1} \\ \delta \sigma_k^i = \sigma_k^i - \sigma_k^{i-1} \end{cases} \tag{3-97}$$

为了克服子问题无界问题，并且使优化变量在参考点附近取值，以保证良好的线性近似效果，设计了信赖域策略。在子问题加入了以下信赖域约束

$$\begin{cases} \delta \boldsymbol{x}_k^i \cdot \delta \boldsymbol{x}_k^i + \delta \boldsymbol{u}_k^i \cdot \delta \boldsymbol{u}_k^i \leqslant \boldsymbol{e}_k \cdot \overline{\Delta}^i \\ \delta \sigma_k^i \cdot \delta \sigma_k^i \leqslant \Delta_\sigma^i \end{cases} \tag{3-98}$$

（3）将松弛变量引入目标函数加速算法收敛

为了使动力学线性化误差以及优化变量逐渐收敛到最优轨迹，将动力学松弛和信赖域约束以罚函数的形式添加到目标函数中，修改为以下形式

$$\min_{\sigma^i, \boldsymbol{u}_k^i} = -m(t_f) + w_v \| \overline{\boldsymbol{v}^i} \|_1 + w_\Delta \| \overline{\Delta}^i \|_2 + w_{\Delta\sigma} \| \Delta_\sigma \|_1 \tag{3-99}$$

5. 实现过程

采用上述离散及凸化处理方法，将连续最优控制问题转化为序列凸优化问题，其内层循环为二阶锥规划问题，外层为迭代循环过程，采用原始-对偶内点法求解器对一系列二阶锥子问题进行求解。设计变量包括最优控制问题的状态变量、控制变量以及着陆经历的时间，约束条件为动力学微分、路径约束以及边界条件。

序列凸化算法初始化轨迹可以通过初末端条件按照线性变化得到一个简单的初始轨迹。在得到初始轨迹之后，采用序列凸化算法逐渐迭代收敛到最优轨迹。火箭末级动力软着陆问题的序列凸化算法求解流程（图 3-36）如下：

步骤1：令 $i = 0$，根据轨迹初始化得到状态变量、控制变量和时间初值 $\boldsymbol{x}^0$、$\boldsymbol{u}^0$ 和 σ^0（选取质量、位置、速度、姿态四元素和转动角速度为状态变量，推力为控制变量）；

步骤2：在参考点 $\boldsymbol{x}^i$、$\boldsymbol{u}^i$ 和 σ^i 处线性化动力学方程并将整个轨迹优化问题离散化，结合虚拟控制和信赖域策略得到 SOCP 子问题；

步骤3：求解 SOCP 子问题得到新的状态变量、控制变量和时间增量 $\boldsymbol{x}^{i+1}$，$\boldsymbol{u}^{i+1}$ 和 σ^{j+1}；

步骤4：如果信赖域变量满足 $\| \overline{\boldsymbol{v}^i} \|_1 \leqslant v_{tol}$ 和 $\| \overline{\Delta}^i \|_2 \leqslant \Delta_{tol}$，则执行步骤5；否则 $i = i+1$，回到步骤2；

步骤5：输出 $\boldsymbol{x}^{i+1}$、$\boldsymbol{u}^{u+1}$ 和 σ^{j+1}。

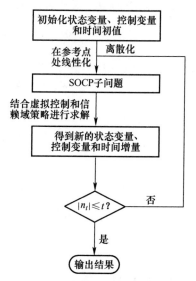

图 3-36　序列凸化算法求解流程

6. 算例分析

（1）仿真条件

本文采用 CVX 优化工具包来完成序列凸化算法仿真，采用 ECOS 求解器，离散点数量为30，仿真场景设置为一个需要大姿态调整的垂直着陆状况。仿真的初始状态见表 3-8。

表 3 - 8　6DOF 轨迹优化仿真参数

模型参数			
参数	数值	参数	数值
干重（m_{dry}）	25000kg	湿重（m_{wet}）	30000kg
惯性矩阵（J_E）	$(4e^6,\ 4e^6,\ 1e^5)$ kg·m^2	推力力矩力臂（$r_{T,E}$）	$(0,\ 0,\ -14)$ m
最大推力（T_{max}）	800000N	最小推力（T_{min}）	320000N
比冲（I_{sp}）	282m/s	最大推力矢量偏角（δ_{max}）	15°
约束参数			
初始位置（$r_{L,i}$）	（100，300，700）m	终端位置（$r_{L,f}$）	（0，0，0）m
初始速度（$v_{L,i}$）	（10，−20，−80）m/s	终端速度（$v_{L,f}$）	（0，0，−5）m/s
初始姿态欧拉角	（0°，70°，0°）	终端姿态欧拉角	（0°，0°，0°）
初始角速度（$\omega_{B,i}$）	（0，0，0）(°)/s	终端角速度（$\omega_{B,f}$）	（0，0，0）(°)/s
最大斜坡角（γ_{gs}）	20°	最大倾斜角（θ_{max}）	70°

（2）结果分析

图 3 - 37 展示了优化后的着陆轨迹，蓝色曲线表示着陆轨迹，绿色矢量代表箭体轴向，红色矢量表示推力矢量，长度代表推力大小。从仿真结果可以看出，在设置的初始位置和姿态下，火箭一子级可以着陆到指定地点，且位置、速度和姿态等满足要求。

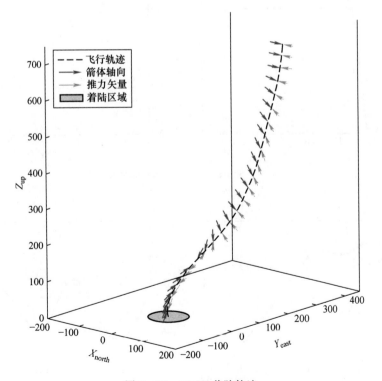

图 3 - 37　6DOF 着陆轨迹

　　图 3-38～图 3-40 给出了该场景的优化结果。优化后的火箭子级动力软着陆过程持续时间为 10.68s。仿真结果展示了火箭子级位置和速度矢量随时间变化历程，最终火箭子级着陆在指定的地点，当火箭子级着陆时，速度刚好为 0。同时，仿真结果展示了推力和质量随时间变化的历程。火箭子级着陆时最终质量为 27345.8kg，推进剂消耗为 2654.2kg，满足推进剂消耗约束。推力大小可以调节，推进剂消耗速率取决于推力大小，当为最大可调推力时，火箭子级的质量急剧下降。

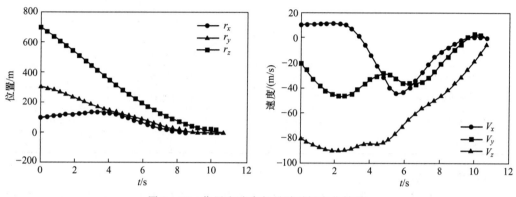

图 3-38　位置和速度矢量随时间变化结果

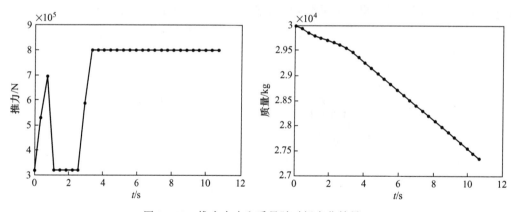

图 3-39　推力大小和质量随时间变化结果

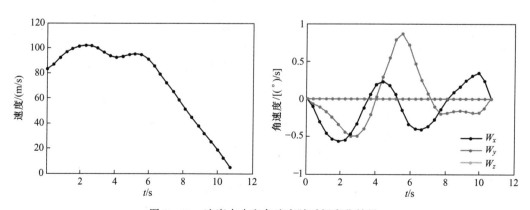

图 3-40　速度大小和角速度随时间变化结果

参 考 文 献

[1] 龙乐豪，等．液体弹道导弹与运载火箭系列——总体设计［M］．北京：中国宇航出版社，2009.

[2] 陈世年，等．控制系统设计［M］．北京：宇航出版社，1996.

[3] 贾沛然，陈克俊，何力．远程火箭弹道学［M］．长沙：国防科技大学出版社，1993.

[4] 徐延万．弹道导弹、运载火箭控制系统设计与分析［M］．北京：宇航出版社，1997.

[5] 李福昌，余梦伦．运载火箭工程［M］．北京：中国宇航出版社，2002.

[6] 雍恩米，唐国金．基于摄动制导的弹道导弹发射诸元的仿真算法［J］．系统仿真学报，2005，17（5）：1048 - 1051.

[7] 宋征宇．从准确\精确到精益求精：载人航天推动运载火箭制导方法的发展［J］．航天控制，2013，31（1）：4 - 10.

[8] 吕新广，宋征宇．长征运载火箭制导方法［J］．宇航学报，2017，38（9）：895 - 902.

[9] 李伟．基于精确控制解的运载火箭迭代制导自适应性分析研究［D］．哈尔滨：哈尔滨工业大学，2012.

[10] 陈新民，余梦伦．迭代制导在运载火箭上的应用研究［J］．宇航学报，2003，24（5）：484 - 489.

[11] 吴楠．运载火箭迭代制导方法的改进研究［C］．哈尔滨：第八届全国动力学与控制会议，2008.

[12] 茹家欣．液体运载火箭的一种迭代制导方法［J］．中国科学，2009，39（4）：696 - 706.

[13] 傅瑜，陈功，卢宝刚，等．运载火箭大气层外迭代制导方法研究［J］．航空学报，2011，32（9）：1696 - 1704.

[14] 李华滨，李伶．小型固体运载火箭迭代制导方法研究［J］．航天控制，2002，20（2）：29 - 37.

[15] PING LU. Introducing Computational Guidance and Control［J］. Journal of Guidance, Control, And Dynamics，2017（2）：193.

[16] ACIKMESE B，PLOEN S R. Convex Programming Approach to Powered Descent Guidance for Mars Landing［J］. Journal of Guidance Control & Dynamics，2007，30（5）：1353 - 1366.

[17] BLACKMORE L，ACIKMESE B，SCHARF D P. Minimum Landing Error Powered Descent Guidance for Mars Landing Using Convex Optimization［J］. Journal of Guidance Control & Dynamics，2010，33（4）：1161 - 1171.

[18] ACIKMESE B，CARSON J M，BLACKMORE L. Lossless Convexification of Nonconvex Control Bound and Pointing Constraints in the Soft Landing Optimal Control Problem［J］. IEEE Transactions on Control Systems Technology，2013，21（6）：2104 - 2113.

[19] 张志国，马英，耿光有，等．火箭垂直回收着陆段在线制导凸优化方法［J］．弹道学报，2017，29（1）：9 - 16.

[20] 林晓辉，于文进．基于凸优化理论的含约束月球定点着陆轨道优化［J］．宇航学报，2013，34（7）：901 - 908.

[21] 王鹏基，曲广吉．月球软着陆下降轨迹与制导律优化设计研究［J］．宇航学报，2007，28（5）：1175 - 1179.

[22] MICHAEL SZMUK，BEHCET ACIKMESE，ANDREW W. Berning. Successive Convexificati - on for Fuel - Optimal Powered Landing with Aerodynamic Drag and Non - Convex Constraints［C］. AIAA Guidance，Navigation，and Control Conference，2016.

[23] DANYLO MALYUTA，TAYLOR P. Reynolds，Michael Szmuk. Discretization Performance and Accuracy Analysis for the Powered Descent Guidance Problem［C］. AIAA Guidance，Navigation，and Control Conference，2019.

[24] YUANQI MAO，MICHAEL SZMUK，BEHÇET AÇIKMEŞE. Successive Convexification of Non -

convex Optimal Control Problems and its Convergence Properties [C]. 2016.

［25］ MICHAEL SZMUK，UTKU EREN，BEHCET ACIKMESE. Successive Convexification for Mars 6 - DoF Powered Descent Landing Guidance [C]. AIAA Guidance，Navigation，and Control Conference Grapevine，Texas 9 - 13 January 2017 15 978 - 1 - 62410 - 450 - 3，2017.

［26］ MICHAEL SZMUK，BEHCET ACIKMESE. Successive Convexification for 6 - DoF Mars Rocket Powered Landing with Free - Final - Time [C]. 2018 AIAA Guidance，Navigation，and Control Conference，2018.

［27］ DANYLO MALYUTA，TAYLOR P REYNOLDS，MICHAEL SZMUK. Discretization Performance and Accuracy Analysis for the Powered Descent Guidance Problem [C]. AIAA Guidance，Navigation，and Control Conference，2019.

［28］ MARCO SAGLIANO. Pseudospectral Convex Optimization for Powered Descent and Landing [J]. Journal of Guidance Control and Dynamics，2018，41（2）：320 - 334.

［29］ 王劲博. 可重复使用运载火箭在线轨迹优化与制导方法研究 [D]. 哈尔滨：哈尔滨工业大学，2019.

［30］ 马林. 垂直起降运载火箭动力软着陆轨迹优化方法研究 [D]. 杭州：浙江大学，2019.

第4章 垂直起飞水平着陆的跨大气层飞行器轨迹优化与制导技术

典型的垂直起飞水平着陆的跨大气层飞行器（以下简称飞行器）有美国的航天飞机和 X-37B。航天飞机作为第一代跨大气层飞行器，拉开了跨大气层飞行的序幕。但由于巨大的运营成本使美国不得不将研究重心转移至可重复使用、长期在轨运行的小型化跨大气层飞行器 X-37B，目前该飞行器已完成五次飞行试验。垂直起飞水平着陆的跨大气层飞行器能够长时间在轨运行，快速便捷地完成向外太空输送载荷，并在任务结束后安全地返回地面。

根据第1章介绍，飞行器的飞行剖面一般包含发射上升、在轨运行、离轨过渡、初期再入、能量管理和进场着陆等多个飞行段。由于垂直起飞段与重复使用火箭类似，而在轨运行段和离轨运行段又与常规在轨运行航天器类似，因此发射上升、在轨运行和离轨过渡等飞行阶段相关轨迹优化方法和制导技术不是本章关注重点。本章重点关注跨大气层飞行过程中初期再入、能量管理与进场着陆等飞行阶段的轨迹优化与制导方法。

初期再入段轨迹优化和制导目标是将飞行器从距着陆场数千千米外的再入点导引到着陆场附近的能量管理窗口，再入过程中飞行器以高超声速进入大气导致了巨大的热流效应和减速过载，地面试验难以对其特性进行模拟，需要综合考虑再入过程中热流、过载、动压等物理约束，并通过轨迹优化与制导来精确分配和协调再入过程中的动能、势能、热能。能量管理段制导需要在高空风干扰、飞行器气动偏差等不确定性的条件作用下，将飞行器导引到进场着陆窗口，整个过程中通过攻角和滚转角指令控制飞行器跟踪地面轨迹，同时采用阻力板对飞行过程中的能量进行精确调节；进场着陆段是跨大气层飞行的最后阶段，是决定任务成败的关键阶段。为实现飞行器在跑道上精确着陆，进场着陆段需考虑飞行器接地瞬间的俯仰角、接地速度和接地下沉率等参数的约束。可见，跨大气层飞行返回的轨迹优化与制导需综合考虑初期再入过程的热流、过载、动压等物理约束，末端区域能量管理过程中高空风干扰、飞行器气动偏差等不确定性的影响以及进场着陆段接地条件约束。

4.1 初期再入段轨迹优化与制导技术

再入段一般初始高度为 100km 或 120km，飞行速度达到轨道速度的再入方式一般称为轨道再入，飞行速度未达到轨道速度的再入方式一般称为亚轨道再入；再入末端高度约 25km，速度约为 $Ma=2.5$，这也是能量管理段的窗口条件。

飞行器再入轨迹优化时，一般需要根据飞行器气动特性提前设定好飞行攻角剖面，轨迹规划过程中只对倾侧角剖面进行寻优。也就是说，在确定攻角剖面的前提下，其规划出来的倾侧角剖面是时间的变量。在轨迹优化过程中，需要根据飞行器质量、参考面积和气动特性等参数，结合飞行器再入过程中所能承受的热流密度、总加热量、法向过载和飞行动压等约束条件，确定飞行器的再入走廊。同时，在给定约束的条件下，对飞行器的再入可达域进行分析，确定飞行器的纵向与横向机动能力，为飞行器的轨迹设计和制导奠定基础。制导需要考虑飞行器在各种偏差和不确定性条件下，精确控制飞行器再入过程中的能量，使飞行器能够以指定的能量状态进入能量管理窗口。以下就飞行器再入走廊设计、可达域分析和典型再入制导算法进行阐述。

4.1.1　再入段走廊设计

飞行器再入走廊与其气动外形相关，是由飞行器进入大气层的飞行速度、允许使用过载的安全值、所能承受的热流密度等过程约束共同构成的飞行包络。因此，在进行再入走廊设计前，需要结合气动特性，确定攻角剖面，并根据再入过程约束值确定其飞行包络。

1. 攻角剖面确定

攻角剖面决定了飞行器的机动能力和飞行环境。在综合分析飞行器升阻比的基础上，攻角剖面的确定还需要结合飞行任务航程、结构系统能承受的过载、热防护系统（TPS）能承受的峰值热流密度和总加热量及再入末端交接班条件等多种需求。攻角剖面的确定一般考虑以下需求：

1）再入航程与最大升阻比密切相关，采用最大升阻比攻角飞行，再入航程达到最大。

2）再入过程中的热流密度与初始常值攻角相关，初始常值攻角越大，飞行器受到的阻力也越大，有利于降低再入过程中的峰值热流密度。

3）再入末端飞行攻角一般小于其对应速度下最大升阻比攻角。

飞行器再入返回时，为减轻热防护系统的负担，一般会在高速再入阶段选择大攻角再入。美国航天飞机在前期几次飞行试验中就在再入开始时采用了 40°大攻角[1]，其飞行攻角剖面如图 4 - 1 所示。采用这种攻角剖面方案，在飞行器速度大于 3000m/s 之前，一直保持 40°的大攻角飞行；从速度达到 3000m/s 开始，攻角为速度的线性函数，即攻角随着速度下降而减小，一直到速度为 762m/s（再入段终点）为止，此时攻角约为 14°。热防护系统在经历过前期几次飞行试验考核后，所采用攻角剖面与前期几次试验有所不同，即再入初始阶段攻角稍小，约为 38°，在通过高热流区后，将攻角保持到航天飞机最大升阻比对应攻角 28°，进一步提升航天飞机的机动能力。

新一代重复使用运载器 X - 33 采用攻角剖面如图 4 - 2 所示[2]，通过调整变量 $\Delta\alpha_1$、$\Delta\alpha_2$、Δt_1 和 Δt_2 可对攻角剖面的形状进行控制。从图 4 - 2 中可以看出，X - 33 的攻角剖面与航天飞机实际飞行的剖面形状一致，不同点在于，航天飞机攻角剖面是速度的函数，而 X - 33 的攻角剖面是时间的函数。考虑到轨道再入时飞行器的速度随时间的增加而减小，两者在本质上是一致的。

2. 再入过程约束

再入走廊是再入过程中必须满足的约束包络共同构成的一个可行的飞行轨迹区间。不同飞行器的再入走廊是不一样的，综合再入走廊的一些研究，再入走廊可定义为再入飞行器安全返回所必须满足的各种约束条件的交集。总的来说，确定跨大气层飞行器再入走廊应充分考虑以下因素：

1）高超声速再入气动加热对热防护系统的影响。

2) 法向过载对飞行器结构和乘员的影响。

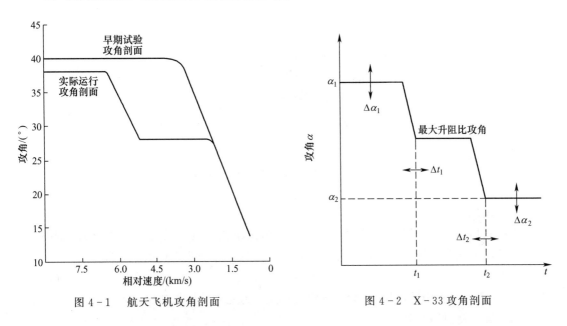

图 4-1　航天飞机攻角剖面　　　　　　　图 4-2　X-33 攻角剖面

3) 飞行动压对飞行器控制系统的影响。

4) 飞行器应具有充分的机动能力，以满足制导控制系统的要求。

以上限制条件构成了飞行器再入走廊的边界，概括起来包括热防护系统表面温度/总加热量、动压和法向过载等硬约束，以及制导控制能力的软约束。

（1）热流密度约束

高超声速气动加热是飞行器轨迹优化需要考虑的最关键问题之一，为了保证飞行器的安全，要求飞行器特定位置的热流密度必须小于允许飞行的最大值，即

$$\dot{Q}_s = \frac{K_q}{\sqrt{R_c}} \rho^{0.5} v^{3.15} < \dot{Q}_{smax} \tag{4-1}$$

式中，$\dot{Q}_s$ 为热流密度；K_q 为热传递系数；R_c 为飞行器特定位置的半径（如头锥驻点半径）；$\dot{Q}_{smax}$ 为特定位置所允许的最大热流密度，取决于热防护系统材料体系；ρ 为大气密度；v 为飞行速度。

（2）法向过载约束

飞行器再入过程所允许法向过载的大小由所载乘员、飞行器结构或其中设备所能承受载荷环境决定。图 4-3 给出了再入过程中飞行器的受力示意图，由此可推导得到法向过载需要满足的关系式，即

$$n_y = \frac{F_L \cos\alpha + F_D \sin\alpha}{mg} = \frac{L\cos\alpha + D\sin\alpha}{g} \leqslant n_{ymax} \tag{4-2}$$

式中，n_y 为飞行器的法向过载；F_L 为升力；F_D 为阻力；L 为升力加速度；D 为阻力加速度；α 为攻角；m 为质量；g 为海平面引力加速度；n_{ymax} 为飞行过程允许的最大法向过载，由飞行器的结构系统确定。

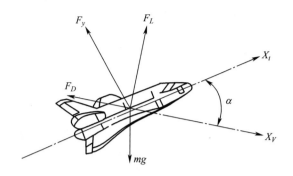

图 4 - 3　飞行器再入过程受力示意图

（3）动压约束

飞行器再入过程采用气动舵面进行控制，为减小执行机构质量，其铰链力矩不宜过大，而铰链力矩与动压呈正比，因此需要对飞行过程中的动压进行限制，即

$$q = 0.5\rho v^2 \leqslant q_{max} \qquad (4-3)$$

式中，q 为飞行过程中的动压；ρ 为大气密度；q_{max} 为允许的最大动压。

（4）准平衡滑翔约束

再入飞行过程中，飞行器高度可能会出现振荡的跳跃现象。为了防止飞行器出现这种周期性振荡，需要对其飞行轨迹进行约束，确保飞行过程中的航迹角变化率趋近于 0，即 $\dot\gamma \approx 0$，这一约束通过准平衡滑翔条件来确定，即

$$\left(\frac{v^2}{r} - g\right)\cos\theta + \frac{F_L}{m}\cos\sigma \approx 0 \qquad (4-4)$$

式中，r 为地心距（飞行器质心与地心距离）；θ 为航迹角；σ 为倾侧角。由于 θ 较小，可近似为 $\cos\theta \approx 1$，则该约束可进一步简化，即

$$\frac{v^2}{r} - g + L\cos\sigma \approx 0 \qquad (4-5)$$

3. 再入走廊模型

再入走廊由满足所有过程约束的飞行区间取交集而得，其模型一般在阻力加速度-速度剖面（以下简称 D-V 剖面）或高度-速度剖面（以下简称 H-V 剖面）内进行描述。D-V 剖面内描述的再入走廊优点在于，巧妙地将再入过程的气动特性、大气密度和质量等偏差一并放到阻力加速度这个变量中进行综合考虑，而阻力加速度可通过加速度计直接测量获得，其缺点是无法直接体现飞行高度等容易判别飞行器状态的参数；H-V 剖面内描述的再入走廊优点在于直接体现飞行高度、速度等容易判别飞行器状态的参数，缺点是走廊对应的是一个标准飞行工况，飞行器再入飞行过程中若存在偏差，则对应再入走廊可能会受到偏差的影响。

以下给出 D-V 剖面和 H-V 剖面内描述的再入走廊模型：

（1）D-V 剖面内描述的再入走廊模型

D-V 剖面内描述的再入走廊模型是将热流密度约束、法向过载约束、动压约束和准平衡滑翔约束条件转换到 D-V 剖面进行描述。其处理方法是将各种约束分别代入阻力加

速度表达式，将所涉及变量用其他过程约束变量来描述。如将式（4-1）中热流密度约束

表达式代入阻力加速度表达式 $D = \dfrac{\rho v^2 S_{ref} C_D}{2m}$，可得到热流密度约束在 D-V 剖面内的描述，即

$$D \leqslant D_{\dot{Q}_{smax}} = \frac{S_{ref} C_D}{2m} \frac{\dot{Q}_{smax} \sqrt{R_c}}{K_q v^{1.15}} \rho^{0.5} \qquad (4-6)$$

式中，S_{ref} 为飞行器参考面积；C_D 为阻力系数；$D_{\dot{Q}_{smax}}$ 为热流密度约束值转换到阻力剖面内描述对应的阻力加速度约束值。

同理，可得到法向过载约束、动压约束及准平衡滑翔约束条件在 D-V 剖面内描述表达式，即

$$D \leqslant D_{n_{y\max}} = \frac{g n_{y\max} - L \cos\alpha}{\sin\alpha} \qquad (4-7)$$

$$D \leqslant D_{q_{\max}} = \frac{C_D S_{ref} q_{\max}}{m} \qquad (4-8)$$

$$D \geqslant D_{QEGC} = \frac{C_D}{C_L \cos\sigma} \left(g - \frac{v^2}{R_0 + h_{QEGC}} \right) \qquad (4-9)$$

式中，$D_{n_{y\max}}$、$D_{q_{\max}}$ 和 D_{QEGC} 分别为法向过载约束、动压约束和准平衡滑翔约束在 D-V 剖面内描述的阻力加速度约束值；R_0 为地球平均半径，为一常数；h_{QEGC} 为飞行器准平衡滑翔高度，在给定速度 v 和倾侧角 σ 的条件下，h_{QEGC} 可通过对式（4-5）进行迭代计算获得。

因此，D-V 剖面内描述的再入走廊可表示为

$$\begin{aligned} D_{up} &= \min(D_{\dot{Q}_{smax}},\ D_{n_{y\max}},\ D_{q_{\max}}) \\ D_{down} &= D_{QEGC} \end{aligned} \qquad (4-10)$$

式中，D_{up} 为阻力加速度的上边界，由热流密度、法向过载和动压在阻力加速度剖面内描述的阻力加速度约束值确定；D_{down} 为阻力加速度下边界，由准平衡滑翔约束在阻力加速度剖面内描述的约束值确定。需要强调说明的是，以上提到的约束 $D_{\dot{Q}_{smax}}$、$D_{n_{y\max}}$、$D_{q_{\max}}$ 和 D_{QEGC} 不是常数，而是随速度变化的函数，当速度 v 不同时，得到的阻力加速度也不同，将这些不同阻力加速度连成线，就获得了飞行器在 D-V 剖面内描述的再入走廊。

（2）H-V 剖面内描述的再入走廊模型

H-V 剖面内描述的再入走廊模型是将热流密度约束、法向过载约束、动压约束和准平衡滑翔约束条件转换到 H-V 剖面内进行描述。其处理方法是将各种约束代入大气密度表达式 $\rho(H) = \rho_0 e^{-\beta H}$（$\beta$ 为常数），并对公式进行转换获得 H-V 剖面内再入走廊模型，即

$$\begin{cases} h \geqslant h_{\dot{Q}_{smax}} = -\dfrac{1}{\beta} \ln\left(\dfrac{Q_{smax}^2}{K_q^2 v^{6.3} \rho_0} \right) \\[2mm] h \geqslant h_{n_{y\max}} = -\dfrac{1}{\beta} \ln \dfrac{2 m g n_{y\max}}{S_{ref} \rho_0 v^2 (C_L \cos\alpha + C_D \sin\alpha)} \\[2mm] h \geqslant h_{q_{\max}} = -\dfrac{1}{\beta} \ln\left(\dfrac{2 q_{\max}}{\rho_0 v^2} \right) \\[2mm] h \leqslant h_{QEGC} \end{cases} \qquad (4-11)$$

式中，$h_{\dot{Q}_{smax}}$、$h_{n_{ymax}}$、$h_{q_{max}}$ 和 h_{QEGC} 分别为最大热流密度约束、最大法向过载约束、最大动压约束以及准平衡滑翔约束在 H-V 剖面内的高度约束值。h_{QEGC} 无解析解，需要迭代计算。综上所述，H-V 剖面内的再入走廊可表示为

$$h_{up} = h_{QEGC}$$
$$h_{down} = \min(h_{\dot{Q}_{smax}},\ h_{n_{ymax}},\ h_{q_{max}}) \tag{4-12}$$

式中，h_{up} 为高度的上边界，由准平衡滑翔高度约束构成；h_{down} 为高度的下边界，由热流密度、法向过载、动压在 H-V 剖面内描述的高度约束构成。与 D-V 剖面内的走廊模型一致，$h_{\dot{Q}_{smax}}$、$h_{n_{ymax}}$、$h_{q_{max}}$ 不是常数，而是随速度变化的函数，当速度 v 不同时，得到的高度也不同，将这些不同高度连成线，就获得了飞行器在 H-V 剖面内描述的再入走廊。与 D-V 剖面不同的是，这些约束值对应的是走廊下边界，而不是走廊上边界。

4. D-V 剖面再入走廊

在航天飞机再入过程中，极高速度与稠密大气摩擦导致了航天飞机表面温度的急剧升高。由于流经航天飞机表面的流场非常复杂，在进行轨迹设计时，需要在航天飞机的指定位置或控制点建立热流密度数学模型，并对这些点的热环境进行评估[3]。图 4-4 给出了其中几个典型控制点的位置，这些控制点的选择取决于任务飞行条件和航天飞机部组件所允许最高温度，而这些控制点位置所允许表面温度共同构成了航天飞机再入轨迹设计的约束条件。

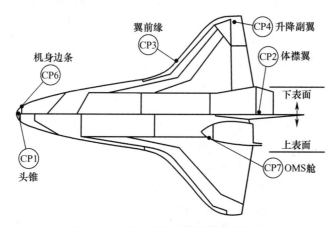

图 4-4　航天飞机的典型控制点位置

航天飞机所允许的最大过载为 $2.5g$，标准轨迹设计的过载目标值为 $1.5g$。真实飞行的过载取决于标准轨迹设计时的加速度幅值、等效攻角和动压。再入飞行末期（762～1066.8m/s），动压是飞行的重要约束条件，主要由机翼载荷和控制舵面铰链不宜过大所要求。图 4-5 给出了典型的飞行器表面温度、动压、法向过载与准平衡滑翔约束下在 D-V 剖面内的再入走廊，航天飞机采用的就是 D-V 剖面描述的再入走廊。

为了实现安全再入，航天飞机不仅要在再入走廊内飞行，还需确保在不同轨道倾角、不同质量、不同舵面偏转角下也能正常运行。轨道倾角增大将向上抬升阻力加速度的下边界，质量增加将向下压缩阻力加速度的上边界，这使航天飞机可飞行的区域更加狭窄。轨道倾角与质量变化对再入走廊的影响如图 4-6 所示。此外，再入过程中，体襟翼必须通

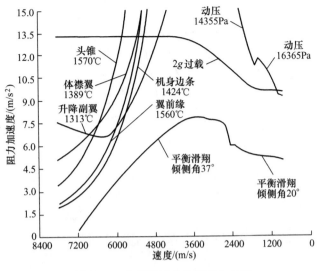

图 4 - 5　典型约束条件下再入走廊

过偏转一定的角度来实现配平或俯仰通道的控制，升降副翼通过偏转一定的角度来实现滚转通道的控制，不同舵偏角严重影响了航天飞机表面相关控制点温度，从而影响航天飞机的再入走廊。舵偏角对航天飞机再入走廊的影响如图 4 - 7 所示。

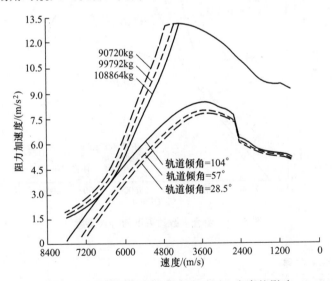

图 4 - 6　轨道倾角与质量变化对再入走廊的影响

可见，多个参数的组合影响会导致航天飞机再入面临最严酷约束边界。如图 4 - 8 所示，在再入质量 90720kg、轨道倾角 104°、考虑升降副翼和体襟翼舵面偏转的情况下，阻力加速度上下边界压缩导致再入走廊变得更加狭窄。在工程设计中，再入制导的挑战是设计出一种方法引导航天飞机沿着一条标准轨迹飞行，通过机载 GNC 设备控制维持航天飞机在再入走廊内飞行，同时具备足够的机动能力，并在抵达能量管理段窗口时具备合适能量储备。图 4 - 9 所示为一条标准轨迹在 D - V 再入走廊内的描述。

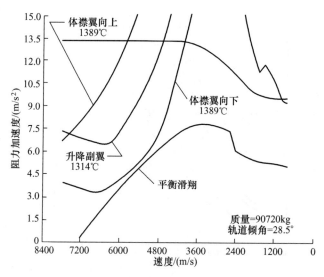

图 4 - 7　舵偏角对再入走廊的影响

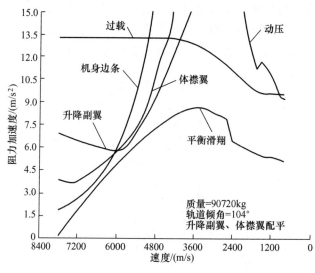

图 4 - 8　组合参数约束下的再入走廊

5. 其他形式再入走廊

由于阻力加速度可以通过惯性测量单元准确获得，基于 D - V 剖面的再入走廊在航天飞机再入制导方法上得到了很好的运用。在此基础上，很多学者对 D - V 剖面描述的再入走廊形式进行了拓展，提出了基于 D - E 剖面描述的再入走廊。此外，随着 GPS 等的发展和运用，对大气环境以及飞行器气动力模型认识的不断深入，在 H - V 剖面中研究再入轨迹问题也将变得可行，而且对于纵向运动的描述显得更加直观，基于此也就出现了基于 H - V 剖面描述的再入走廊。

（1） D - E 剖面再入走廊

基于 D - V 剖面的再入走廊巧妙地运用阻力加速度描述了各种偏差及不确定性，并通

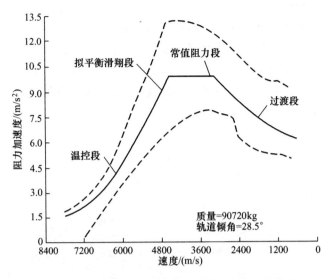

图 4 - 9　一条标准轨迹在 D - V 再入走廊内的描述

过惯性测量单元精确地获取阻力加速度。也正是这个原因，许多学者在航天飞机再入制导方法基础上衍生了一些基于阻力加速度剖面的再入制导方法，但与航天飞机制导方法不同的是，这类方法将阻力加速度描述为能量的分段函数[4]。图 4 - 10 给出了一种基于负比能量的 D - E 走廊，负比能量 $e = \left(\dfrac{1}{r} - \dfrac{V^2}{2} \right)$，初始再入时负比能量初值接近于 0.5，再入末端负比能量接近于 1。图 4 - 11 给出了另外一种基于归一化能量描述的 D - E 走廊，与基于负比能量描述的 D - E 走廊的不同在于能量的定义，该文献中定义的 E 为归一化能量，初始状态时 $E_0 = 0$，末端状态时 $E_f = 1$。

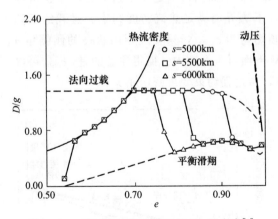

图 4 - 10　基于负比能量描述的 D - E 走廊[4]

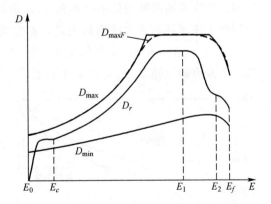

图 4 - 11　基于归一化能量描述的 D - E 走廊[5]

（2）H - V 剖面再入走廊

H - V 剖面描述再入走廊的最大优点是直观，可以直接通过 H - V 剖面获取飞行器当前的飞行速度与高度。NASA 早在 20 世纪 60 年代后期发布的《再入飞行器制导与导航设计准则》[6]中便推荐使用这种方法，来确定飞行器在 H‑V 剖面内的飞行边界。图4‑12中的飞行器运行边界就是运用这种方法的一个典型示例。0°倾侧角/最大攻角 α_{max} 所对应曲线以上的区域由于升力不足，飞行器可以安全通过这一区域，但不能提供足够升力维持飞行在这一区域，通常以此作为飞行上边界。而采用 ±75° 和 $(L/D)_{max}$ 攻角飞行所能抵达区域是飞行器可以抵达的飞行下边界。在热流‑动压边界下方的区域飞行会导致热流密度或动压过大，从而对飞行器造成破坏[7]。

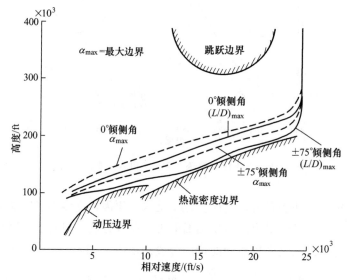

图 4‑12　升力式再入飞行器典型再入的运行边界[6]

注：1ft＝30.48cm

Wing L. D. 等人[7]给出了 X‑33 飞行器的 H‑V 剖面内再入走廊及走廊内再入轨迹，分别如图4‑13和图4‑14所示。其中，H‑V 剖面内再入走廊上边界是准平衡滑翔边界，由准平衡滑翔的最小倾侧角 σ_{min} 确定，下边界由满足热流密度约束、过载约束和动压约束所允许的最大倾侧角决定，对应的倾侧角为 σ_{max} ，只要规划出轨迹的倾侧角 σ 在 $[\sigma_{min}, \sigma_{max})$ 区间，则可保证始终在 H‑V 剖面再入走廊内。值得注意的是，σ_{min} 可以是一个常值的倾侧角，σ_{max} 则是不固定的变量，与过程约束变量密切相关。

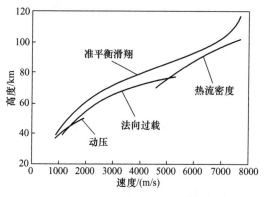

图 4‑13　H‑V 剖面再入走廊[7,8]

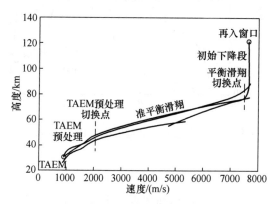

图 4‑14　H‑V 走廊内再入轨迹[7,8]

4.1.2　可达域分析

可达域是指在满足各种过程约束的条件下，飞行器所能达到的终端状态的集合。飞行器的可达域和初始再入状态、升阻比及再入过程中所考虑的过程约束密切相关。可达域表征的是飞行器无动力再入飞行能力，是飞行器纵向机动能力与横向机动能力的综合反映。因此，求解可达域的意义显得尤为重要。在飞行器设计初期，可达域可用来评估飞行器的机动能力；在飞行器总体方案基本确定后，可达域可以用来确定离轨再入的制动点，选择返回和应急着陆场。再入可达域是飞行器可飞行边界的临界值，早期的研究过程中，受限于计算技术的发展，通常认为采用 45°~75° 倾侧角飞行所能到达的区域为飞行器可飞边界的临界值[9]，典型升力式飞行器的再入可达域如图 4-15 所示。

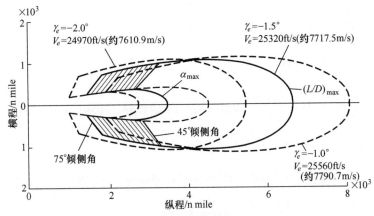

图 4-15　典型升力式飞行器的再入可达域[7]

注：1n mile=1852m

随着计算机技术和优化算法的迅猛发展，各种可达域分析方法得到了长足的发展。解永锋等人[10]将亚轨道再入可达域问题转化为组合性能指标最优的控制问题，基于 Legendre 伪谱法快速计算得到再入可达域。王涛等人[12]提出了基于差分进化算法和倾侧角插值相结合的混合求解方案，对高超声速飞行器的再入可达域进行求解，基于该方法获得再入可达域有一定的保守性。蔺君等人[11]提出了一种基于 Gauss 伪谱法的再入可达域计算方法，提升了优化的速度。曾夕娟等人[13]将可达域求解问题转换为最大纵程、固定纵程条件下的最大横程和内边界问题，求解并给出了一个可行的封闭可达域。赵江等人[14]提出了一种粒子群优化（PSO）和倾侧角反转相结合的混合求解方案。

上述可达域分析方法基本上是将可达域求解转换为轨迹优化问题，除了上述介绍的可达域分析方法外，基于跟踪阻力加速度插值剖面方法生成可达域和基于虚拟目标生成可达域的方法目前在飞行器的可达域分析中得到了较为广泛的应用。以下就这两种可达域分析方法算法原理进行介绍，并结合相关的飞行器参数开展再入可达域的仿真分析。

1. 基于虚拟目标点的可达域分析方法

基于虚拟目标点的可达域分析方法通过移动虚拟目标来确保飞行器再入过程中始终朝着一个方向飞行，并采用最优控制原理得到近似最优的倾侧角控制指令，获得一定航程下飞行器的最大横程，完成可达域的分析。该方法基于准平衡滑翔条件，结合再入点参数，设置一系列飞行器无法抵达的虚拟目标点参数，这些目标点分布在闭合的轮廓线上，然后通过求解最优问题使飞行器尽可能地接近虚拟目标点，其真实落点组成了落点区域的边界。如图 4-16 所示，U 为虚拟目标点，OF 为再入轨迹，F 为真实落点，灰色区域为飞行器可达域。

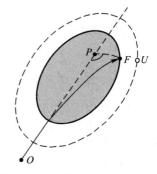

图 4-16　虚拟目标点法示意图

（1）运动学模型

为获得准确的可达域，其运动学模型采用考虑地球旋转的三自由度无动力再入无量纲状态方程，即

$$
\begin{cases}
\dfrac{\mathrm{d}r}{\mathrm{d}\tau} = V\sin\theta \\[2mm]
\dfrac{\mathrm{d}\lambda}{\mathrm{d}\tau} = \dfrac{V\cos\theta\sin\chi}{r\cos\phi} \\[2mm]
\dfrac{\mathrm{d}\phi}{\mathrm{d}\tau} = \dfrac{V\cos\theta\cos\chi}{r} \\[2mm]
\dfrac{\mathrm{d}V}{\mathrm{d}\tau} = -D - \left(\dfrac{\sin\theta}{r^2}\right) + \Omega^2 r\cos\phi\,(\sin\theta\cos\phi - \cos\theta\sin\phi\cos\chi) \\[2mm]
\dfrac{\mathrm{d}\theta}{\mathrm{d}\tau} = \dfrac{1}{V}\Big[L\cos\sigma + \left(V^2 - \dfrac{1}{r}\right)\left(\dfrac{\cos\theta}{r}\right) + \\[2mm]
\qquad\qquad 2\Omega V\cos\phi\sin\chi + \Omega^2 r\cos\phi\,(\cos\theta\cos\phi + \sin\theta\cos\chi\sin\phi)\Big] \\[2mm]
\dfrac{\mathrm{d}\chi}{\mathrm{d}\tau} = \dfrac{1}{V}\Big[\dfrac{L\sin\sigma}{\cos\theta} + \dfrac{V^2}{r}\cos\theta\sin\chi\tan\phi - \\[2mm]
\qquad\qquad 2\Omega V(\tan\theta\cos\chi\cos\phi - \sin\phi) + \dfrac{\Omega^2 r}{\cos\theta}\sin\chi\sin\phi\cos\phi\Big]
\end{cases}
\tag{4-13}
$$

式中，r 为归一化地心距，$r = \dfrac{R}{R_0}$，R 为地心距，R_0 为地球赤道半径；λ、ϕ 分别为地心经度和地心纬度，单位为弧度；V 为归一化对地速度，$V = \dfrac{v}{V_{scale}}$，$V_{scale} = \sqrt{g_0 R_0}$；$D$、$L$ 分别为阻力加速度和升力加速度；θ 为航迹角；σ 为倾侧角，是飞行器绕速度矢量方向的滚转角，右手为正；χ 为速度方位角；Ω 为归一化自转角速度，$\Omega = \omega_e t_{scale}$，$\omega_e$ 为自转角速度，$t_{scale} = \sqrt{R_0/g_0}$。

（2）算法原理

由于再入过程中航迹角很小，再入高度相对地球半径也是小量，即 $\theta \approx 0$，$r \approx 1$。令 $\dot{\theta} \approx 0$，忽略地球自转项，则式（4-13）中第 5 式的准平衡滑翔条件可写为

$$
L\cos\sigma + (V^2 - 1) = 0
\tag{4-14}
$$

因此

$$
L = \frac{1 - V^2}{\cos\sigma}, \quad D = \frac{C_D}{C_L}\frac{1 - V^2}{\cos\sigma}
\tag{4-15}
$$

令 $e = \dfrac{V^2}{2} - \dfrac{1}{r}$，容易推导得到 $\mathrm{d}e/\mathrm{d}\tau \approx -DV$，又因 $\dfrac{\mathrm{d}S}{\mathrm{d}\tau} = \dfrac{-V\cos\gamma}{r}$ 可简化为 $\dfrac{\mathrm{d}S}{\mathrm{d}\tau} = -V$，则

$$S = \int_{e_0}^{e_f} \frac{1}{D} \mathrm{d}e = \int_{e_0}^{e_f} \frac{C_L}{C_D} \frac{\cos\sigma}{1-V^2} \mathrm{d}e \tag{4-16}$$

将 $\theta \approx 0$、$r \approx 1$ 代入状态方程式（4-13），不考虑地球自转，可得到简化的状态方程为

$$\begin{cases} \dot{V} = -\dfrac{C_D}{C_L} \dfrac{1-V^2}{\cos\sigma} \\[2mm] \dot{\chi} = \dfrac{1-V^2}{V} \tan\sigma + V\tan\phi\sin\chi \\[2mm] \dot{\phi} = V\cos\chi \\[2mm] \dot{\lambda} = -\dfrac{V\sin\chi}{\cos\phi} \end{cases} \tag{4-17}$$

运用最大值原理求解最优倾侧角控制指令，哈密顿函数可表示为

$$\begin{aligned} H &= \lambda_V \dot{V} + \lambda_\chi \dot{\chi} + \lambda_\phi \dot{\phi} + \lambda_\lambda \dot{\lambda} \\[2mm] &= \lambda_V \frac{C_D}{C_L} \frac{V^2-1}{\cos\sigma} + \lambda_\chi \left(\frac{1-V^2}{V} \tan\sigma + V\tan\phi\sin\chi \right) + \\[2mm] &\quad \lambda_\phi V\cos\chi - \lambda_\lambda \frac{V\sin\chi}{\cos\phi} \\[2mm] &= \frac{A}{\cos\sigma} + B\tan\sigma + C \end{aligned} \tag{4-18}$$

其中

$$\begin{cases} A = \lambda_V \dfrac{C_D(V^2-1)}{C_L} \\[2mm] B = \lambda_\chi \dfrac{1-V^2}{V} \\[2mm] C = \lambda_\chi V\tan\phi\sin\chi + \lambda_\phi V\cos\chi - \lambda_\lambda \dfrac{V\sin\chi}{\cos\phi} \end{cases} \tag{4-19}$$

式中，λ_V、λ_χ、λ_ϕ、λ_λ 为协态变量。

令 $\lambda = (\lambda_V,\ \lambda_\chi,\ \lambda_\phi,\ \lambda_\lambda)^{\mathrm{T}}$，$x_{\mathrm{reduced}} = (V,\ \chi,\ \phi,\ \lambda)^{\mathrm{T}}$，则

$$\dot{\lambda} = -\frac{\partial H}{\partial x_{\mathrm{reduced}}} \tag{4-20}$$

要使倾侧角指令最优，哈密顿函数应满足

$$\frac{\partial H}{\partial \sigma} = 0 \quad \Rightarrow \quad \sin\sigma = -\frac{B}{A} \tag{4-21}$$

又因为 H 不是显含时间变量，故

$$\frac{\partial H}{\partial \tau} = 0 \quad \Rightarrow \quad H = c_0 \quad \Rightarrow \quad \frac{A}{\cos\sigma} + B\tan\sigma + C = c_0 \tag{4-22}$$

联立式（4-21）和式（4-22），得

$$\tan\sigma = \frac{B}{C-c_0} = \frac{-\lambda_\chi(1-1/V^2)\cos\phi}{\lambda_\chi\sin\phi\sin\chi + \lambda_\phi\cos\chi\cos\phi - \lambda_\lambda\sin\chi - c_0\cos\phi/V} \tag{4-23}$$

由式（4-20）可得

$$\begin{cases}\lambda_\lambda = c_1 \\ \lambda_\phi = c_2\sin\lambda - c_3\cos\lambda \\ \lambda_\chi = -c_1\sin\phi - (c_2\cos\lambda + c_3\sin\lambda)\cos\phi\end{cases} \quad (4-24)$$

由于不对时间做限制，$c_0 = 0$，则把式（4-24）代入式（4-23），得

$$\tan\sigma = \frac{[c_1\sin\phi + (c_2\cos\lambda + c_3\sin\lambda)\cos\phi](1 - 1/V^2)}{c_2(\sin\lambda\cos\chi - \cos\lambda\sin\phi\sin\chi) - c_3(\sin\lambda\sin\phi\sin\chi + \cos\lambda\cos\chi) - c_1(\tan\phi\csc\phi\sin\chi + \sin\chi)}$$

$$(4-25)$$

式（4-25）为倾侧角控制指令的表达式，参数 $c_1 \sim c_3$ 可以由横截条件来确定。

若目标点的经纬度为（λ_T，ϕ_T），落点的经纬度为（λ_f，ϕ_f），落点的航迹角为 θ_f，飞行器落点到目标点的距离为 S_f，则优化目标为

$$J = \min(-S_f) = \min\{-[\sin\phi_T\sin\phi_f + \cos\phi_T\cos\phi_f\cos(\lambda_T - \lambda_f)]\} \quad (4-26)$$

根据最优控制原理横截条件的定义，协态变量的终值为

$$\begin{cases}\lambda_{\lambda_f} = \dfrac{\partial J}{\partial \lambda_f} \Rightarrow c_1 = -\cos\phi_T\cos\phi_f\sin(\lambda_T - \lambda_f) \\[2mm] \lambda_{\theta_f} = \dfrac{\partial J}{\partial \theta_f} \Rightarrow c_2\sin\lambda_f - c_3\cos\lambda_f = \cos\phi_T\sin\phi_f\cos(\lambda_T - \lambda_f) - \sin\phi_T\cos\phi_f \\[2mm] \lambda_{\psi_f} = \dfrac{\partial J}{\partial \phi_f} \Rightarrow -c_1\sin\phi_f - (c_2\cos\lambda_f + c_3\sin\lambda_f)\cos\phi_f = 0\end{cases}$$

$$(4-27)$$

由式（4-27）可以求出 $c_1 \sim c_3$

$$\begin{cases}c_1 = -\cos\phi_T\cos\phi_f\sin(\lambda_T - \lambda_f) \\ c_2 = \cos\phi_T\sin\phi_f\sin\lambda_T - \sin\lambda_f\sin\phi_T\cos\phi_f \\ c_3 = \sin\phi_T\cos\phi_f\cos\lambda_f - \cos\phi_T\sin\phi_f\cos\lambda_T\end{cases} \quad (4-28)$$

以目标点的经度为参考点，引入相对经度的概念

$$\tilde{\lambda} = \lambda_f - \lambda_T \quad (4-29)$$

目标点的经度为 0°经度线时，式（4-28）可表示为

$$\begin{cases}c_1 = \cos\phi_T\cos\phi_f\sin\tilde{\lambda}_f \\ c_2 = -\sin\tilde{\lambda}_f\sin\phi_T\cos\phi_f \\ c_3 = \sin\phi_T\cos\phi_f\cos\tilde{\lambda}_f - \cos\phi_T\sin\phi_f\end{cases} \quad (4-30)$$

则 c_1 与 c_2 之间存在以下关系

$$c_2 = -c_1\tan\phi_T \quad (4-31)$$

用 $\sqrt{c_1 + c_3}$ 对 c_1、c_3 归一化，则 c_1、c_3 可表示为

$$\begin{cases}c_1 = \sin\kappa \\ c_3 = \cos\kappa\end{cases} \quad (4-32)$$

至此，倾侧角的表达式（4-25）中只剩一个未知参数 κ，将式（4-31）和式（4-32）代入方程组（4-27）的第三式，得

$$\sin\kappa\sin\phi_f + (\cos\kappa\sin\lambda_f - \sin\kappa\tan\phi_T\cos\lambda_f)\cos\phi_f = 0 \quad (4-33)$$

在约束条件方面，倾侧角的二阶导数应满足

$$\frac{\partial^2 H}{\partial \sigma^2} = \frac{A}{\cos\sigma} + \frac{2\sin\sigma}{\cos^3\sigma}(A\sin\sigma + B) < 0 \qquad (4-34)$$

将式（4-21）代入式（4-34）中，可简化为

$$\frac{\partial^2 H}{\partial \sigma^2} = \frac{A}{\cos\sigma} < 0 \qquad (4-35)$$

已知倾侧角的取值范围

$$|\sigma| < \frac{\pi}{2} \qquad (4-36)$$

则 A 应满足

$$A < 0 \qquad (4-37)$$

由式（4-22）和式（4-23）求出 A 的表达式

$$A = -(C - c_0)\left[1 + \frac{B^2}{(C - c_0)^2}\right]\cos\sigma \qquad (4-38)$$

为了使式（4-38）小于 0，应有

$$C - c_0 > 0 \qquad (4-39)$$

若式中 c_0 等于 0，则有

$$\begin{aligned}
C &= \lambda_\chi V\tan\phi\sin\chi + \lambda_\phi V\cos\chi - \lambda_\lambda \frac{V\sin\chi}{\cos\phi} \\
&= -c_1\cos\phi\sin\chi + c_2(\cos\lambda\sin\phi\sin\chi + \sin\lambda\cos\chi) + \\
&\quad c_3(\sin\lambda\sin\phi\sin\chi - \cos\lambda\cos\chi) > 0
\end{aligned} \qquad (4-40)$$

当 $c_1 \sim c_3$ 的符号满足式（4-40）时，所求得倾侧角使哈密顿函数取到极大值，或使哈密顿函数取到极小值。

基于准平衡滑翔条件，过载、动压、热流等约束条件可转化为仅与速度有关的函数

$$\begin{aligned}
|\sigma| &\leqslant \sigma_q(V) = \arccos\left[\frac{g_0 R_0(1 - V^2)}{2R_0 S_{ref} C_L / 2mq_{max}}\right] \\
|\sigma| &\leqslant \sigma_{\dot{Q}}(V) = \arccos\left[\frac{k_Q^2 V^4(1 - V^2)}{2R_0 S_{ref} C_L / 2m\dot{Q}_{max}^2}\right] \\
|\sigma| &\leqslant \sigma_n(V) = \arccos\left[\frac{(1 - V^2)}{n_{max}}\left(\cos\alpha + \frac{C_D}{C_L}\sin\alpha\right)\right]
\end{aligned} \qquad (4-41)$$

取

$$\sigma_{max}(V) = \min\left\{\sigma_q(V),\ \sigma_{\dot{Q}}(V),\ \sigma_n(V),\ \frac{\pi}{2}\right\} \qquad (4-42)$$

假设不考虑过程约束条件下的倾侧角指令为 σ_{uncon}，则考虑约束后的倾侧角可设计为

$$\sigma = \begin{cases} \sigma_{uncon} \\ \text{sign}(\sigma_{uncon})\sigma_{max}(V) \end{cases} \qquad (4-43)$$

（3）算例分析

在本算例中，采用 X-33 飞行器参数进行可达域仿真。X-33 飞行器为升力体外形，长 21m，宽 23m，起飞质量为 129.27t，再入质量为 37.36t，参考面积为 149.388m²，其

外形如图 4-17 所示。这种升力体外形的飞行器相对常规的旋成体飞行器具有一定的升阻比优势，其气动数据采用拟合模型获得。

图 4-17　X-33 飞行器的外形

仿真再入条件按照 NASA 马歇尔太空飞行中心（Marshall Space Flight Center，MS-FC）提供的典型再入任务进行设置，任务代号与再入条件见表 4-1，可达域分析截止的高度为 30.427km，速度为 908.1516m/s。

表 4-1　再入可达域分析条件

任务代号	经度/(°)	纬度/(°)	高度/km	速度/(m/s)	航迹角/(°)	航向角/(°)
AGC15	234.993	−12.230	120.374	7622.79	−1.4378	36.8122
AGC20	222.276	−8.4463	122.079	7442.07	−1.0275	61.0263

基于表 4-1 所列的可达域分析条件，对任务代号 AGC15 和 AGC20 的再入可达域进行测试，可得到图 4-18 所示的再入可达域，从图中可以明显看出，两种再入任务下的可达域形状和树叶相似。

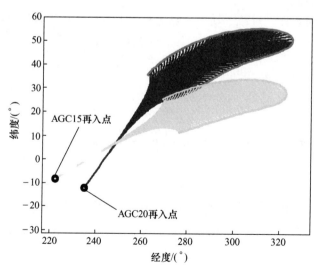

图 4-18　AGC15 和 AGC20 再入可达域

由仿真结果发现，AGC15 任务最长航程为 11492km，最短航程为 6434km；AGC20 任务最长航程为 11097km，最短航程为 5324km。以上可达域分析并没有严格执行准平衡滑翔约束条件，在考虑偏差干扰及不确定性的条件下，其对应的最长航程在工程中难以实现。最短航程对应的特点是飞行器的弹道热流密度和过载大，一直紧贴约束边界，飞行环境恶劣。

2. 基于剖面插值的可达域分析方法

基于剖面插值的可达域分析方法是将再入走廊的应用进一步拓展。从走廊的概念内涵可知，基于 D - E 剖面[15]的再入走廊上边界对应飞行环境最恶劣的弹道，飞行器一直沿着热流、过载和动压等过程约束所允许最大值飞行，是一条最短航程的弹道；下边界对应准平衡滑翔条件，是一条最长航程弹道。对于介于两者之间的航程，可通过对再入走廊的阻力加速度上下边界进行线性插值，近似获得相应的阻力加速度剖面，通过跟踪插值阻力加速度剖面，可以得到其对应航程。以下主要对这种基于剖面插值的可达域分析方法进行简要阐述：

（1）运动学模型

再入运动学方程在地心地固坐标系下建立，由于飞行器在再入过程中无动力，在稠密大气层内的飞行导致飞行器总能量单调递减。因此，能量相对运动学方程来说是一个合适的独立变量，由于能量与再入开始和结束时间无关，再入终端条件也可用终端速度或能量来进行描述。以能量为自变量，忽略风和地球旋转二次项的影响，可以获得以能量 E 为自变量的运动学方程，如式（4 - 44）所示。

$$\begin{cases} \dot{\lambda} = -\dfrac{\cos\theta\cos\chi}{r\cos\phi}\left(\dfrac{1}{D}\right) \\[2mm] \dot{\phi} = -\dfrac{\cos\theta\sin\chi}{r}\left(\dfrac{1}{D}\right) \\[2mm] \dot{r} = -\sin\theta\left(\dfrac{1}{D}\right) \\[2mm] \dot{\chi} = \dfrac{\cos\chi\tan\phi\cos\theta}{r}\left(\dfrac{1}{D}\right) + \dfrac{1}{v^2\cos\theta}\left(\dfrac{L\sin\sigma}{D}\right) - \left(\dfrac{2\omega_p}{vD}\right)(\tan\theta\sin\chi\cos\phi - \sin\phi) \\[2mm] \dot{\theta} = \left(g - \dfrac{v^2}{r}\right)\dfrac{\cos\theta}{v^2}\left(\dfrac{1}{D}\right) - \dfrac{1}{v^2}\left(\dfrac{L}{D}\cos\sigma\right) - \left(\dfrac{2\omega_p}{vD}\right)\cos\chi\cos\phi \end{cases} \quad (4-44)$$

式中，λ 为经度；ϕ 为纬度；χ 为速度方位角，当 $\chi = 0$ 时，指向正东；θ 为航迹角；g 为引力加速度。χ 和 θ 为地球相对坐标系下的描述。升力加速度 L 和阻力加速度 D 由式（4 - 45）获得

$$\begin{cases} L = \dfrac{1}{2}\rho(r)V^2\dfrac{S}{m}C_L(\alpha, Ma) \\[2mm] D = \dfrac{1}{2}\rho(r)V^2\dfrac{S}{m}C_D(\alpha, Ma) \end{cases} \quad (4-45)$$

式中，大气密度 $\rho(r)$ 是高度的函数；升力系数 $C_L(\alpha, Ma)$ 和阻力系数 $C_D(\alpha, Ma)$ 是攻角 α 和马赫数 Ma 的函数；S 为飞行器参考面积；m 为飞行器质量。大气密度随高度的变化可用以下指数方程进行描述

$$\rho(r) = \rho_0 e^{-\beta(r-r_0)} \quad (4-46)$$

式中，r_0 为地球平均半径；ρ_0 为海平面大气密度；β 为常数。

（2）算法原理

首先假设攻角剖面是归一化能量函数，定义归一化能量 $\widetilde{E} = (E - E_i)/(E_f - E_i)$，

其中，E 是当前能量，E_i 和 E_f 为初始能量和期望的终端能量。根据定义，再入开始时 $\tilde{E} = 0$，抵达能量管理窗口时能量 $\tilde{E} = 1$。

基于该算法可生成可达域的边界。可达域的边界可通过近似多边形的描述，多边形的顶点为通过该算法生成可飞轨迹的终点。此处的"可飞行"定义为"控制剖面是连续的，且飞行轨迹满足倾侧角速度和倾侧角加速度的约束"。轨迹是通过事先设计阻力与能量的关系曲线来创建的。轨迹优化在阻力加速度-能量剖面内进行，倾侧的方向与能量有关。阻力加速度与倾侧角的关系为

$$\frac{L}{D}\cos\sigma = \frac{1}{b}(\ddot{D} - a) \tag{4-47}$$

其中

$$a = D\left(\frac{\ddot{C}_D}{C_D} - \frac{\dot{C}_D^2}{C_D^2}\right) + \dot{D}\left(\frac{\dot{C}_D}{C_D} + \frac{2}{v^2}\right) - \frac{4D}{v^4} + \frac{1}{Dv^2}\left(\frac{1}{h_s} + \frac{2g}{v^2}\right)\left(g - \frac{v^2}{r}\right) -$$

$$\left(\frac{1}{h_s} + \frac{2g}{v^2}\right)\left(\frac{2\omega_p}{vD}\right)\cos\chi\cos\phi$$

$$b = -\frac{1}{v^2}\left(\frac{1}{h_s} + \frac{2g}{v^2}\right)$$

基于标准攻角剖面（攻角为能量 E 的函数）和规划的阻力加速度剖面，参考倾侧角的大小可由式（4-48）确定

$$|\sigma| = \arccos\left[\frac{D}{bL}(\ddot{D} - a)\right] \tag{4-48}$$

式（4-48）中的倾侧角符号只有在 $D(E)$ 处 $|\sigma| = 0$ 时才会变号。否则，倾侧角符号是阻力加速度的独立变量，一旦倾侧角的符号确定为能量的函数，即 $\sigma(E)$ 已知，而攻角 $\alpha(E)$ 又是能量的固定函数，则可运用 $\alpha(E)$ 和 $\sigma(E)$ 对运动方程积分获得轨迹。轨迹的距离可通过阻力加速度和能量的积分获得

$$S = -\int\left(\frac{1}{D}\right)dE \tag{4-49}$$

因此，通过改变阻力加速度剖面，可以改变航程的范围。可达域左右两侧的多边形顶点是随着航程增加的轨迹终点。因此，倾侧角的大小仅仅决定倾侧角的幅值，相同的倾侧角可以用来计算左右两侧的轨迹终点。左侧轨迹一直向左倾侧，右侧轨迹则一直向右倾侧。可达域的近界对应不违反过程约束下可以飞行的最大阻力加速度剖面，可达域的远界对应的则是最小阻力剖面。最小阻力剖面为利用倾侧角跟踪 0°航迹角飞行所获得的阻力加速度剖面。可飞的上边界使用以下步骤进行计算。

三个阻力加速度边界曲线由过程约束式（4-6）～式（4-9）计算获得，复合的阻力加速度剖面由三个过程约束在每一处能量的最大值构成。为了使所得最大阻力加速度剖面具有可飞性，采用抛物线来实现一个约束曲线到另一个约束曲线的过渡。最小阻力加速度剖面通常由准平衡滑翔条件这个"软"约束确定。

为获得最大航程，可采用简单的反馈线性化控制器来保持轨迹的航迹角接近于 0°飞行。若 $\theta_{ref}(E)$ 表示一个参考航迹角的剖面，那么可采用一个一阶误差动力学对其进行跟踪，即

$$(\dot{\theta}_{ref} - \dot{\theta}) + K_\theta(\theta_{ref} - \theta) = 0 \qquad (4-50)$$

将式（4-44）中的 $\dot{\theta}$ 代入，可得到

$$\frac{L}{D}\cos\sigma = \frac{K_\theta v}{D}(\theta_{ref} - \theta) + \frac{1}{D}\left(g - \frac{v^2}{r}\right)\cos\theta - \frac{2\omega v}{D}\cos\chi\cos\phi \qquad (4-51)$$

根据攻角剖面可计算获得 L/D 值，然后计算获得所有能量状态下的倾侧角 σ。将运动方程从 $E=0\sim1$ 进行积分，并将公式中的标称攻角剖面和倾侧角作为输入，则可积分获得飞行器从再入点到能量管理窗口的轨迹。

通向着陆场可达域所有轨迹的阻力加速度剖面均位于最小阻力加速度和最大阻力加速度之间。如前所述，这些轨迹通过保持恒定的倾侧符号来实现极限航程。左侧轨迹向左倾侧，右侧轨迹向右倾侧。根据该关系，通过在上下阻力边界之间进行线性插值，简化了查找可飞行中间阻力剖面的任务。

$$D(E) = D_{max}(E) + c[D_{min}(E) - D_{max}(E)] \qquad (4-52)$$

式中，$D_{max}(E)$ 为最大阻力加速度上界；$D_{min}(E)$ 为最小阻力加速度下界；c 为 $0\sim1$ 之间的常数。对不同阻力加速度剖面进行积分，则可得到飞行器特定任务下的可达域。

（3）算例分析

本算例采用 X-33 飞行器参数进行可达域仿真，仿真条件为 NASA 马歇尔太空飞行中心 AGC15，基于 D-E 剖面插值的可达域分析方法，所得到的结果如图 4-19 和图 4-20 所示。

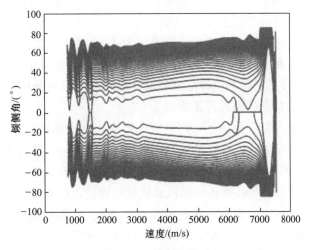

图 4-19　倾侧角指令

通过仿真发现，图 4-19 所示为跟踪阻力加速度剖面获得的倾侧角指令，除了在速度超过 6000m/s 的初始再入阶段部分轨迹采用了 0°倾侧角飞行外，其他飞行轨迹的倾侧角几乎都在 45°～75°范围内。图 4-20 所示为采用航程与横程描述的再入可达域，AGC15 任务的最长航程为 10773km，最短航程为 6342km，这与基于虚拟目标点法所获得的结果接近，存在差别主要是由两种方法对过程约束的处理方式不同而造成的。

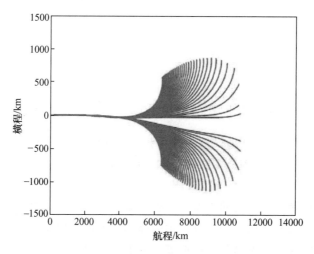

图 4 - 20　航程与横程表示的可达域

4.1.3　再入段制导技术

　　飞行器再入制导方法大体可分为两类：一类是基于阻力加速度的标准轨迹制导方法，另一类则是无需标准轨迹的预测校正制导方法。标准轨迹制导方法通常分为离线标准轨迹设计和在线轨迹跟踪两部分，它是在实际中得到成功应用的制导方法。特别是美国航天飞机所取得的巨大成就，奠定了标准轨迹制导方法在飞行器再入制导中的牢固地位。标准轨迹制导法虽然在实际应用中取得了巨大成功，但其存在无法摆脱对标准轨迹的依赖、灵活性不足的主要缺陷。在美国"先进制导控制（AG&C）计划"支持下，虽然标准轨迹制导在轨迹跟踪算法和轨迹在线生成算法上取得很大进展，但标准轨迹制导对初始条件敏感和操作灵活性差的固有问题没有得到根本性解决。为此，具有自主能力的预测-校正制导方法应运而生。预测-校正制导不依赖标准轨迹，而是在飞行过程中对终端状态不断进行预测，根据与期望终端状态的偏差校正控制量。

　　基于阻力加速度再入制导方法是在阿波罗飞船再入制导基础上发展起来的[16]，航天飞机采用的便是该种制导方案。传统的制导方案由 Jon C. Harpold 等人在 20 世纪 70 年代末提出，随后经过几次飞行试验验证了其具有良好的性能[17,18]。20 世纪 90 年代初，K. D. Mease 等人[19,20]基于非线性几何的反馈线性化理论，给出了基于阻力加速度剖面的轨迹跟踪方法，该方法可以实现全局渐近跟踪，对于更大控制域和更大升阻比的情况，该方法更具优势。Sanjay Bharadwaj AVR 等人[21]以乘员探索飞行器（CEV）和军用航天飞机为背景，将航天飞机采用的二维制导扩展为完整的三维再入制导，并且将攻角和倾侧角均作为控制量，跟踪以能量为自变量的地面航迹。Lu P. 采用了与航天飞机类似的制导方案，将参考阻力加速度剖面参数化为能量的分段线性函数，提出了一种基于非线性预测控制的轨迹控制律[22]。文献［23］进一步将基于预测控制的跟踪制导应用到 X - 33 中，并给出了按照预测射程进行阻力剖面更新的方法。Joel Benito 等人[24]在 Lu P. 所提方法的基础上，选取不同的性能指标，最终获得了与反馈线性化跟踪制导不同的制导律，其优势在于能够适用于控制量饱和的情况。J. A. Leavitt AS 等人[25]提出了一种演化的加速度再入制导方法（Evolved Acceleration Guidance Logic for Entry，EAGLE），并对其性能进行分析。EAGLE 最突出的特性在于能够规划三维轨迹，从而具备处理大侧向机动的再入制导问题的能力。Marwan Bikdash 等人[26]给出了基于混杂模糊推理机的 D - V 剖面跟踪制导方法，采用回归最小二乘方法训练 Sugeno 模型，实现多输入-多输出映射，制导时直接利用模糊推理机获得制导指令。Shinji Ishimoto 等人[27]利用一种将阻力向高度转化的技术，给出了基于反馈线性化的非线性剖面跟踪制导律。选择高度作为输出的主要优势在于物理意义明显，便于理解。

预测-校正制导按照预测方法的不同可分为解析预测-校正制导方法和数值预测-校正制导方法。解析预测-校正（Analytical Predictor - Corrector，APC）制导的基本原理为：通过将轨迹调制到特定形式而获得轨迹的近似解析解，在每一制导周期中对飞行器终端状态进行解析预测，根据预测的终端状态偏差校正控制量。由于在线计算均采用解析公式，故计算量很小，便于工程应用。解析预测制导最早的研究见于 20 世纪 80 年代，主要在大气捕获和火星探测上得到了发展[28-34]。针对火星取样返回任务（Mars Rover Sample Return Mission，MRSR），M. A. Tigges 提出了一种预测平衡滑翔制导方案（Mars Predictive Equilibrium Glide Guidance Scheme，MPEG），基于高度变化率为常值的平衡滑翔假设，计算出满足终端约束的高度变化率指令[28]。针对火星大气捕获和精确着陆的演示验证任务，L. E. Bryant 基于参考阻力-高度变化率，提出了一种解析的阻力控制算法[29]。针对火星取样返回任务，法国国家空间研究中心（CNES）和美国 NASA 联合开发了一种解析预测-校正制导算法，同样也是基于参考高度变化率和阻力的计算[30]。随后，这种算法得到改进，针对新的制导任务具备了无须重新计算参考增益的能力[31]。此外，Hamel 和 Lafontaine 进一步建议通过转移速度和大气参考高度的自适应调整，来增强解析预测-校正制导的鲁棒性[32]。需要指出，以上提到的解析预测-校正制导均基于参考高度变化率和阻力的计算，除了因采用近似解析解，导致制导精度较低外，还普遍存在对严格飞行过程约束不能处理的缺陷，而这对于再入制导来讲是至关重要的。数值预测-校正（Numerical Predictor - Corrector，NPC）制导的基本原理为：通过对整个飞行过程中的控制量进行参数化，使控制量序列可由几个待定的控制参数进行描述，在飞行过程中利用运动方程的数值积分对终端状态进行预测，根据终端偏差来校正控制参数。由于需要实时轨迹数值积分，在线计算量很大。而随着计算机水平的提高，数值预测制导正受到越来越多的关注。

20 世纪 90 年代初，Powell 为空间站的返回救生船设计了一种预测-校正制导律[35]，能有效解决救生返回制导面临的不确定性问题。此后，Powell 还为火星探测器设计了一种典型的滚转角翻转数值预测-校正再入制导律[36]，控制量由滚转角幅值和翻转时间两个参数描述，轨迹预测过程采用四阶 Runge Kutta 积分。Fuhry D. P. 为 Kistler K - 1 轨道飞行器再入设计了一种自适应预测-校正再入制导律[37]，过程约束通过选择离轨条件间接得到满足，终端约束为纵程和横程，控制参数为倾侧角大小和倾侧翻转时间，控制量校正基于 Jacobian 矩阵计算。按照 Fuhry 的算法，由于倾侧翻转后，倾侧角的符号已经固定，故采用单参数搜索使终端位置偏差最小的方法较难达到高精度。为此，Lu Ping 在 Fuhry 方法的基础上，将倾侧翻转后的控制量仍参数化为两个参数确定的模型。翻转时机也不基于时间，而是通过能量来表征，轨迹预测按照能量终止[38]。Youssef 针对 RLV、X - 33

等再入飞行器，研究了数值预测-校正制导方法，控制参数可以包括倾侧角和攻角以及切换时间等多种组合，主要验证了取不同控制参数时的制导效果[39]。在马歇尔飞行中心AG&C制导方法测评中[40]，通过测试的预测-校正制导为 Zimmermann 等人提出的"EGuide"制导方法[41]。该方法在整个飞行过程中攻角剖面为速度函数，仅将倾侧角作为控制量，并只对倾侧角大小参数化，而倾侧角符号通过基于方位误差走廊的周期性倾侧翻转实现。Joshi 采用了同样方式对飞行轨迹进行控制[42,43]，不同的是，所选两个控制参数为攻角增量和初始倾侧角。当终端倾侧角设为零，作者研究了考虑过程约束下的制导方法[43]。Shen 和 Lu 提出的借助拟平衡滑翔条件的制导方法[44]，其设计基本思想是平衡滑翔原理，故该方法通过准平衡滑翔条件将过程约束转化为控制量约束[45,46]，也称为拟平衡滑翔制导方法，该方法在 AG&C 制导方法测评中[47]，顺利通过了所有的测试。Lu 提出了一种适用于较大范围升阻比飞行器的再入制导方法，可适用于升力式飞行器和半升力式飞行器的再入制导[48]。需要指出，若不考虑计算量限制，数值预测-校正制导精度将高于解析预测-校正制导，并且相对标准轨迹制导应用灵活，对初始误差以及模型不确定、不敏感。但目前由于弹载计算机水平限制，大量的在线实时计算量使其还难以直接在实际中应用。

1. 基于阻力加速度的再入制导技术

在航天飞机135次飞行试验中，没有出现任何与制导相关的事故，这证明了基于阻力加速度再入制导方法的可靠性。基于阻力加速度的再入制导方法分为纵向制导和侧向制导两大部分，其再入制导原理结构如图 4-21 所示。基于阻力加速度的再入制导方法综合了解析预测制导、标准轨迹制导和飞行剖面在线生成的思想，但又不是简单的综合，而是根据当时的软硬件条件，进行了合理的改进。这些改进形成基于阻力加速度的再入制导的再入温度控制、D-V 剖面设计、轨迹跟踪控制、剖面更新等关键技术。

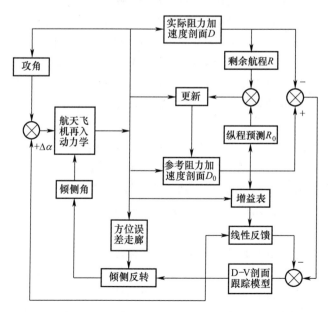

图 4-21　基于阻力加速度的再入制导原理结构示意图

基于阻力加速度再入制导的基本原理[16]可总结为：

1）采用解析阻力加速度和速度（D-V）剖面作为参考轨迹，主要通过控制倾侧角，并对攻角进行微调，以跟踪 D-V 剖面，一方面控制再入温度，另一方面对纵向航程进行预测和控制。

2）动态对 D-V 剖面进行调整，更新剖面，以最终消除航程误差。

3）横航向则通过简单的倾侧逻辑进行控制。

（1）纵向制导技术

以下简要介绍再入纵向制导中的四个关键技术：

①再入温度控制

基于阻力加速度再入制导首先将再入飞行路径约束（重点是表面结构温度约束，实质上是热流密度约束）转化为对阻力加速度的约束，并根据飞行器特性、飞行任务优化确定攻角剖面和相应的再入走廊；然后在再入走廊内设计标准 D-V 剖面，并采用轨迹跟踪控制技术，控制飞行器在再入走廊内飞行，从而实现对再入温度的控制。

②标准 D-V 飞行剖面设计

基于阻力加速度再入制导没有明确的标准再入轨迹，而是转化为满足一定要求的再入飞行剖面，用于制导控制。基于阻力加速度再入制导只需要与标准轨迹相对应的升阻比、阻力加速度及其对时间的导数、高度及其变化率等信息，而这些信息在一定条件下可以通过 D-V 剖面获得。因此，基于阻力加速度再入制导无须设计标准轨迹数据，而是在再入走廊内，设计满足航程和末端能量管理要求的分段解析 D-V 剖面，并作为制导依据，对航程进行预测和控制。

③轨迹跟踪控制

再入制导一般采用控制攻角和倾侧角，限制侧滑角的制导控制策略。而基于阻力加速度再入制导综合考虑了再入温度控制、侧向稳定性和机动性等要求，根据飞行任务优化设计攻角变化规律，并表示为速度的函数。因此，基于阻力加速度再入制导主要控制倾侧角，并适当调整攻角，以便较好地跟踪 D-V 剖面。

基于阻力加速度再入制导采用摄动方法设计轨迹跟踪控制器，轨迹跟踪控制规律为 PID 控制，并采用线性化方法设计控制器增益系数，存储在飞控计算机中，以用于再入制导。其 PID 控制律的形式为

$$\left(\frac{L}{D}\right)_c = \left(\frac{L}{D}\right)_0 + f_1(D - D_0) + f_2(\dot{h} - \dot{h}_0) + f_4 \int (D - D_0)\mathrm{d}t \qquad (4-53)$$

其中，下标"c"表示制导指令，下标"0"表示参考值，可以根据参考 D-V 剖面计算得到。根据式（4-53）可以确定跟踪 D-V 剖面所需要的倾侧角 σ 的大小

$$\sigma = \arccos \frac{(L/D)_c}{L/D} \qquad (4-54)$$

至于倾侧角的符号则根据当前速度矢量与瞬时平面的夹角和侧向方位误差走廊的关系确定，当速度矢量与瞬时平面的夹角超过方位误差走廊时，则改变倾侧角的符号。

当采用式（4-54）用于纵向制导时，实际的阻力加速度剖面与标准阻力加速度剖面不完全重合，当倾侧角反向时，反向并不能瞬时完成；而当倾侧角为零期间，瞬时平面内升力分量暂时增加，使阻力加速度低于要求的水平，在倾侧反向后，将稳定到要求的阻力

加速度剖面。为了克服倾侧翻转带来的上述问题，可采用主控制倾侧角的同时，对攻角进行短周期调整

$$\alpha = \alpha_0 + \frac{C_D(D_0 - D)}{f_5} \qquad (4-55)$$

而倾侧角指令可按下式给出

$$\sigma = \arccos\left[\frac{(L/D)_c}{L/D}\right] + f_6(\alpha - \alpha_0) \qquad (4-56)$$

式（4-56）的作用实际上相当于通过调整倾侧角，使长期效应上攻角逐渐回到标准值。这种对基于阻力加速度再入制导攻角调整能力的改进，现在看来仍显得尤为重要。

④剖面更新

根据 D-V 剖面可以预测航程，但是在长达 0.5h、行程近万千米的再入过程中，航天飞机实际飞行轨迹会逐渐偏离标准 D-V 剖面，因此航天飞机再入制导系统需要不断地调整再入飞行剖面，进行航程控制，消除航程误差。

基于阻力加速度再入制导采用剖面更新技术动态消除航程误差，即：

1）根据 D-V 剖面对剩余航程进行预测，并与实际剩余航程进行比较，修正、调整参考 D-V 剖面，以符合实际飞行情况。

2）根据制导状态，调整相应分段的飞行剖面，其基本思想是不改变 D-V 剖面形状，并尽量不调整后继部分剖面的航程。

（2）侧向制导技术

纵向制导律的设计获得了飞行器翻转的倾侧角，而航向则需通过调整倾侧角方向实现，故在上述纵向制导律设计的基础上需进行侧向制导律设计。侧向制导的设计通过调整倾侧角符号消除方位误差，其中方位误差定义为从飞行器当前位置到目标的方位角与速度方位角之差，即

$$\Delta\Psi = \Psi - \chi \qquad (4-57)$$

式中，Ψ 为方位角，通过球面三角理论求得。倾侧角的符号采用下面方法确定：通过设计方位误差走廊的方式控制倾侧翻转，使各阶段方位误差限定在设置的范围内。研究表明，方位误差走廊采用两头小中间大的方式，如图 4-22 所示。

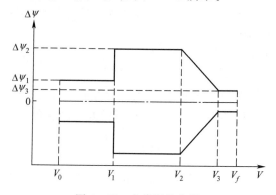

图 4-22 方位误差走廊

（3）算例

算例采用的空天飞行器模型是 NASA 马歇尔太空飞行中心研究的一个垂直起飞、水

平着陆验证飞行器。它的气动控制面有副翼、升降舵、体襟翼和翼尖稳定翼。图 4-23 所示为飞行器的构型图。

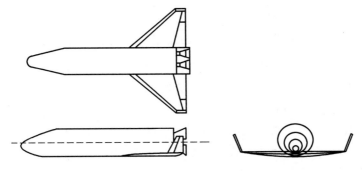

图 4-23　飞行器的构型图

飞行器再入质量 $m=104305$ kg，参考面积 $S_{ref}=391.22$ m²，飞行器的升力系数 C_L 和阻力系数 C_D 以列表的形式给出，是马赫数和攻角的函数。在本算例的轨迹设计中，这两个系数可由高超声速段数据拟合获得，即

$$C_D = a_0 + b_0 \exp\{-0.5[\ln(\alpha/c_0)/d_0]^2\} + e_0 \exp\{-0.5[(Ma-f_0)/g_0]^2\}$$
$$(4-58)$$

$$C_L = a_1 + Ma(b_1 + c_1 Ma) + d_1 \exp\{-0.5[\ln(e_1)/f_1]^2\} \qquad (4-59)$$

式中，α 为攻角，单位为 (°)；Ma 为马赫数；相关系数值见表 4-2。

表 4-2　气动参数拟合系数

符号	数　值	符号	数　值
a_0	0.19082195	a_1	0.67364426
b_0	0.79217868	b_1	-0.239672954
c_0	81.7776791	c_1	0.02354635
d_0	0.76085470	d_1	0.51375181
e_0	-0.06715378	e_1	35.77383349
f_0	4.80912954	f_1	0.548234278
g_0	-0.82201810		

以 NASA 马歇尔太空飞行中心的标准任务 AGC17 进行 D-V 剖面优化设计，见表4-3。

表 4-3　AGC17 任务仿真条件设置

序号	项　　目	参　数　值
1	初始再入高度/km	123.104
2	初始再入速度/(m/s)	7622
3	初始航迹倾角/(°)	-1.2492
4	初始航迹方位角/(°)	46.0617
5	初始再入点经度/(°)	237.5020
6	初始再入点纬度/(°)	-29.5160
7	末端点高度/km	28

（续）

序号	项　目	参　数　值
8	末端点速度/（m/s）	740
9	机场经度/（°）	279.32
10	机场纬度/（°）	28.6

再入走廊采用拟合曲线的形式给出。非线性规划方法采用 Gauss – Newton 或 Levenberg – Marquardt 算法，算法设置为：相对的迭代精度优于 10^{-3}，变量的迭代精度优于 10^{-3}，等式约束的迭代精度优于 10^{-4}。

根据飞行过程约束生成再入走廊，以再入走廊为约束，利用非线性规划方法生成满足飞行任务要求的分段 D – V 剖面，其结果见表 4 – 4 和如图 4 – 24 所示。

表 4 – 4　优化后的数据

项目	D – V	节点 1	节点 2	节点 3	节点 4	节点 5
初值	V	—	6.500	4.000	2.300	—
	D		5.0	10.0	10.0	
下限	V	—	2.300	2.300	2.300	—
	D	—	0.1	0.1	0.1	—
上限	V	—	7.500	7.500	7.500	—
	D	—	22.93	22.93	22.93	—
最优	V	7.630	6.443	4.006	2.300.	0.905
	D	0.55	5.71	10.16	10.16	6.31

注：$D_0 = 0.55 \text{m/s}^2$；航程 = 7840.8km；总加热量 = $2.7354 \times 10^8 \text{MJ}$。表中"—"表示不做要求或由程序计算得到，纵向航程的单位为 km，速度的单位为 km/s，阻力加速度 D 的单位为 m/s^2，驻点总加热量最小为优化结果，单位为 MJ。

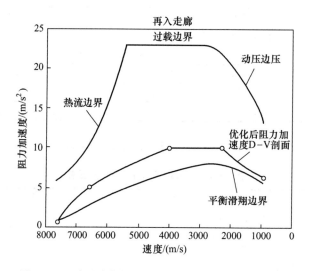

图 4 – 24　采用非线性规划方法设计标准的 D – V 剖面

采用标准轨迹制导方法对图 4 – 24 的标准剖面进行跟踪，仿真的初始条件和终端条件见表 4 - 3，所得结果如图 4 - 25～图 4 - 27 所示。

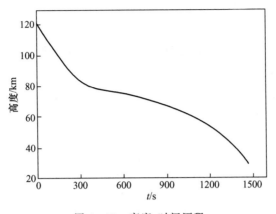

图 4 - 25　高度-时间历程

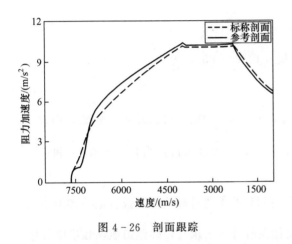

图 4 - 26　剖面跟踪

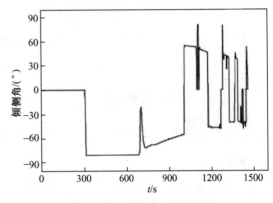

图 4 - 27　倾侧角-时间历程

由图 4 - 25 可以看出，飞行器在整个再入过程中轨迹一直很平滑，这有利于减小再入过程过载和峰值热流，同时有利于控制的实现。由图 4 - 26 可以看出，飞行器在飞行时能很好地跟踪上标准剖面。轨迹设计结果表明，该方法获得的轨迹不仅能满足过载、热流和动压等过程约束及终端约束，而且轨迹光滑，无跳跃，具备工程应用价值。

2. 预测校正再入制导技术

Lu 提出了一种适用于较大范围升阻比飞行器的普适再入制导方法，尤其适合升力式飞行器和半升力式飞行器的再入制导[38]。该方法不依赖于再入走廊，在超出过程约束边界的情况下也能规划出再入轨迹。其核心思想是将再入过程约束转换成航迹角的伪控制变量，并在制导指令中引入高度变化率对当前时刻的倾侧角指令进行修正。基于该方法获得的飞行轨迹平滑，具有较强的工程适应性。

(1) 纵向制导技术

以下主要对该方法的制导律设计、高度变化率补偿机制和过程约束处理进行阐述。再入纵向制导律设计可用于处理无约束的再入制导问题；高度变化率补偿机制可调整飞行轨迹形状，使飞行轨迹平滑，无跳跃；而过程约束处理则将热流密度、动压和过程约束转换为航迹角的伪控制变量，来修正倾侧角指令。

①制导律设计

该方法基于式（4-13）表述的无动力再入无量纲模型进行纵向制导律设计，采用负比能量 e 作为独立的变量，即

$$e = \frac{1}{r} - \frac{V^2}{2} \tag{4-60}$$

忽略式（4-13）中第四式的地球自转项，即

$$\frac{\mathrm{d}V}{\mathrm{d}\tau} \approx -D - \frac{\sin\theta}{r^2} \tag{4-61}$$

对式（4-60）取导数，可得

$$\frac{\mathrm{d}e}{\mathrm{d}\tau} = -\frac{1}{r^2}\dot{r} - V\dot{V} \tag{4-62}$$

把式（4-13）中的第一式代入式（4-62），可得

$$\frac{\mathrm{d}e}{\mathrm{d}\tau} = -\frac{1}{r^2}V\sin\theta - V\dot{V} = V\left(-\frac{1}{r^2}\sin\theta - \dot{V}\right) \tag{4-63}$$

忽略式（4-13）中第四项的自转项，并将其代入式（4-63），可得

$$\frac{\mathrm{d}e}{\mathrm{d}\tau} = DV > 0 \tag{4-64}$$

可见 e 是单调递增变量。令 $\bar{x} = (r, \lambda, \phi, \theta, \chi)^{\mathrm{T}}$ 为独立状态矢量，速度 V 由 $V = \sqrt{2\left(\frac{1}{r} - e\right)}$ 决定。L 和 D 与飞行攻角 α 有关，则攻角 α 决定飞行器的升力系数 C_L 和阻力系数 C_D。

在给定目标点条件后，已知当前状态，纵向制导的主要目标就是寻找合适的倾侧角大小，使飞行器再入末端能量 $e_f = \frac{1}{r_f} - \frac{V_f^2}{2}$ 满足能量管理段要求时，距跑道航向校准圆柱中心满足以下关系

$$S(e_f) - S_{HAC} = 0 \tag{4-65}$$

由动力学方程可知，剩余航程的导数为

$$\frac{\mathrm{d}S}{\mathrm{d}\tau} = \frac{-V\cos\theta\cos\Delta\chi}{r} \tag{4-66}$$

式中，$\Delta\chi$ 为飞行器当前速度航向角与方位角的偏差；S 为飞行器当前位置沿大圆弧到终端目标点的球面距离（弧度）。当忽略大圆下的速度方位和方位角的误差时，关于 S 的微分方程为

$$\frac{\mathrm{d}S}{\mathrm{d}\tau} = \frac{-V\cos\theta}{r} \tag{4-67}$$

纵向预测校正的算法是搜索一个常值 $\tilde{\sigma}$ 剖面，使飞行器再入终端条件满足能量管理窗口要求，因此，每次搜索都需要对当前的状态进行积分，获得一个满足要求的倾侧角。为简化该问题，忽略地球旋转影响，将三维轨迹积分问题转换为二维轨迹积分问题，采用式（4-67)代替式（4-13）中的第一式～第三式，并去除（4-13）中第六式，可得到轨

迹积分的方程组为

$$
\begin{cases}
\dfrac{\mathrm{d}S}{\mathrm{d}\tau} = \dfrac{-V\cos\theta}{r} \\[3mm]
\dfrac{\mathrm{d}V}{\mathrm{d}\tau} = -D - \left(\dfrac{\sin\theta}{r^2}\right) \\[3mm]
\dfrac{\mathrm{d}\theta}{\mathrm{d}\tau} = \dfrac{1}{V}\left[L\cos\sigma + \left(V^2 - \dfrac{1}{r}\right)\left(\dfrac{\cos\theta}{r}\right)\right]
\end{cases}
\tag{4-68}
$$

将式（4-68）除以式（4-64），并补充状态变量 τ，可得到轨迹积分最终的方程组

$$
\begin{cases}
\dfrac{\mathrm{d}S}{\mathrm{d}e} = -\dfrac{\cos\theta}{Dr} \\[3mm]
\dfrac{\mathrm{d}V}{\mathrm{d}e} = \dfrac{-D - (\sin\theta/r^2)}{DV} \\[3mm]
\dfrac{\mathrm{d}\theta}{\mathrm{d}e} = \dfrac{1}{DV^2}\left[L\cos\sigma + \left(V^2 - \dfrac{1}{r}\right)\left(\dfrac{\cos\theta}{r}\right)\right] \\[3mm]
\dfrac{\mathrm{d}\tau}{\mathrm{d}e} = \dfrac{1}{DV}
\end{cases}
\tag{4-69}
$$

与航天飞机再入制导方法不同的是，该方法不需要将 $|\gamma|$ 假设为小量，而是通过球面三角函数计算轨迹上的点到着陆点的球面距离作为飞行器与目标的距离。积分的倾侧角剖面定义为负比能量 e 的线性函数

$$
|\sigma(e)| = \sigma_0 + \frac{e - e_0}{e_f - e_0}(\sigma_f - \sigma_0)
\tag{4-70}
$$

其中，$\sigma_0 \geqslant 0$ 为待定参数；$\sigma_f > 0$ 为指定常数或者等于 σ_0。一旦指定 σ_0，完整的倾侧角大小剖面可由式（4-70）确定。倾侧角的符号由倾侧角翻转逻辑决定，无论任何时刻调用倾侧角反转逻辑，制导方案中的倾侧角符号就瞬时改变。在每一个制导周期中，选取合适的 σ_0，基于式（4-70）定义的倾侧角，可计算从当前状态到末端能量 e_f 的待飞距，以满足终端约束

$$
z(\sigma_0) = s(e_f) - s_f^* = 0
\tag{4-71}
$$

上述方程中的误差 $z = s(e_f) - s_f^*$ 是 σ_0 的函数（虽然为隐式）。在大多数的数值预测-校正再入制导算法中将式（4-71）处理为求解根问题。而本算法将其转换为求最小值问题，通过最小误差方程求 σ_0

$$
f(\sigma_0) = \frac{1}{2}z^2(\sigma_0) = \frac{1}{2}\left[s(e_f) - s_f^*\right]^2
\tag{4-72}
$$

对于式（4-72）问题的求解，可采用高斯-牛顿法或牛顿-辛普森法进行迭代计算，这里不再赘述。

②高度补偿机制

在每一个制导周期中，定义 σ_{base} 为通过预测校正算法在当前时刻计算得到的基准倾侧角。L 为当前归一化的总升力，则 $L\cos\sigma_{base}$ 为当前升力的垂直分量。该方法的另一标准特点是通过修正倾侧角指令 σ_{cmd} 的大小来调整轨迹的形状，对于所有典型的飞行任务，高度变化率补偿机制为

$$
L\cos\sigma_{cmd} = L\cos\sigma_{base} - k(\dot{h} - \dot{h}_{ref})
\tag{4-73}
$$

式中，$\dot{h}$ 为当前高度变化率；$\dot{h}_{ref}$ 为参考高度变化率，其在不同的目的下有不同的形式；k 为增益系数，且有 $k>0$。式（4-73）本质是通过调节升力的垂直分量获得期望的纵向轨迹。

通过设计适当的 $\dot{h}_{ref}$，补偿项 $k(\dot{h}-\dot{h}_{ref})$ 可对基线制导算法的轨迹高度剖面进行改进，使其满足不等式过程约束。补偿的目的不同，式（4-73）中对应的 $\dot{h}_{ref}$ 也不同。使用式（4-73）中的补偿方式可消除中高升阻比飞行器再入轨迹的长周期振荡。为了找到一个合适的 $\dot{h}_{ref}$，设 $\dot{\theta}=0$，并忽略地球自转影响，考虑平衡滑翔条件为

$$L\cos\sigma + \left(V^2 - \frac{1}{r}\right)\frac{\cos\theta}{r} = 0 \qquad (4-74)$$

式中，设 $\sigma=\sigma_{QEGC}=a$ 为常数，近似有 $r\approx1$（无量纲化后）且 $\theta\approx0$。则得到准平衡滑翔条件（QEGC）为

$$L\cos\sigma_{QEGC} + (V^2-1) = 0 \qquad (4-75)$$

将升力加速度 $L=K_L\rho V^2$ 代入式（4-75）中，并对时间求导可得

$$2K_L\rho V\dot{V}\cos\sigma_{QEGC} + K_L V^2\cos\sigma_{QEGC}\frac{\partial\rho}{\partial r}\frac{\partial r}{\partial\tau} + 2V\dot{V} = 0 \qquad (4-76)$$

其中，$K_L=\dfrac{R_0 S_{ref}C_L}{2m}$，是一个常数。忽略地球自转影响，则式（4-13）中的第一式和第三式可简化为 $\dot{r}\approx V\sin\theta$ 和 $\dot{V}\approx-D$，并将其代入式（4-76）中，可得

$$K_L V\cos\sigma_{QEGC}(\rho_r V^2\sin\theta - 2\rho D) - 2DV = 0 \qquad (4-77)$$

求解满足平衡滑翔所需的航迹角 θ，并用 θ_{QEGC} 表示，可得到

$$\sin\theta_{QEGC} = \frac{(1+K_L\rho\cos\sigma_{QEGC})D}{(K_L\rho_r\cos\sigma_{QEGC})(V^2/2)} \qquad (4-78)$$

标准地球大气模型的密度可通过以下表达式近似

$$\rho = \rho_0 e^{\beta(r)} \qquad (4-79)$$

其中，$\rho_0>0$ 是一个常数（有量纲的大气密度）；$\beta(r)<0$ 是无量纲地心矢径 r 的函数，于是有

$$\rho_r = \rho\frac{\partial\beta}{\partial r} = \rho\beta_r \qquad (4-80)$$

对于地球来说，$\beta_r\approx-900$（无量纲化）。运用这个关系和 $L=K_L\rho V^2$，重新获得 θ_{QEGC} 的表达式

$$\sin\theta_{QEGC} = \frac{(1+K_L\rho\cos\sigma_{QEGC})D}{(K_L\rho_r\cos\sigma_{QEGC})(V^2/2)} = \frac{(V^2+L\cos\sigma_{QEGC})}{[(\beta_r\cos\sigma_{QEGC})(V^2/2)]}\frac{1}{(C_L/C_D)} \qquad (4-81)$$

注意到此处 $\theta_{QEGC}<0$ 是因为 $\beta_r<0$。把式（4-75）代入式（4-81）进行简化，可得

$$\sin\theta_{QEGC} = \frac{1}{[(\beta_r\cos\sigma_{QEGC})(V^2/2)]}\frac{1}{(C_L/C_D)} \qquad (4-82)$$

当 $\sigma_{QEGC}=0$ 和 $\sin\theta_{QEGC}\approx\theta_{QEGC}$ 时，式（4-82）中的 θ_{QEGC} 是铅垂面运动方程的一阶解。

定义满足 QEGC 的高度变化率为

$$\dot{h}_{QEGC} = V\sin\theta_{QEGC} \qquad (4-83)$$

式中，V 为当前的实际速度，令 $\dot{h}_{ref} = \dot{h}_{QEGC}$，则式（4-73）变成

$$L\cos\sigma_{cmd} = L\cos\sigma_{base} - k(\dot{h} - \dot{h}_{QEGC}) \tag{4-84}$$

式中，$\dot{h}$ 为导航系统的当前高度变化率。增益 $k > 0$ 定义为速度的线性函数

$$k = \begin{cases} k_0 + \left(\dfrac{V_0 - V}{V_0 - V_1}\right)(k_1 - k_0), & V_0 \leqslant V \leqslant V_1 \\ 0, & V_1 < V \end{cases} \tag{4-85}$$

其中，$k_0 > k_1 \geqslant 0$，且 $V_1 > V_f^*$。对于中高升阻比飞行器，典型的 V_1 值为 $V_1 = V_f^* + 1000$。对于给定的飞行器，通过仿真确定 k_0 的近似值，满足 $k_1 = 0 \sim 0.5k_0$。

③过程约束处理

再入过程中的典型过程约束包括热流 $\dot{Q}$、过载 a 和动压 $\bar{q}$

$$\dot{Q} = k_Q \sqrt{\rho} V^{3.15} \leqslant \dot{Q}_{max} \tag{4-86}$$

$$a = \sqrt{L^2 + D^2} \leqslant a_{max} \tag{4-87}$$

$$\bar{q} = \frac{g_0 R_0 \rho V^2}{2} \leqslant \bar{q}_{max} \tag{4-88}$$

其中，式（4-86）为飞行器端头驻点的热流。注意式（4-86）和式（4-88）中的 V 为上面定义的无量纲量，大气密度的单位为 kg/m^3。热流约束 $\dot{Q}_{max}$ 的单位为 W/m^2，过载约束 a_{max} 的单位为 g，动压约束 $\bar{q}_{max}$ 的单位为 Pa。

考虑到式（4-87）中的过载约束，对于给定的攻角剖面，过载 a 是 r 和 V 的函数。a 关于时间的导数为

$$\frac{da^2}{d\tau} = \frac{d(L^2 + D^2)}{d\tau} \Rightarrow \frac{da}{d\tau} = a\beta_r u_\gamma V - \frac{2aD}{V} = B_a u_\gamma + A_a \tag{4-89}$$

式中，β_r 与式（4-80）中的定义相同。注意有 $A_a < 0$ 且 $B_a < 0$。设 $\delta > 0$ 为指定的预测水平参数，$a(t + \delta)$ 的一阶预测值为

$$a(t + \delta) = a(t) + \dot{a}\delta = a + A_a\delta + \delta B_a u_\gamma \tag{4-90}$$

目的就是保持不等式约束 $a(t + \delta) \leqslant a_{max}$。由式（4-90）导出伪控制的需求为

$$u_\gamma \geqslant \frac{a_{max} - a - A_a\delta}{B_a\delta} = \frac{a_{max} - a(1 - 2D\delta/V)}{aV\beta_r\delta} = U_a \tag{4-91}$$

沿轨迹的任意点，定义"参考"航迹角为

$$\sin\theta_{ref} = \max\{\sin\theta, U_a\} \tag{4-92}$$

式中，γ 为当前实际的航迹角。注意 $\sin\theta_{ref}$ 是连续的，尽管式（4-92）中存在 $\max\{\cdot\}$ 运算，因为 $\sin\theta$ 和 U_a 是连续的。式（4-92）中当前的过载 a 相比 a_{max} 充分小时，对充分小的 δ 有 $\sin\theta_{ref} = \sin\theta$。因为 U_a 是一个比 $\sin\theta$ 更为接近零的负值（回顾 $\beta_r < 0$ 的情况）。仅当过载 a 接近 a_{max} 时才可能存在 $\sin\theta_{ref} = U_a$。定义参考的高度变化率为

$$\dot{h}_{ref} = V\sin\theta_{ref} \tag{4-93}$$

式中，V 为当前速度。注意当 $\sin\theta_{ref} = \sin\theta$ 时，$\dot{h}_{ref}$ 等于当前实际高度变化率 $\dot{h}_{ref}$。如果

将来的高度能够满足 $a(t+\delta) \leqslant a_{max}$ ，则式（4-93）中的参考高度变化率表示期望的高度变化率。为了获得式（4-93）中的高度变化率，式（4-73）中的倾侧角控制律设计为

$$L\cos\sigma_{cmd} = L\cos\sigma_{base} - k_0(\dot{h} - \dot{h}_{ref}) \tag{4-94}$$

式中，$k_0 > 0$ 为常值增益系数。下面主要讨论如何执行式（4-94）的顺序。

当 $\dot{h}_{ref} = VU_a$ 时，结合式（4-91）、式（4-93），式（4-94）可以改写成

$$L\cos\sigma_{cmd} = L\cos\sigma_{base} - k_1(a_{max} - a) - k_0\left(\dot{h} - \frac{2D}{aV\beta_r}\right), \quad k_1 = \frac{k_0}{a\delta\beta_r} \tag{4-95}$$

式（4-95）中的 L、D、a、V 和 $\dot{h}$ 来自当前的导航数据。

在上面的分析中，若使用 $\dot{Q}$ 和 $\dot{Q}_{max}$，或 $\bar{q}$ 和 $\bar{q}_{max}$ 替代 a 和 a_{max}，同样的推导过程也能应用到式（4-86）和式（4-88）中的热流约束和动压约束，即

$$U_{\dot{Q}} = \frac{\dot{Q}_{max} - \dot{Q}(1 - 3.15D\delta/V)}{(1/2)\dot{Q}V\beta_r\delta} \tag{4-96}$$

$$U_{\bar{q}} = \frac{\bar{q}_{max} - \bar{q}(1 - 2D\delta/V)}{\bar{q}V\beta_r\delta} \tag{4-97}$$

定义

$$\sin\theta_{ref} = \max\{\sin\theta, U_a, U_{\dot{Q}}, U_{\bar{q}}\} \tag{4-98}$$

故式（4-84）中的制导指令能够满足中高升阻比飞行器关于式（4-86）～式（4-88）的三个过程约束。注意到当气动系数为常数，且 $\dfrac{a_{max}}{q_{max}} = \sqrt{C_L^2 + C_D^2}$ 时，U_a 与 $U_{\bar{q}}$ 相同。这就是 $U_{\bar{q}}$ 不常用的原因。

（2）侧向制导技术

再入侧向制导通过倾侧角反转逻辑来实现禁飞区的规避。倾侧反转逻辑基于换极运动模型描述，从而可用重新定义的经度 λ 和地心纬度 ϕ 分别描述纵程角和横程角。如图 4-28 所示，设飞行器当前位置为 $M(\lambda_M, \phi_M)$，目标点（瞄准点）为 $T(\lambda_T, \phi_T)$，圆柱形禁飞区中心为 $N(\lambda_N, \phi_N)$，对应半径为 R_N，$|MN|$ 和 $|NT|$ 分别为大圆弧长度。飞行器相对目标点的视线 MT 与禁飞区间的相对位置关系有两种，即 MT 通过禁飞区 ［图 4-28（a）］ 和 MT 不通过禁飞区 ［图 4-28（b）］。定义 Ψ_A 为切线 MA 与 M 点处纬线的夹角，Ψ_B 为切线 TB 与 T 点处纬线的夹角，而 Ψ_M 为 MT 与 M 点处纬线的夹角。定义 $\Psi = 0$ 对应于飞行器沿着纬线朝目标方向飞行，$\Psi = \dfrac{\pi}{2}$ 则对应于飞行器朝极点 P 方向飞行。Ψ_A、Ψ_B 和 Ψ_M 的符号定义与 Ψ 一致。Ψ_A、Ψ_B 和 Ψ_M 可分别近似表示为

$$\begin{cases} \Psi_A = \arctan\dfrac{\phi_N - \phi_M}{\lambda_N - \lambda_M} \pm \arcsin\dfrac{R_N}{|MN|} \\[3mm] \Psi_B = -\arctan\dfrac{\phi_N - \phi_T}{\lambda_N - \lambda_T} \pm \arcsin\dfrac{R_N}{|NT|} \\[3mm] \Psi_M = \arctan\dfrac{\phi_T - \phi_M}{\lambda_T - \lambda_M} \end{cases} \tag{4-99}$$

若飞行器从禁飞区上边界绕飞，则式（4-99）中第一式和第二式中符号取为正，反之，若从下边界绕飞，式（4-99）中第一式和第二式中符号取为负。

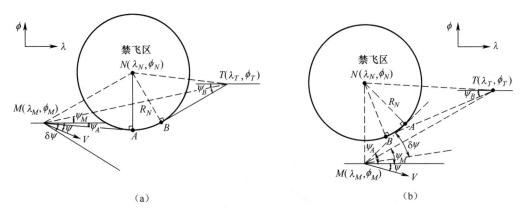

$$（a）\qquad\qquad\qquad（b）$$

图 4-28　飞行器视线相对禁飞区的位置关系

类似于航天飞机侧向制导逻辑，可将禁飞区规划的侧向规划算法分为两步。首先，基于禁飞区与视线 MT 的相对位置关系确定方位角 Ψ 的最大值和最小值。其次，在此基础上，基于飞行器实际方位角与方位角的可行变化范围来确定倾侧角反转位置。因此，这种算法又可看作航天飞机侧向制导逻辑的一种扩展形式。

（3）算例

① 轨迹规划

仿真对象为 X-33 飞行器，再入质量为 37.36t，飞行器参考面积为 149.388m^2，其气动特性详见附录 B。再入仿真的初始条件、过程约束及终端条件见表 4-5。基于本节所介绍的预测校正再入制导算法，完成 X-33 的再入轨迹优化，其仿真结果如图 4-29～图 4-31 所示。

表 4-5　再入仿真的初始条件、过程约束及终端条件

序号	变量	数值	备注
1	经度/(°)	242.993	初始条件
2	纬度/(°)	−18.255	
3	高度/km	121.518	
4	速度/(m/s)	7622	
5	航迹角/(°)	−1.4379	
6	航迹方位角/(°)	38.329	
7	热流密度/(kW/m^2)	850	过程约束
8	法向过载/g	3.0	
9	动压/Pa	15000	
10	高度/km	30.427	终端条件
11	速度/(m/s)	908.1516	
12	经度/(°)	279.504	
13	纬度/(°)	28.611	

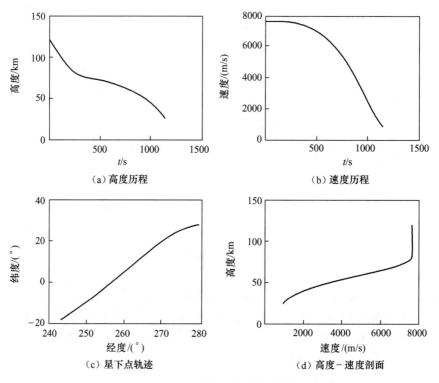

（a）高度历程　　　　　　　　　　（b）速度历程

（c）星下点轨迹　　　　　　　　　　（d）高度-速度剖面

图 4-29　位置与速度相关变量

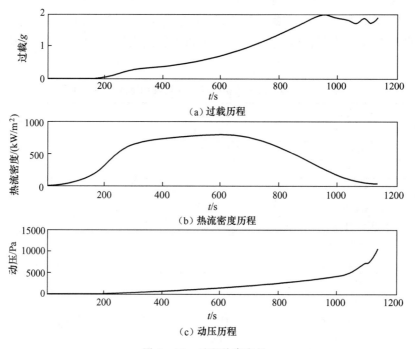

（a）过载历程

（b）热流密度历程

（c）动压历程

图 4-30　过程约束变量

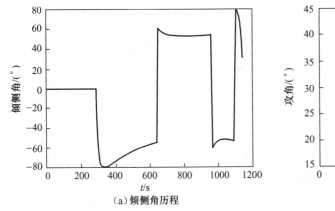

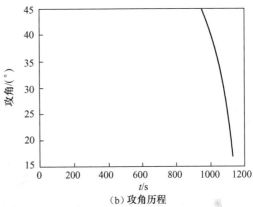

图 4 - 31　控制变量

图 4 - 29 所示为飞行器再入位置与速度相关变量的关系,从高度历程曲线中可以看出,飞行轨迹平滑,具有很强的工程适应性;从星下点轨迹可以看出,飞行器能够抵达所期望的目标点位置。图 4 - 30 所示为飞行器过程约束变量,其峰值过载 1.963g、峰值热流 799.8kW/m² 和峰值动压 10430Pa,均满足再入轨迹设计的过程约束要求。图 4 - 31 所示为控制变量历程,包括倾侧角和攻角,攻角在轨迹规划过程中为速度的固定函数,倾侧角则通过优化获得。

② 制导仿真

对 X - 33 飞行器进行制导仿真,其标准再入条件见表 4 - 5,蒙特卡洛打靶仿真参数设置见表 4 - 6。其中,速度、航迹角、大气密度、升力系数、阻力系数偏差类型为正态分布,高度、经度、纬度、速度方位角偏差类型为均匀分布。

表 4 - 6　蒙特卡洛打靶仿真偏差参数设置

序号	变　　量	参数范围	散布类型
1	速度偏差/(m/s)	±15	正态分布
2	航迹角偏差/(°)	±0.1	正态分布
3	大气密度偏差	±20%	正态分布
4	升力系数偏差	±12%	正态分布
5	阻力系数偏差	±12%	正态分布
6	高度偏差/m	±300	均匀分布
7	经度偏差/(°)	±1.0	均匀分布
8	纬度偏差/(°)	±1.0	均匀分布
9	速度方位角偏差/(°)	±0.3	均匀分布
10	质量偏差/kg	±5%	均匀分布

结合以上仿真条件,完成 1000 次蒙特卡洛打靶仿真,获得 X - 33 飞行器典型的过程变量历程及关键参数的变化如图 4 - 32 所示。

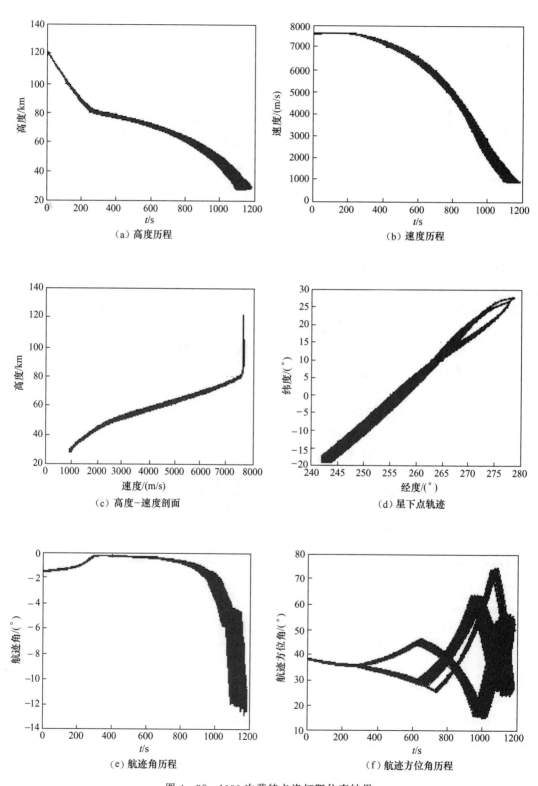

图 4-32　1000 次蒙特卡洛打靶仿真结果

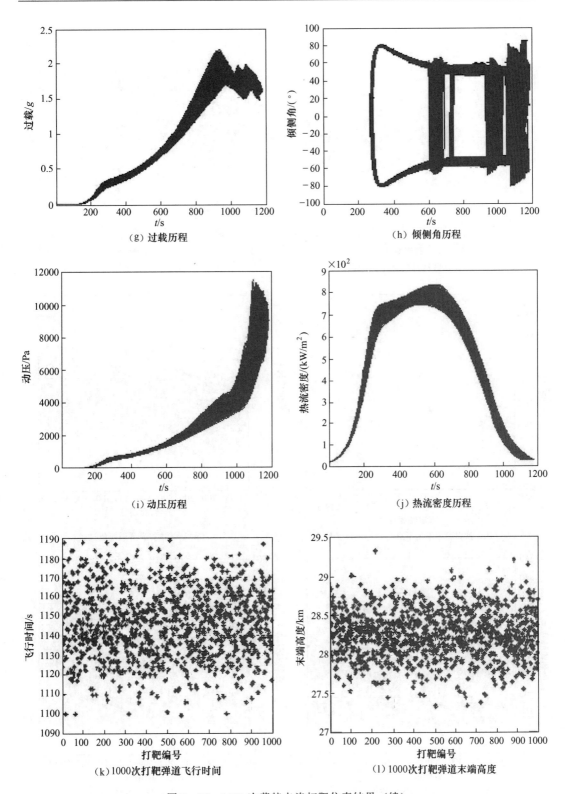

（g）过载历程

（h）倾侧角历程

（i）动压历程

（j）热流密度历程

（k）1000次打靶弹道飞行时间

（l）1000次打靶弹道末端高度

图 4-32　1000 次蒙特卡洛打靶仿真结果（续）

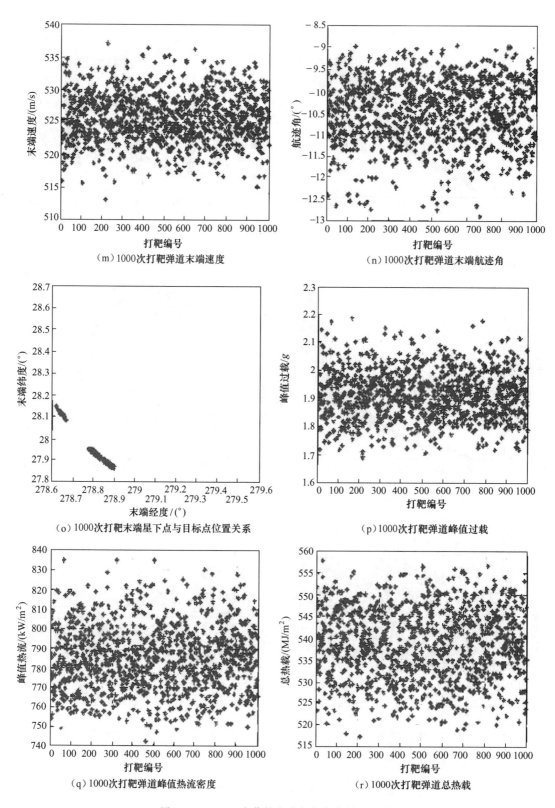

（m）1000次打靶弹道末端速度

（n）1000次打靶弹道末端航迹角

（o）1000次打靶末端星下点与目标点位置关系

（p）1000次打靶弹道峰值过载

（q）1000次打靶弹道峰值热流密度

（r）1000次打靶弹道总热载

图 4-32　1000 次蒙特卡洛打靶仿真结果（续）

从图 4-32 的仿真结果中可以看出，1000 次打靶仿真的结果全部能够按照要求的能量状态抵达能量管理段窗口，飞行过程中的热流密度、过载和动压均满足过程约束。1000 次仿真弹道飞行时间在 $1090\sim1190s$ 范围内，大部分弹道末端高度在 $27.5\sim29km$ 范围内，末端速度在 $915\sim935m/s$ 范围内，弹道全程峰值过载在 $1.7\sim2.2g$ 范围内，全程峰值热流密度在 $750\sim830kW/m^2$ 范围内，总热载在 $520\sim555MJ/m^2$ 范围内。

4.2　能量管理段轨迹优化与制导技术

能量管理段承接再入段和进场着陆段，一般将高度约为 $25km$、速度为 $Ma\approx2.5$ 的位置作为能量管理段的起始点。能量管理段的主要任务是对飞行器的能量进行管理，确保飞行器在任意初始能量状态下都能够安全返回着陆场。能量管理段的无动力飞行特点决定了飞行器不能像常规动力飞行器一样自由飞行，只能通过跟踪特定的轨迹线来实现对能量的精确控制，保证飞行的安全。再入到着陆地轨迹示意图如图 4-33 所示。

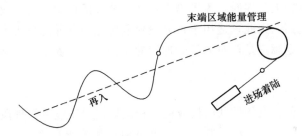

图 4-33　再入到着陆地轨迹示意图[49]

能量管理段一般又细分为 S 转弯段、捕获段、航向校准段和进场前飞行段，其三维轨迹和地面轨迹投影示意图如图 4-34 所示。各飞行段的作用如下：

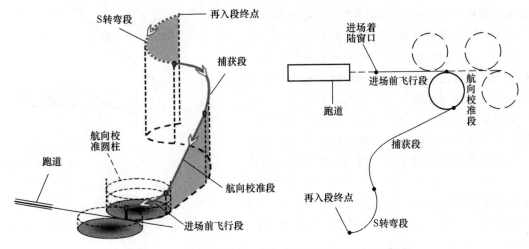

图 4-34　能量管理段三维轨迹及地面轨迹投影示意图

1）S 转弯段：增加飞行距离来消耗过剩的能量。

2）捕获段：控制飞行器向着预先设置的航向校准圆柱飞行。

3）航向校准段：经过适当的航向校准后，控制飞行器对准跑道中心线。

4）进场前飞行段：进一步校准航向，精确控制能量使飞行器能量满足进场着陆的要求。

能量管理段的三维飞行轨迹可表征为当前飞行器能量状态与待飞距离的函数，而待飞距离的计算依赖于横侧向地轨迹的规划，因此，可将三维轨迹设计简化为二维轨迹设计问题。能量管理段轨迹设计有在线轨迹生成和离线轨迹设计两类，在线轨迹生成严重依赖于计算机高性能，规避了初始能量偏差下轨迹跟踪误差的问题[15,50]，但在实现上存在困难，不利于工程应用。因此，一般采用离线轨迹设计策略，设计多条标准轨迹，来解决初始能量偏差下的轨迹跟踪误差问题。

4.2.1　能量走廊与能量剖面

能量管理段飞行高度较再入段越来越低，高空风干扰、大气密度偏差和气动力不确定性对飞行轨迹的影响较大。同时，为了增大对飞行轨迹的控制能力，攻角也无法像再入段一样采用固定攻角剖面。因此，适用于再入段轨迹优化和制导的再入走廊无法继续沿用到的能量管理段，能量走廊正是针对能量管理段的飞行特点，提出的一种表征飞行器机动能力的飞行走廊。

1. 能量走廊

飞行走廊是指各种约束条件共同构成的飞行区域。对于能量管理段，其飞行走廊对应的能量走廊是指满足能量、动压、升阻比、攻角和过载等所有状态约束的飞行区间集合。图 4-35 给出了能量走廊的示意图，由最陡下滑能量线和最大升阻比下滑能量线共同构成。

（1）最陡下滑能量线

最陡下滑能量线是能量走廊的上边界，它是指飞行器保持允许的最大动压飞行所能达到的能量边界。最陡下滑能量线对应的航迹角最小（绝对值最大），即轨迹最陡，因此对于相同的能量初始值，按最陡下滑能量线飞行时距离最短，并且最陡下滑能量线是飞行器最快下滑的轨迹，此时的过载、动压、能量等都不会超限。理论上，最陡下滑能量线是根据最大动压约束计算而得到的，因此该剖面既表征了飞行器动压约束的边界，又表征了能量的边界。如果飞行器的初始能量状态超出了该边界，表示飞行器能量过剩，即

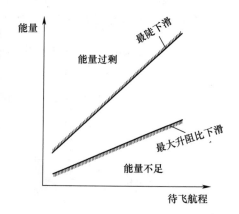

图 4-35　能量走廊的示意图

初始能量状态超出了能量管理段的最大能量消耗能力，此时必须通过 S 转弯来消耗多余的能量，否则无法安全着陆。

（2）最大升阻比下滑能量线

最大升阻比下滑能量线是能量走廊的下边界，它是指飞行器保持最大升阻比飞行所能达到的能量边界。对于相同的能量初始值，按最大升阻比下滑时所达到的飞行距离最长。

若能量状态位于该剖面下方，则表示飞行器没有足够的能量抵达着陆场，这时需要调整航向校准圆柱（HAC）的位置或者选择备用的跑道，以保证飞行器成功着陆。最大升阻比下滑能量线由飞行器本身的质量和升阻比特性决定，该能量线的设计需要考虑到能量管理段结束时交接班条件要求，且攻角尽可能地逼近最大升阻比攻角状态。

2. 能量剖面

考虑能量管理段初始能量偏差下的轨迹跟踪误差问题，除了最陡下滑和最大升阻比下滑两条能量边界外，通常还需设计多条标准的能量剖面，对应着飞行器在能量管理段的进场方式。能量剖面的设计依据是飞行器的气动特性，并充分考虑飞行包线范围内的动压、法向过载、攻角、航迹角等约束。这些能量剖面定义（图 4 - 36）如下：

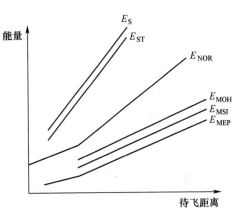

图 4 - 36　能量走廊剖面

1）E_S：S 转弯开始能量剖面，能量高于 E_S 则必须进行 S 转弯，进行能量耗散。

2）E_{ST}：S 转弯结束能量剖面。

3）E_{NOR}：标准轨迹能量剖面。

4）E_{MOH}：最小能量过顶进场能量剖面。

5）E_{MSI}：最小能量直接进场能量剖面。

6）E_{MEP}：最小能量最近航向校准圆柱直接进场能量剖面。

能量走廊是从物理约束层面来描述飞行器的能力，而能量剖面则是从实现层面来描述飞行器的能力，能量走廊的最陡下滑剖面所对应的是 E_S 能量剖面，最大升阻比下滑剖面对应的是 E_{MEP} 能量剖面。E_{ST} 剖面表征飞行器 S 转弯结束后的能量，与 E_S 剖面有固定的偏差，避免飞行器遭受阵风干扰时，在 S 转弯段和航向捕获段之间的频繁切换。E_{NOR} 能量剖面为标准轨迹的能量剖面。

4.2.2　能量管理段轨迹设计技术

飞行器在能量管理段飞行时的能量主要由动能和势能两部分组成，动压和高度决定了能量的大小。能量管理段轨迹设计是一个具有严格约束的初值和终值问题，初值是飞行器再入结束时的动压和高度，终值是进场着陆段开始处的动压和高度，约束则是飞行器在飞行过程中需要满足约束，如动压、过载等。以下就能量管理段二维轨迹设计相关内容进行简要阐述，包含飞行器质点动力学方程建模、轨迹设计方法和轨迹设计算例等。

1. 质点动力学方程建模

能量管理段飞行速度一般在 $Ma < 3$，忽略地球自转和曲率的影响，基于平面大地模型，可得到飞行器二维质点的动力学方程为

$$m\dot{V} = -D - mg\sin\theta$$
$$mV\dot{\theta} = L - mg\cos\theta$$

(4 - 100)

式中，D、L 分别为作用在飞行器上的阻力和升力。

$$D = -qS_{ref}C_D$$
$$L = qS_{ref}C_L \tag{4-101}$$

式中，S_{ref} 为参考面积；C_D 为升力系数；C_L 为阻力系数；C_D 和 C_L 是攻角、马赫数、控制舵面（升降舵、机身襟翼）的函数。动压 q 定义为

$$q = \frac{1}{2}\rho V^2 \tag{4-102}$$

能量管理段一般采用动压作为控制变量，主要优点在于：一是与空速相比，动压是一个变化较慢的量；二是采用动压来描述质点动力学模型，可大幅度简化轨迹设计方程。

对动压进行微分后，式（4-100）中 (V, θ) 参数描述的质点动力学可改为 (q, θ) 参数进行描述，即

$$\dot{q} = \dot{h}\left[\left(\frac{1}{\rho}\frac{d\rho}{dh} - \frac{\rho}{m}\frac{S_{ref}C_D}{\sin\theta}\right)q - \rho g\right]$$
$$\dot{\theta} = \frac{\rho\dot{h}}{2\sin\theta}\left(\frac{S_{ref}C_L}{m} - \frac{g\cos\theta}{q}\right) \tag{4-103}$$

从式（4-103）中也可以看出，质点在轨迹上的运动完全是基于时间的历程，对式（4-103）进行改写，将对时间的微分变为对高度的微分，可得

$$\frac{dq}{dh} = \left(\frac{1}{\rho}\frac{d\rho}{dh} - \frac{\rho S_{ref}C_D}{m\sin\theta}\right)q - \rho g$$
$$\frac{d\theta}{dh} = \frac{\rho}{2\sin\theta}\left(\frac{S_{ref}C_L}{m} - \frac{g\cos\theta}{q}\right) \tag{4-104}$$

这种改写的好处在于：把动压与高度直接建立相关性，并通过这种相关性，将动压与整个下滑轨迹线有机地联系在一起。为了更加直观，可以将式（4-104）改写为

$$\frac{dq}{dh} = \left(\frac{1}{\rho}\frac{d\rho}{dh} - \frac{\rho S_{ref}C_D}{m\sin\theta}\right)q - \rho g$$
$$q = \frac{mg\cos\theta}{S_{ref}C_L - 2\sin\theta\frac{m}{\rho}\frac{d\theta}{dh}} \tag{4-105}$$

2. 轨迹设计方法

能量管理段二维轨迹的设计过程可描述为：给定某个初始动压和高度，计算出与初始动压相符合的攻角和航迹角，并以此为起点将轨迹在高度上划分成若干等份，依次在这些高度上计算其更新后的动压、攻角、航迹角、能量、待飞距离等参数，当满足进场着陆交接班条件时，获得的交接班终端物理参数包括动压、攻角、下滑航迹角、能量、飞行距离等。图 4-37 所示为能量管理段二维轨迹设计的流程。

轨迹设计由于求解问题的不同，优化性能指标也不同。下面分别对能量管理段轨迹设计中初始参数的计算、固定动压剖面的轨迹设计、任意

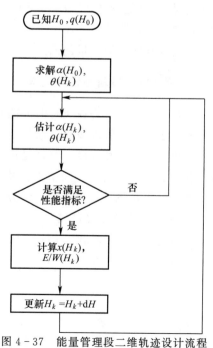

图 4-37　能量管理段二维轨迹设计流程

动压剖面的轨迹设计的算法进行介绍：

（1）初始参数的计算

能量管理段二维轨迹设计时，已知初始高度（h_0）和初始动压（q_0），即

$$q\,|_{h=h_0} = q_0 \tag{4-106}$$

初始时刻攻角和航迹角则需要计算，这两个参数与动压一起共同构成下一个高度迭代计算的初值。为了能够根据初始动压条件进行计算，做以下假设

$$\frac{\mathrm{d}q}{\mathrm{d}h}\Big|_{h=h_0} = 0, \quad \frac{\mathrm{d}\theta}{\mathrm{d}h}\Big|_{h=h_0} = 0 \tag{4-107}$$

根据式（4-107）假设，可以将初始参数计算转化为表 4-7 中的优化问题求解。

表 4-7　能量管理段初始参数的优化问题

已知 $q(h_0) = q_0$、$\alpha(h_0)$、$\theta(h_0)$
求攻角 α 和航迹角 θ 使性能指标
$$J(\alpha,\ \theta) = (q - q_0)^2 + \left(\frac{\mathrm{d}q}{\mathrm{d}h}\right)^2$$
最小

（2）固定动压剖面的轨迹设计

对于固定动压剖面的轨迹设计，在任意高度上都满足以下条件

$$\frac{\mathrm{d}q}{\mathrm{d}h} = 0 \tag{4-108}$$

$$q = q_c$$

也就是说，在整个能量管理段，从高空高速到低空低速，飞行动压始终保持常数。根据这一约束条件，可以将固定动压剖面的轨迹设计转化为表 4-8 中的问题进行求解。

表 4-8　固定动压剖面的轨迹优化问题

已知 $\alpha(h_k)$、$\theta(h_k)$、$x(h_k)$、$EoW(h_k)$
令 $h_{k+1} = h_k + \Delta h$，Δh 为预先设置的常数
求 $\alpha(h_{k+1})$、$\theta(h_{k+1})$、$x(h_{k+1})$、$EoW(h_{k+1})$
使性能指标
$$J(\alpha_{k+1},\ \theta_{k+1}) = (q_{k+1} - q_0)^2 + \left(\frac{\mathrm{d}q_{k+1}}{\mathrm{d}h}\right)^2$$
最小

式中，$\alpha_{k+1} = \alpha(h_{k+1})$，$\theta_{k+1} = \theta(h_{k+1})$，$q_{k+1} = q(h_{k+1})$。当飞行器按固定动压飞行时，其航迹角不是常数，而是逐渐变化的。因此，在求解 $\alpha(h_{k+1})$、$\theta(h_{k+1})$、$x(h_{k+1})$、$EoW(h_{k+1})$ 等参数的过程中，需要反映航迹角变化率的影响。在求解航迹角的变化率时，可采用以下公式进行近似

$$\frac{\mathrm{d}\theta(h_{k+1})}{\mathrm{d}h} = \frac{\theta(h_{k+1}) - \theta(h_k)}{\Delta h} \tag{4-109}$$

（3）任意动压剖面的轨迹设计

对于任意动压剖面的轨迹设计，主要是设计参考能量线，多条能量线构成飞行器在不同能量状态下的能量剖面。在设计参考能量线时，高度剖面和动压剖面已知，只需计算出

对应的航迹角、攻角和能量等参数。任意动压剖面的轨迹设计，与固定动压剖面的轨迹设计具有相似的算法。由于动压参数和高度变化率已知，可以将任意动压剖面的轨迹设计转化为表 4-9 中的优化问题求解。

表 4-9　任意动压剖面的优化问题

已知 $\alpha(h_k)$、$\theta(h_k)$、$x(h_k)$、$q(h_k)$、$EoW(h_k)$

令 $h_{k+1} = h_k + \Delta h$，Δh 为预先设置的常数

求 $\alpha(h_{k+1})$、$\theta(h_{k+1})$、$x(h_{k+1})$、$q(h_{k+1})$、$EoW(h_{k+1})$ 使性能指标

$$J(\alpha_{k+1}, \theta_{k+1}) = (q_{k+1} - q)^2 + \left(\frac{\mathrm{d}q_{k+1}}{\mathrm{d}h} - \frac{\mathrm{d}q}{\mathrm{d}h}\right)^2$$

最小

式中，$\alpha_{k+1} = \alpha(h_{k+1})$，$\theta_{k+1} = \theta(h_{k+1})$，$q_{k+1} = q(h_{k+1})$。$q$ 和 $\dfrac{\mathrm{d}q}{\mathrm{d}h}$ 是高度 h_{k+1} 处的动压和动压变化率。当飞行器按动压剖面飞行时，其航迹角也是逐渐变化的。在求解 $\alpha(h_{k+1})$、$\theta(h_{k+1})$、$x(h_{k+1})$、$EoW(h_{k+1})$ 等参数的过程中，同样需要反映航迹角的变化率影响。航迹角的变化率可采用以下公式进行近似

$$\frac{\mathrm{d}\theta(h_{k+1})}{\mathrm{d}h} = \frac{\theta(h_{k+1}) - \theta(h_k)}{\Delta h} \tag{4-110}$$

3. 轨迹设计算例

以航天飞机为例，开展不同动压剖面下的轨迹设计研究，获得不同动压剖面下航天飞机的飞行能力。其采用的动压剖面表达式见表 4-10，其中，q 为动压，单位为 Pa。

表 4-10　动压剖面表达式

序号	剖面名称	表　达　式
1	E_S 动压剖面	$q = \begin{cases} 7110 - 0.5(h - 28000), & h \geqslant 18220 \\ 12000, & 8100 \leqslant h < 18220 \\ 12000 + 0.5(h - 8100), & h < 8100 \end{cases}$
2	E_{ST} 动压剖面	$q = \begin{cases} 7110 - 0.39775(h - 28000), & h \geqslant 18220 \\ 11000, & 8100 \leqslant h < 18220 \\ 11000 + 0.25(h - 8100), & h < 8100 \end{cases}$
3	E_{MAX} 动压剖面	$q = \begin{cases} 7110 - 0.2955(h - 28000), & h \geqslant 18220 \\ 10000, & h < 18220 \end{cases}$
4	E_N 动压剖面	$q = 7110 - 0.12092(h - 28000), \quad 4100 \leqslant h \leqslant 2800$
5	$E_M IN$ 动压剖面	$q = \begin{cases} 7110, & h \geqslant 18220 \\ 7110 - 0.2047(h - 18220), & h < 18220 \end{cases}$
6	E_{MOH} 动压剖面	$q = \begin{cases} 7110 + 0.25(h - 28000), & h > 24000 \\ 6110, & 17500 \leqslant h < 24000 \\ 7110 - 0.2047(h - 17500), & h < 17500 \end{cases}$
7	E_{MEP} 动压剖面	$q = \begin{cases} 7110 + 0.5(h - 28000), & h > 24000 \\ 5110, & 16000 \leqslant h < 24000 \\ 5110 - 0.4109(h - 16000), & h < 16000 \end{cases}$

根据表 4 - 10 的动压剖面表达式，基于任意动压剖面下的轨迹设计方法，可以得到航天飞机在不同动压剖面下对应的机动能力。图 4 - 38 所示为不同飞行动压剖面随高度的变化关系，图 4 - 39 所示为不同动压剖面下航天飞机的能量与待飞距离的关系曲线。

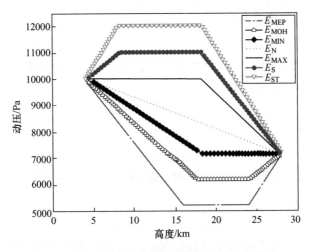

图 4 - 38　不同飞行动压剖面随高度的变化关系

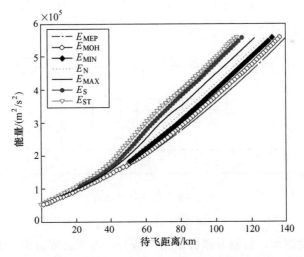

图 4 - 39　不同动压剖面下航天飞机的能量与待飞距离的关系曲线

从图 4 - 39 中可以看出，航天飞机能量管理段的航程调节能力在 110～139km 范围内。当距进场着陆窗口的地面轨迹线小于 110km 时，需要进行 S 转弯，进行能量耗散；当距进场着陆窗口的地面轨迹线超过 139km 时，则无法抵达进场着陆窗口。

4.2.3　能量管理段制导技术

能量管理段纵向制导通过对纵向能量控制实现，飞行器在整个下滑过程中，速度和高度持续减小，总能量的损失来自空气阻力对飞行器能量的消耗。制导系统既要跟踪高度，又要保证速度在安全的范围内，必须利用动能和势能之间的相互转化保证总能量的要求。

由于飞行器再入结束时的高度、速度、航向以及相对机场跑道的位置具有很大的不确定性，因此，能量管理段制导系统不仅是轨迹制导的问题，还是能量控制的问题，是制导与控制的综合问题。制导系统不仅要完成飞行任务的要求（即在相对任意的初始条件下能够到达机场跑道），还要在飞行过程中保证安全。

1. 纵向制导技术

（1）高度控制

在能量管理段飞行过程中，飞行器受升力、阻力和重力的作用，不考虑横航向滚转的影响时，在机体轴法向方向满足

$$ma_y = L\cos\alpha + D\sin\alpha - mg\cos\theta \tag{4-111}$$

在大地坐标系方向满足

$$m\ddot{H} = L\cos\theta - D\sin\theta - mg \tag{4-112}$$

式中，a_y 为法向加速度。俯仰角 $\varphi = 0°$ 时，航迹角 $\theta = \varphi - \alpha = -\alpha$ ，将 $\theta = -\alpha$ 代入式 （4-112），得

$$\ddot{H} = a_y - g(1 - \cos\alpha) \tag{4-113}$$

法向加速度和高度的二次微分直接相关，高度的控制可以通过法向加速度的控制实现。高度控制采用 PID 控制，形成法向加速度指令。

$$n_{yc} = K^H(H_c - H) + K^{IH}\int(H_c - H) + K^{dH}(\dot{H}_c - \dot{H}) + n_{y\_open} \tag{4-114}$$

其控制结构如图 4-40 所示。

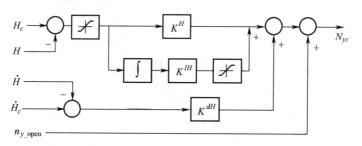

图 4-40　高度控制结构

H_c 为基准高度剖面，给制导律提供指令信号，跟踪高度剖面。$\dot{H}_c$ 为基准高度变化率剖面，由于 $\dot{H} = V\sin\theta$ ，所以跟踪高度变化率剖面 $\dot{H}_c$ 即可以保持轨迹角与参考剖面一致，高度变化率反馈回路为高度控制提供阻尼，减小超调。积分回路用于减小稳态误差。n_{z_open} 为基准轨迹的标准法向加速度指令信号，与当前的速度和航迹角直接相关

$$n_{y\_open} = V\dot{\theta} = \frac{V_d^2}{g}\frac{\mathrm{d}^2 H}{\mathrm{d}X^2}\cos\theta \tag{4-115}$$

基准高度剖面为直线时，$n_{y\_open} = 0$，只有基准剖面存在曲率时，n_{y_open} 才不为 0。从制导角度看，n_{y_open} 属于制导律中的前馈补偿量。

（2）速度控制

在能量管理段飞行过程中，为精确控制飞行器的能量，当速度达到特定值时，一般采

用阻力板对飞行速度进行控制。图 4 - 41 所示为速度控制的结构图，速度采用比例积分控制，加入速度积分环节是为了提高速度控制的精度，速度控制回路制导律的指令为

$$\delta_{sb} = K_{sb}^{V}(V_c - V) + K_{sb}^{IV}\int(V_c - V) + \delta_{sb\_center} \tag{4 - 116}$$

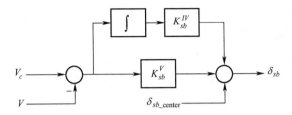

图 4 - 41　速度控制的结构图

式中，δ_{sb_center} 为阻力板的中心位置，在进入进场着陆之前一般将阻力板置于中间位置。

（3）约束控制

能量管理段飞行跨越超声速、跨声速和亚声速，飞行包络线大，状态变化剧烈。因此，在制导系统设计时还需要考虑状态的约束。纵向制导需要约束控制的状态量有法向过载、动压和攻角，这些状态量约束控制是通过升降舵来实现的。首先需要对约束状态进行优先级排列，并对约束状态进行实时监测，当约束状态超出限制时，制导回路自主地切换到状态约束控制回路，确保飞行过程中状态变量在约束值范围内。

根据飞行安全的要求，优先级最高的控制状态量为过载，过载约束控制能有效保证整个飞行的安全；其次是动压，动压约束主要受铰链力矩的影响，动压的约束控制可有效保证控制舵面的安全；再次是攻角，攻角的约束由最大升阻比攻角决定，攻角约束控制保证飞行器能有效地跟踪标准轨迹；最后是高度，在所有约束量不超限时，采用高度控制。

动态约束控制的实现如图 4 - 42 所示。动态约束实现时首先从优先级最低的回路开始，逐级判断。正常的制导回路高度控制产生过载指令 n_{yc1}，首先判断攻角是否违反约束，在 n_{yc1} 和 $n_{yc}(\alpha)$ 中选择过载指令 n_{yc2}；接着判断动压是否违反约束，在 n_{yc2} 和 $n_{yc}(\bar{q})$ 中选择俯仰角速率指令 n_{yc3}；最后在 n_{yc3} 和法向加速度约束 $n_{yc}(N_y)$ 中选择过载指令 n_{yc}。

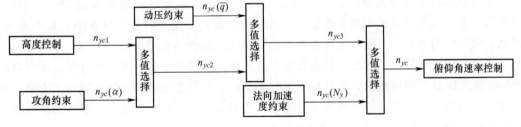

图 4 - 42　动态约束控制的实现

2. 横侧向制导技术

能量管理段纵向制导与横侧向制导紧密相关，两者相互影响，相互作用。能量的控制是通过改变横侧向的制导策略来跟踪纵向轨迹剖面，其制导的复杂性不仅体现在纵向的能量控制，也体现在横侧向待飞距离的预测与控制。

（1）进场方式

能量管理段有两种方式可以实现对待飞距离的调整。当飞行器初始能量状态处于能量走廊内时，可通过调整进场方式和 HAC 位置来改变待飞距离。当飞行器初始能量状态超出能量走廊上边界，即能量过剩时，通过 S 转弯增大待飞距离来消耗多余的能量。

能量管理段制导系统根据不同的初始能量状态选择不同的进场方式和 HAC 位置，从而保证飞行器到达进场着陆窗口时具有合适的能量状态，图 4-43 给出了进场方式和 HAC 位置示意图。

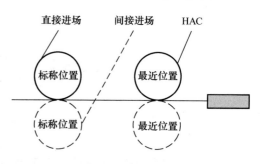

图 4-43　进场方式和 HAC 位置示意图

HAC 是位于机场跑道两侧的虚拟圆柱，用于校准飞行器的航向。HAC 具有四个不同的位置，包括两个标准 HAC 位置和两个最小 HAC 位置。飞行器根据不同的初始能量状态选择直接进场（SI）或者间接进场（OH）两种方式。直接进场是沿着与飞行器在同一侧的 HAC 飞行，间接进场是沿着与飞行器在不同侧的 HAC 进场。能量管理段进场方式及 HAC 位置的确定都依赖于离线设计的能量走廊剖面（图 4-36）。

能量管理段开始时，将直接进场作为默认方式。首先判断当前的能量状态 E/W 是否高于转弯进场所需的最小能量 E_{MOH}，若当前的能量状态高于 E_{MOH}，则说明飞行器当前的能量状态无论是直接进场还是转弯进场都可以到达机场跑道；反之，若当前的能量状态低于 E_{MOH}，则需要判断当前的能量状态是否高于直接进场所需的最小能量 E_{MSI}。

若当前的能量状态 E/W 高于 E_{MSI}，则说明飞行器当前的能量状态只有直接进场才能到达机场跑道；反之，若当前的能量状态低于 E_{MSI}，则需要判断当前的能量状态是否高于 HAC 距离跑道最近时所需的最小能量 E_{MEP}。

若当前的能量状态 E/W 高于 E_{MEP}，则说明飞行器当前的能量状态需要将 HAC 移到距离跑道最近的位置直接进场才能返回机场跑道；反之，则不能到达机场跑道。

（2）横侧向制导策略

飞行器相对于机场跑道的位置是任意的，初始位置分布在跑道平面内 360°范围内。对于飞行器，初始能量的不确定性是一个相对的概念，它是相对初始位置的能量不确定。因此，横侧向制导需要自动生成轨迹剖面，引导飞行器到达着陆窗口。

能量管理段横侧向制导的目的就是改变待飞距离，适应能量的不足和过剩，通过纵向制导实现对能量剖面的跟踪，并且校正飞行器航向、对准跑道，满足着陆窗口的要求。根据飞行器的地轨迹，可将能量管理段横侧向轨迹分为 S 转弯段、捕获段、航向校准段和进场前飞行段四个子阶段（图 4-44）。

①S 转弯段

能量管理段初始阶段的判断依据是 E_S 剖面。如果飞行器初始能量高于 E_S 能量剖面，且预测待飞距离大于 S 转弯允许的最小待飞距离时，则初始阶段为 S 转弯段；否则，初始阶段为捕获段。飞行器进入 S 转弯段，直到能量降到 E_{ST} 剖面后，结束 S 转弯，图 4-45 给出了 S 转弯判断的能量剖面示意图。

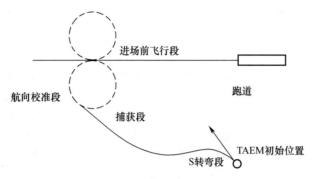

图 4 - 44　能量管理段地轨迹示意图

S 转弯段的目的是增加飞行距离来消耗过剩能量，S 转弯段不是能量管理段必需的飞行阶段，只有能量过剩时才进行 S 转弯。为了减小制导的复杂性，应尽量避免 S 转弯。S 转弯段用开环的固定滚转角控制模式，改变航向，增加飞行距离，即

$$\gamma_c = \mathrm{const} \tag{4-117}$$

②捕获段

若初始能量小于 E_S 时，直接进入捕获段；若初始能量大于 E_S，在经过 S 转弯后，能量小于 E_{ST} 时，进入捕获段。捕获段的目的是使飞行器向着预先设置的 HAC 飞行，

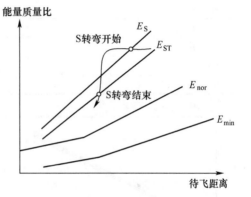

图 4 - 45　S 转弯判断的能量剖面示意图

使地轨迹的方向和航向校准圆相切，捕获 HAC。捕获段采用航向跟踪模式，使飞行器瞄准 HAC 的切线方向飞行。根据偏航角的偏差信号形成滚转角指令信号，即

$$\gamma_c = K_\Psi (\chi - \Psi_c) \tag{4-118}$$

式中，Ψ_c 为期望航向；χ 为飞行器的实际飞行航向；K_Ψ 为增益参数。

③航向校准段

当飞行器距 HAC 的距离小于 HAC 半径的 1% 时，进入航向校准段。航向校准段的目的是使飞行器沿着预先设置的 HAC 飞行，经过适当的航向校准后，能够对准跑道的中心线。航向校准段的横侧向制导采用圆弧航迹控制模式，跟踪 HAC 地轨迹。其控制策略采用比例微分形式，根据侧偏距和侧偏速率信号形成滚转角指令信号，即

$$\gamma_c = \gamma_0 + K_1 \Delta z + K_2 \Delta \dot{z} \tag{4-119}$$

式中，γ_0 为飞行器实现圆弧飞行所需要的滚转角度，$\gamma_0 = \arctan\left(\dfrac{v^2 \cos\gamma}{g R_{HAC}}\right)$ v 为地速，γ 为航迹角，R_{HAC} 为航向校准圆柱半径；Δz 为飞行器相对于期望航线的航迹偏差（侧偏距）；$\Delta \dot{z}$ 为飞行器相对于期望航线的侧偏速率。

④进场前飞行段

飞行器当前航向与跑道的夹角绝对值小于 5° 时，进入进场前飞行段。进场前飞行段的目的是使飞行器进一步校准航向，以对准跑道的中心线，使飞行器的飞行状态（高度、速度、位置等条件）满足无动力进场着陆的要求。进场前飞行段采用直线段航迹控制模

式，跟踪跑道中心线，即

$$\gamma_c = K_1 \Delta z + K_2 \Delta \dot{z} \qquad (4-120)$$

3. 算例

为了对飞行器能量管理段的制导鲁棒性进行评估，综合考虑各种偏差不确定性，从飞行任务出发，验证制导策略的合理性和完备性。表 4-11 给出了不确定性参数及范围。气动参数不确定性包括力和力矩系数偏差，力系数包括升力、阻力、侧力系数；力矩系数包括俯仰、滚转、偏航力矩系数，初始状态不确定性主要考虑质心位置、高度散布以及侧向偏差。基于能量管理段制导方法，完成 100 次蒙特卡洛打靶仿真分析，其仿真结果如图 4-46 所示。

表 4-11 不确定性参数及范围

参数项	不确定范围	参数项	不确定范围
轴向力系数	±10%	滚转力矩系数	±10%
法向力系数	±10%	质心位置	±5%
侧向力系数	±10%	初始纵向位置	±1000m
俯仰力矩系数	±10%	初始侧向位置	±1000m
偏航力矩系数	±10%	初始高度	±500m

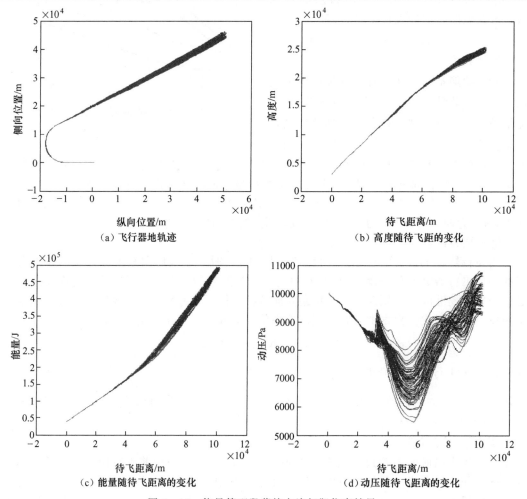

（a）飞行器地轨迹

（b）高度随待飞距的变化

（c）能量随待飞距离的变化

（d）动压随待飞距离的变化

图 4-46 能量管理段蒙特卡洛打靶仿真结果

仿真结果表明，在各种不确定条件下，飞行器都能够按照预期的能量状态抵达进场着陆窗口，表明在各种偏差和不确定性的作用下，能量管理段制导系统仍有很好的鲁棒性。

4.3　进场着陆段轨迹优化与制导技术

进场着陆段是飞行器返回的最后阶段，自主性、安全性、可靠性与精确性是这一阶段追求的目标，进场着陆段轨迹设计是飞行器实现该目标的关键环节，也是进场着陆段制导控制系统设计的基本前提。

4.3.1　进场着陆段轨迹设计技术

进场着陆段轨迹可以采用与能量管理段相似的设计方法。根据常规无人机和航天飞机的经验，进场着陆段轨迹也可以采用基于动压剖面和高度剖面的轨迹设计。无论是基于动压剖面的设计方法，还是基于高度剖面的设计方法，两者都依赖于基于高度剖面的质点动力学方程，两者的不同在于已知变量和待求变量的不同，前者是已知动压剖面求解高度剖面，而后者是已知高度剖面求解动压剖面。已知动压剖面可以事先确定轨迹剖面上随高度变化的动压变化，根据动压变化，确定高度剖面和速度剖面，这种轨迹设计的高度剖面数学描述相对复杂。已知高度剖面可以事先确定高度剖面形状，并据此确定动压和速度变化，调整高度剖面的特征参数，可以得到不同的动压剖面。这种方法高度剖面的数学描述相对简单，但速度剖面的数学描述相对复杂。

与能量管理段轨迹设计的不同在于，能量管理段轨迹设计是预先给出动压 q 及其变化率 dq/dh，求出每个高度攻角、下滑航迹角、飞行距离和能量等参数；而进场着陆段轨迹设计则是已知每个高度下滑航迹角 θ 及其变化率 $d\theta/dh$，求飞行器触地点动压参数，从而确定轨迹形状的数学描述。一旦确定轨迹形状，制导控制回路就可以按照高度剖面和速度剖面进行高度跟踪与速度控制，只要可以精确跟踪到高度剖面和速度剖面，就可以保证飞行器进场着陆的安全性以及进场着陆触地时的指标要求。

1. 进场着陆段轨迹剖面

进场着陆段的飞行轨迹分为陡下滑段、圆弧拉起段、指数过渡段和浅下滑段。陡下滑段的主要作用是消除进入陡下滑段时的能量和位置偏差。圆弧拉起段是将航迹角逐渐变小。指数过渡段使轨迹平滑地过渡到浅下滑段，避免圆弧拉起段与浅下滑段之间直接衔接造成的过载不连续的问题。浅下滑的目的是拉平轨迹，从而控制飞行器触地时的下沉率，减小地面对起落架的瞬时冲击。

表 4-12 和图 4-47 分别给出了进场着陆段下滑轨迹的设计参数和下滑轨迹高度剖面。

表 4-12　进场着陆段下滑轨迹线的设计参数

序号	符号	物 理 意 义
1	θ_1	陡下滑段的航迹角
2	θ_2	浅下滑段的航迹角
3	X_{AIM}	着陆目标点

（续）

序号	符号	物 理 意 义
4	X_{ZERO}	陡下滑线与地面的交点
5	R	圆弧半径
6	X_K，H_K	圆心坐标
7	X_{EXP}	指数过渡段的起始坐标
8	H_{DECAY}	指数函数的比例系数
9	X_{TER}	末段的起始坐标
10	H_{CLOOP}	圆弧段的起始高度
11	σ	指数函数的衰减率

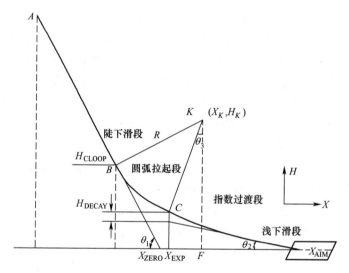

图 4 - 47　进场着陆段下滑轨迹高度剖面

在图 4 - 47 中，θ_1，$\theta_2 < 0$。根据几何关系可得进场着陆段的下滑轨迹的数学描述

$$H_{STEEP} = \tan\theta_1(X - X_{ZERO})　　H > H_{CLOOP}$$

$$H_{CIRC} = H_K - \sqrt{R^2 - (X - X_K)^2}　　X > X_{EXP}$$

$$H_{SHA} = \tan\theta_3(X - X_{AIM}) \tag{4-121}$$

式中，H_{STEEP} 为陡下滑段高度；H_{CIRC} 为圆弧过渡段高度；H_{SHA} 为浅下滑段高度。

在图 4 - 47 中，A 点 (X_A, H_A) 为进场着陆的起点，B 点 (X_B, H_B) 为陡下滑线与圆弧的相切点，C 点 (X_C, H_C) 为指数下滑线与圆弧的相切点，K 点为圆心坐标。直线 KF 垂直于地面。

2. 轨迹参数的计算

轨迹设计的问题就是求解表 4 - 12 中的轨迹参数，保证飞行器着陆时的动压要求。θ_1、θ_2、θ_3、R、X_{SHA}、X_{AIM}、H_{DECAY} 这些变量选择时不需要迭代计算，一旦确定就不会改变，它们并不和最后的动压约束直接相关，不需要进行优化。X_{ZERO} 用来限制着陆时的动压，X_{ZERO} 不用迭代计算，它的值是一个估计值，且是轨迹设计中的一个主要控制变量。X_K、H_K、X_{EXP}、X_{TER}、H_{CLOOP}、σ 是根据轨迹几何形状确定的，它们依赖于

X_{ZERO} 的变化，都需要重新计算。

轨迹设计时，各个阶段的连接必须连续，并根据下滑轨迹剖面和各阶段之间的约束条件推导轨迹设计参数。

（1）圆心坐标计算

由几何关系可知，$\angle BKF = |\theta_1|$，陡下滑线与圆弧段的交点 B 和圆心 K 的位置关系为

$$X_B = X_K - R\sin|\theta_1| = X_K + R\sin\theta_1$$
$$H_B = H_K - R\cos|\theta_1| = H_K - R\cos\theta_1 \tag{4-122}$$

由于 B 点的位置也在陡下滑线上，故

$$H_B = \tan\theta_1(X_B - X_{\text{ZERO}}) \tag{4-123}$$

把式（4-122）代入式（4-123），得

$$H_K = \tan\theta_1\left(X_K - X_{\text{ZERO}} + \frac{R}{\sin\theta_1}\right) \tag{4-124}$$

令 $\angle CKF = |\theta_3|$，$\theta_3 < 0$。因为 C 点为圆弧拉起段和指数过渡段的交点，所以 C 点处的高度变化率在两段上是相等的。圆弧拉起段上高度的变化率为 $\dot{H}_{CC}$，指数过渡段上高度的变化率为 $\dot{H}_{CE}$，满足 $\dot{H}_{CC} = \dot{H}_{CE}$。下面计算高度变化率。

圆弧拉起段的数学描述如式（4-125）所示，圆弧拉起段上高度变化率 $\dot{H}_{CC}$ 和指数过渡段上高度变化率 $\dot{H}_{CE}$ 分别如式（4-126）和式（4-127）所示。

$$H_{\text{CIRC}} = H_K - \sqrt{R^2 - (X - X_K)^2} \tag{4-125}$$

$$\dot{H}_{CC} = \dot{H}_{\text{CIRC}}\big|_{X=X_C} = \frac{X - X_K}{\sqrt{R^2 - (X - X_K)^2}}\bigg|_{X=X_C} = -\frac{X_C - X_K}{H_C - H_K} \triangleq \tan\theta_4 \tag{4-126}$$

$$\dot{H}_{CE} = \dot{H}_{\text{EXP}}\big|_{X=X_C} = \tan\theta_2 - \frac{H_{\text{DECAY}}}{\sigma}\exp\left(-\frac{X - X_C}{\sigma}\right)\bigg|_{X=X_C} = \tan\theta_2 - \frac{H_{\text{DECAY}}}{\sigma} \tag{4-127}$$

其中，$X_C = X_{\text{EXP}}$。

结合式（4-126）和式（4-127），得

$$\tan\theta_4 = \tan\theta_2 - \frac{H_{\text{DECAY}}}{\sigma} \tag{4-128}$$

即

$$\theta_3 = \arctan\left(\tan\theta_2 - \frac{H_{\text{DECAY}}}{\sigma}\right) \tag{4-129}$$

由 C 和 K 的位置关系得

$$X_C = X_K - R\sin|\theta_3|$$
$$H_C = H_K - R\cos|\theta_3| \tag{4-130}$$

因为 C 点为圆弧拉起段和指数过渡段的交点，C 点满足指数过渡段的方程

$$H_C = \tan\theta_2(X_C - X_{\text{AIM}}) + H_{\text{DECAY}} \cdot \exp\left(-\frac{X_C - X_{\text{EXP}}}{\sigma}\right) \tag{4-131}$$

把式（4-130）代入式（4-131），得

$$H_K - R\cos\theta_3 = \tan\theta_2(X_K + R\sin\theta_3 - X_{\text{AIM}}) + H_{\text{DECAY}} \tag{4-132}$$

把式（4-124）代入式（4-132），得

$$\tan\theta_1\left(X_K - X_{\text{ZERO}} + \frac{R}{\sin\theta_1}\right) - R\cos\theta_3 = \tan\theta_2(X_K + R\sin\theta_3 - X_{\text{AIM}}) + H_{\text{DECAY}}$$

$$\tag{4-133}$$

式（4-133）等价于

$$-(\tan\theta_1 - \tan\theta_2)X_K = \tan\theta_1\left(-X_{\text{ZERO}} + \frac{R}{\sin\theta_1}\right) - \tan\theta_2(R\sin\theta_3 - X_{\text{AIM}}) - R\cos\theta_3 - H_{\text{DECAY}}$$

$$\tag{4-134}$$

即

$$X_K = \frac{\tan\theta_1\left(-X_{\text{ZERO}} + \dfrac{R}{\sin\theta_1}\right) - \tan\theta_2(R\sin\theta_3 - X_{\text{AIM}}) - R\cos\theta_3 - H_{\text{DECAY}}}{\tan\theta_2 - \tan\theta_1}$$

$$\tag{4-135}$$

根据式（4-124）得

$$H_K = \tan\theta_1\left(X_K - X_{\text{ZERO}} + \frac{R}{\sin\theta_1}\right) \tag{4-136}$$

（2）B 点和 C 点坐标的计算

根据圆心坐标可以计算出陡下滑线与圆弧拉起段的交点 B 的坐标以及指数过渡段与圆弧拉起段的交点 C 的坐标，即

$$X_B = X_K + R\sin\theta_1$$
$$H_B = H_K - R\cos\theta_1 \tag{4-137}$$

$$X_C = X_K + R\sin\theta_3$$
$$H_C = H_K - R\cos\theta_3 \tag{4-138}$$

（3）指数函数的衰减率 σ 的计算

指数过渡段的作用就是减小圆弧拉起段与浅下滑段之间的加速度不连续性。即使高度和高度变化率是连续的，但不连续的加速度对控制系统来说也是不期望的。因此，圆弧拉起段在 C 点的曲率半径 ρ_{CC} 应该等于指数过渡段的曲率半径 ρ_{CE}。

$$\rho_{CC} = R \tag{4-139}$$

$$\frac{1}{\rho_{CE}} = \frac{|H''_{\text{EXP}}|}{[1 + (H')^2]^{\frac{3}{2}}} \tag{4-140}$$

$$\dot{H} = \tan\theta_2 - \frac{H_{\text{DECAY}}}{\sigma} \tag{4-141}$$

$$\ddot{H} = \frac{H_{\text{DECAY}}}{\sigma^2} \tag{4-142}$$

由式（4-139）～式（4-142）得

$$R = \frac{\left[1 + \left(\tan\theta_2 - \dfrac{H_{\text{DECAY}}}{\sigma}\right)^2\right]^{\frac{3}{2}}\sigma^2}{H_{\text{DECAY}}} \tag{4-143}$$

即

$$\sigma^2 = \frac{R \cdot H_{\text{DECAY}}}{\left[1 + \left(\tan\theta_2 - \dfrac{H_{\text{DECAY}}}{\sigma}\right)^2\right]^{\frac{3}{2}}}$$

(4 - 144)

3. 算例

采用航天飞机参数开展进场着陆段轨迹设计，航天飞机质量为 68040kg，参考面积为 249.9m²。为确保航天飞机接地过程中尾部不触地并减小接地瞬间冲击过载，需要对航天飞机触地攻角和接地下沉率进行控制。本算例中要求航天飞机接地攻角小于 13°、末端下沉率小于 3m/s。轨迹设计的初始高度为 3000m，初始速度为 170m/s，基于进场着陆段轨迹优化方法，获得轨迹参数及末端条件见表 4 - 13，轨迹设计结果如图 4 - 48 所示。

表 4 - 13　轨迹参数及末端条件

轨迹参数	θ_1	θ_2	X_{ZERO}	R	H_{DECAY}
	$-17.42°$	$-1.28°$	-1200m	8000m	400m
末端条件	攻角	俯仰角	动压	空速	下沉率
	$7.515°$	$6.235°$	5042Pa	90.73m/s	-2.026m/s

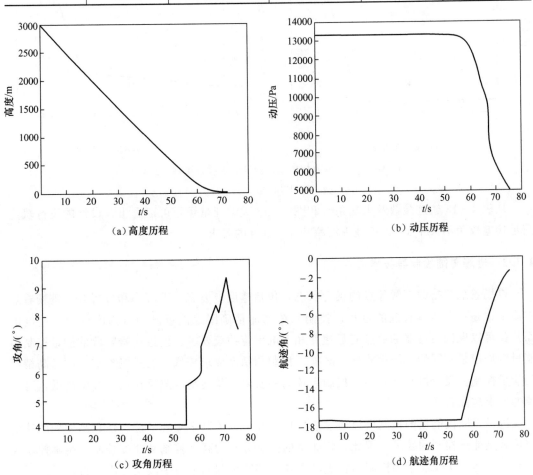

（a）高度历程　　　（b）动压历程

（c）攻角历程　　　（d）航迹角历程

图 4 - 48　进场着陆段轨迹设计关键变量历程

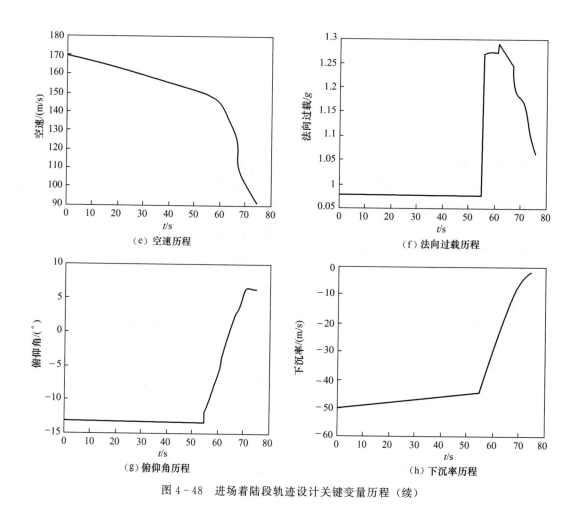

图 4-48　进场着陆段轨迹设计关键变量历程（续）

从表 4-13 轨迹参数及末端条件和图 4-48 关键变量历程可以看出，设计的飞行轨迹满足接地攻角不大于 13°，接地下沉率小于 3m/s 的要求。

4.3.2　进场着陆段制导技术

进场着陆严格约束触地点的飞行状态，包括速度、姿态、下沉率和位置等。进场着陆本质上也是一个能量管理的过程，控制系统若能精确跟踪能量剖面（高度剖面和速度剖面）就可以保证飞行器触地点满足速度和下沉率等约束要求。但进场着陆段的能量控制与能量管理段是不同的，能量管理段对能量控制的精度要求较低，而进场着陆段则是高精度的能量控制。飞行器对于制导与控制系统的品质要求是与高度成反比的，高度越低，对系统的要求越高。

进场着陆段能量的控制可以通过高度控制和速度控制来实现，控制任意高度处的速度即可满足能量控制的要求。因此，将能量的控制分解为高度控制和速度控制，精确控制高度和速度即可实现能量的控制。在进场着陆段速度控制的唯一手段就是阻力板，通过阻力板的偏转实现速度控制，高度控制则通过升降舵实现。而各种不确定性的存在会影响能量控制的精度，能量控制必须解决存在各种不确定性情况下的控制精度问题。

（1）影响高度控制精度的因素

对于飞行器，影响轨迹控制精度的因素主要包括气动数据的偏差、初始状态的不确定性和环境因素的干扰三类。影响轨迹控制精度的气动数据的偏差主要包括升力系数、阻力系数、俯仰力矩系数、升降舵控制效率和阻力板效率等偏差。初始状态的不确定性主要包括初始速度和初始高度的不确定性。环境干扰因素主要考虑风的影响。高度控制方案必须适应各种不确定性因素对轨迹控制的影响。

（2）影响航迹控制精度的因素

影响飞行器航迹控制精度的因素主要包括结构不对称干扰力矩（滚转不对称力矩和偏航不对称力矩）和侧风的影响。横侧向运动是一个瞬时平衡状态，当存在滚转不对称力矩时，需要副翼偏转一定的角度消除不对称力矩的影响。滚转角控制存在偏差，滚转角的存在使侧向轨迹偏离预定航迹，而侧偏的存在使滚转角向相反方向运动，当横侧向达到平衡时，还存在一定的侧偏，此时反馈控制系统不再进行侧偏控制。当存在偏航通道的不对称力矩时，会产生侧滑角，侧滑角的存在会引起滚转角和航迹的变化，在滚转角和航迹控制的过程中，横侧向会稳定在一个瞬时平衡状态，此时的平衡状态可能会存在侧滑角、滚转角、侧偏和副翼偏转角。着陆过程中若存在侧风，由于航向稳定性的作用，飞行器的头部偏离原来的航向，指向来流的方向，而地速方向保持原来的航向，侧向轨迹偏离原来的轨迹，存在一定的侧向偏差。航迹控制必须解决存在不确定性情况下航迹控制精度问题。

1. 纵向制导技术

根据进场着陆段的飞行剖面（图 4-49），其纵向制导也分为四个阶段。陡下滑段的主要任务是精确跟踪预设高度和速度轨迹，圆弧拉起段的主要任务是快速地拉起姿态角、航迹角，为触地做准备；指数过渡段的主要任务是光滑过渡到浅下滑段，浅下滑段的主要任务是控制好下沉率，保证触地安全。

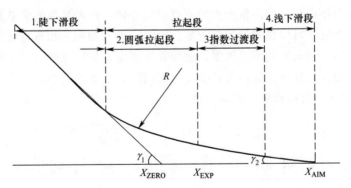

图 4-49　进场着陆段的飞行剖面

（1）陡下滑段

陡下滑段的主要任务是精确跟踪预设高度和速度轨迹，以消除高度与能量误差，在陡下滑段结束之前将高度误差和速度误差控制到期待的范围内。高度控制采用了比例＋积分和高度变化率的比例控制形式，速度控制采用了比例＋积分的控制形式。

$$
\begin{cases}
n_{y_c} = K_{ny}^H (H - H_c) + K_{ny}^{IH} \int (H - H_c) \mathrm{d}t + K_{ny}^{\dot{H}} (\dot{H} - \dot{H}_c) \\
\delta_p = K_p^V (V - V_c) + K_p^{IV} \int (V - V_c) \mathrm{d}t + \delta_p^{trim}
\end{cases}
\tag{4-145}
$$

（2）圆弧拉起段

圆弧拉起段的主要任务是快速地拉起姿态角、航迹角，为触地做准备。由于飞行器在圆弧拉起段攻角急剧变大，速度减小，而阻力板的控制能力有限，速度控制能力弱且影响高度控制精度，因此在这一阶段切断速度控制，将阻力板的舵偏角维持在陡下滑段结束时的状态，保持恒定不变。因此，圆弧拉起采用高度的比例、积分＋高度变化率的比例＋开环法向过载指令控制，也就是反馈＋前馈的方式。

$$
\begin{cases}
n_{y_c} = K_{ny}^H (H - H_c) + K_{ny}^{IH} \int (H - H_c) \mathrm{d}t + K_{ny}^{\dot{H}} (\dot{H} - \dot{H}_c) + n_{y_{\mathrm{open}}} \\
\delta_p = 0
\end{cases}
\tag{4-146}
$$

（3）浅下滑段

浅下滑段的主要任务是控制下沉率，保证触地安全。因此，采用高度控制＋开环法向过载指令的控制形式，不进行速度控制，继续维持阻力板的舵偏角恒定不变。

$$
\begin{cases}
n_{y_c} = K_{ny}^H (H - H_c) + K_{ny}^{IH} \int (H - H_c) \mathrm{d}t + K_{ny}^{\dot{H}} (\dot{H} - \dot{H}_c) + n_{y_{\mathrm{open}}} \\
\delta_p = 0
\end{cases}
\tag{4-147}
$$

2. 横侧向制导

受机场跑道宽度约束，飞行器着陆都必须具有一定精度的航迹控制能力。航迹控制是确保飞行器能够着陆在跑道上的基本前提，因此从控制策略上就要解决航迹控制的高精度问题。在航迹控制结构中，当存在滚转力矩干扰时，克服干扰所需的副翼舵面由滚转角的积分提供，侧偏的稳态值为零，即引入侧偏积分可以较好地抑制滚转干扰力矩（图4-50）。若存在偏航干扰力矩，侧偏的稳态值为零，侧滑产生的侧力由滚转角带来的侧力平衡，滚转静稳定力矩由积分稳态值产生的副翼舵面提供，侧滑导致的偏航静稳定力矩也由副翼来平衡。稳态时，可以将侧偏控制为零。因此，引入侧偏的积分也可以较好地抑制偏航干扰力矩的影响。接入航迹跟踪控制，逐渐修正侧偏，保证在进入浅下滑段之前完成较大侧偏的修正。侧偏积分主要的作用是提高稳态精度，当侧偏较小时才接入侧偏积分。式（4-148）给出了这一阶段横侧向的制导律。

$$
\gamma_c = K_\gamma^z (z - z_c) + K_\gamma^{Iz} \int (z - z_c) \mathrm{d}t + K_\gamma^{\Psi_s} (\Psi_s - \Psi_{sc})
\tag{4-148}
$$

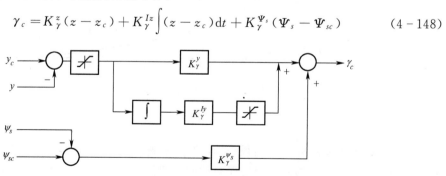

图 4-50 航迹控制结构图

3. 算例

基于表 4 - 14 的初始仿真条件，综合考虑表 4 - 15 中飞行器质量、气动参数和大气密度等初始条件偏差及不确定性，完成 1000 次蒙特卡洛打靶仿真，仿真结果如图 4 - 51 所示。

表 4 - 14　仿真初始条件

序号	变　　量	数　　值
1	高度/m	3000
2	速度/(m/s)	160
3	航迹角/(°)	-12.85
4	攻角/(°)	7.8

表 4 - 15　各偏差参数的最大值与最小值

序号	参数名	偏差最大值与最小值
1	速度偏差	±5m/s
2	航迹角偏差	±0.1°
3	法向力系数偏差	±12%
4	轴向力系数偏差	±12%
5	大气参数偏差	±10%
6	质量偏差	±5%

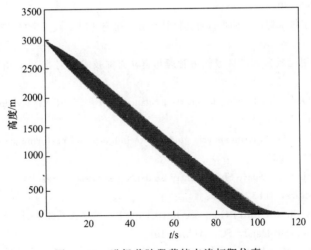

图 4 - 51　进场着陆段蒙特卡洛打靶仿真

仿真结果表明，在各种偏差条件的影响下，飞行器均能够以要求的能量状态抵达机场跑道，实现在跑道上的精确着陆。从图 4 - 51 可以看出，飞行器进场着陆段飞行时间约在 98~113s 范围内。

参 考 文 献

[1] JON C HARPOLD，CLAUDE A GRAVES Jr. Shuttle Entry Guidance. 1979.

[2] YOUSSEF HUSSEIN，CHOWDHRY RAJIY，LEE HOWARD，et al. Predictor－Corrector Entry Guidance for Reusable Launch Vehicles [J]. AIAA，2001.

[3] JOOSTEN B K. Descent Guidance and Mission Planning for Space Shuttle [C]. Space Shuttle Technology Conference，Part 1，1985.

[4] PING LU. Entry Guidance and Trajectory Control for Reusable Launch Vehicle [J]. Journal of Guidance，Control，and Dynamics，1997，20（1）：143－149.

[5] WANG TAO，ZHANG HONGBO，ZENG LIANG，et al. A robust Predictor－corrector Entry Guidance [J]. Aerospace Science and Technology，2017（66）：103－111.

[6] Guidance and Navigation for Entry Vehicles. NASA－SP－8015. 69N19518. 1969.

[7] WING L D，EILERTSON W H. Research Studies and Analysis to Define Manned Lifting Entry Flight Environment. NASA CR－639，1966.

[8] ZUOJUN SHEN，PING LU. Onboard Generation of Three－Dimensional Constrained Entry Trajectories [J]. Journal of Guidance，Control，and Dynamics，2003，26（1）：111－121.

[9] BRYSON A E，MIKAMI K，BATTLE T. Optimum Lateral Turns for a Reentry Glider [J]. Aerospace Eng.，1962，21（3）.

[10] 解永锋，唐硕. 亚轨道飞行器再入可达域快速计算方法 [J]. 飞行力学，2011，29（4）：72－76.

[11] 蔺君，何英姿，黄盘兴. 基于差分进化算法的再入可达域快速计算 [J]. 中国空间科学技术，2020，40（4）：54－60.

[12] 王涛，张洪波，李永远，等. Gauss 伪谱法的再入可达域计算方法 [J]. 国防科技大学学报，2016，38（3）：75－80.

[13] 曾夕娟，钟范俊，丁学良，等. 一种可重复使用再入飞行器的覆盖区求解方法 [J]. 载人航天，2017，23（1）：14－20.

[14] 赵江，周锐. 基于粒子群优化的再入可达区计算方法研究 [J]. 兵工学报，2015，36（9）：1680－1687.

[15] 孙春贞. 重复使用运载器末端区域能量管理与自动着陆技术研究 [D]. 南京：南京航空航天大学，2008.

[16] JON C HARPOLD，CAG. Shuttle entry guidance [M]. NASA；Lyndon，B. Johnson Space Center，Houston，Texas. 1979.

[17] JON C HARPOLD，DEG. Atmospheric guidance techniques and performance [J]. AIAA，9－11，August，1982：531－537.

[18] JON C HARPOLD DEG. Space Shuttle entry guidance performance results [J]. Journal of Guidance Control and Dynamics，1983，6（6）：442－447.

[19] K D MEASE JPK. Shuttle Entry Guidance Revisited [J]. AIAA Guidance，Navigation and Control Conference. Hilton head Island，SC：AIAA，1992.

[20] K D MEASE JPK. Shuttle Entry Guidance Revisited Using Nonlinear Geometric Methods [J]. Journal of Guidance，Control and Dynamics，1994（17）：1350.

[21] SANJAY BHARADWAJ AVR，KENNETH D，MEASE. Entry Trajectory Tracking Law via Feedback Linearization [J]. Journal of Guidance，Control，and Dynamics，1998（21）：726.

[22] LU P. Entry Guidance and Trajectory Control for Reusable Launch Vehicles [J]. AIAA Guidance Navigation and Control Conference. San Diego，CA：AIAA，29－31，July，1996：1－10.

［23］PING LU JMH，SWATI BHARGAVA. An Alternative Entry Guidance Scheme for the X – 33. 1998 ［J］. AIAA，10 – 12，August，1998：189 – 199.

［24］JOEL BENITO，KENNETH D，MEASE. Nonlinear Predictive Controller for Drag Tracking in Entry Guidance ［J］. AIAA，18 – 21，August，2008：1 – 14.

［25］J A LEAVITT AS，D T CHEN，K D MEASE. Performance of Evolved Acceleration Guidance Logic for Entry ［J］. AIAA Guidance，Navigation，and Control Conference and Exhibit. Monterey，California：AIAA，5 – 8，August，2002：1 – 8.

［26］MARWAN BIKDASH，ABDOLLAH HOMAIFAR，KEN SARTOR. Shuttle Reentry Guidance Using Sugeno approximation ［J］. IEEE，1997 (2)：1011 – 1016.

［27］SHINJI ISHIMOTO. Nonlinear Trajectory Control Using Drag – to – altitude Transformation for Entry Guidance ［J］. AIAA，9 – 11，August，1999：444 – 452.

［28］TIGGES M，LING L. A Predictive Guidance Algorithm for Mars Entry ［J］. AIAA，9 – 12，Jan. 1989：1 – 11.

［29］BRYANT L E，TIGGES M A，IVES D G. Analytic Drag Control for Precision Landing and Aerocapture ［C］. AIAA Atmospheric Flight Mechanics Conference，1998.

［30］MASCIARELLI J P，ROUSSEAU S，FRAYSSE H，et al. An Analytic Aerocapture Guidance Algorithm for the Mars Sample Return Orbiter ［J］. AIAA，2000，4116：525 – 532.

［31］CHAD HANAK，TIM CRAIN，JIM MASCIARELLI. Revised Algorithm for Analytic Predictor – corrector Aerocapture Guidance – exit Phase ［C］. AIAA Guidance，Navigation，and Control Conference and Exhibit Austin，TX，11 – 14 August，2003.

［32］JEAN – FRANCOIS HAMEL，JEAN DE LAFONTAINE. Improvement to the Analytical Predictor – Corrector Guidance Algorithm Applied to Mars Aerocapture ［J］. Journal of Guidance，Control and Dynamics，2006，29 (4)：1019 – 1022.

［33］JEAN DE LAFONTAINE，JEAN – FRANCOIS LÉVESQUE，AYMERIC KRON. Robust Guidance and Control Algorithms Using Constant Flight Path Angle for Precision Landing on Mars ［C］. AIAA Guidance，Navigation，and Control Conference and Exhibit. Keystone，Colorado，21 – 24 August，2006.

［34］JEAN – FRANCOIS LEVESQUE，JEAN DE LAFONTAINE. Optimal Guidance Using Density – Proportional Flight path Angle Profile for Precision Landing on Mars ［C］. AIAA Guidance，Navigation，and Control Conference and Exhibit. Keystone，Colorado，21 – 24 August，2006.

［35］POWELL R W. Six – Degree – of – Freedom Guidance and Control Entry Analysis of the HL – 20 ［J］. Journal of Spacecraft and Rockets，1993，30 (5)：537 – 542.

［36］POWELL R W. Numerical Roll Reversal Predictor – Corrector Aerocapture and Precision Landing Guidance Algorithm for the Mars Surveyor Program 2001 Missions ［J］. AIAA，10 – 12，Aug. 1998：1 – 9.

［37］FUHRY D P. Adaptive Atmospheric Reentry Guidance for the Kistler K – 1 Orbital Vehicle ［J］. AIAA，9 – 11，Aug. 1999：1275 – 1288.

［38］PING LU. Predictor – Corrector Entry Guidance for Low Lifting Vehicles ［J］. AIAA，20 – 23，Aug. 2107：1 – 2.

［39］YOUSSEF H，CHOWDHRY R S，LEE H，et al. Predictor – corrector Entry Guidance for Reusable launch vehicles ［J］. AIAA，6 – 9，Aug. 2001：1 – 17.

［40］HANSON J M，JONES R E. Test Results for Entry Guidance Methods for Reusable Launch Vehicles ［R］. AIAA，5 – 8，Jan. 2004：1 – 10.

[41] CURTIS ZIMMERMAN, GREG DUKEMAN, JOHN HANSON. Automated Method to Compute Orbital Reentry Trajectories with Heating Constraints [J] . Journal of Guidance, Control, and Dynamics, 2003, 26 (4): 523 - 529.

[42] JOSHI A, SIVAN K. Reentry Guidance for Generic RLV Using Optimal Perturbations and Error Weights [J] . AIAA, 15 - 18, Aug. 2005: 1 - 14.

[43] JOSHI A, SIVAN K, AMMA S S. Predictor - Corrector Reentry Guidance Algorithm with Path Constraints for Atmospheric Entry Vehicles [J] . Journal of Guidance, Control and Dynamics, 2007, 30 (5): 1307 - 1318.

[44] SHEN Z J, LU P. Onboard Generation of Three - dimensional Constrained Entry Trajectories [J] . Journal of Guidance, Control and Dynamics, 2003, 26 (1): 111 - 121.

[45] XUE S B, LU P. Constrained Predictor - Corrector Entry Guidance [J] . Journal of Guidance, Coutrol and Dynamics, 2010, 33 (4): 1273 - 1281.

[46] 赵汉元. 飞行器再入动力学与制导 [M] . 长沙: 国防科技大学出版社, 1997.

[47] HANSON J M, JONES R E. Test Results for Entry Guidance Methods for Reusable Launch Vehicles [J] . AIAA, 5 - 8, Jan. 2004: 1 - 10.

[48] PING LU. Entry Guidance: A Unified Method [J] . Journal of Guidance, Control, and Dynamics, 2014, 37 (3): 713 - 728.

[49] AMITABH SARAF, JAMES A LEAVITT, KENNETH D MEASE, Landing Footprint Computation for Entry Vehicles [J] . AIAA Guidance, Navigation, and Control Conference and Exhibit 16 - 19 August 2004, Providence, Rhode Island. AIAA, 2004, 4774: 1 - 14.

[50] R R DA COSTA. Studies for Terminal Area GNC of Reusable Launch Vehicles [J] . AIAA Guidance, Navigation, and Control Conference and Exhibit 11 - 14 August 2003, Austin, Texas. AIAA 2003 -5438.

第 5 章　水平起飞水平着陆的跨大气层
飞行器轨迹优化与制导技术

水平起飞水平着陆的跨大气层飞行器（以下简称水平起降飞行器）与垂直起飞水平着陆的跨大气层飞行器相比，充分利用了其先进动力大推重比、高比冲的综合性能优势以及飞行器高升阻比的特性，进一步提高飞行器的加速性能和飞行效率。目前，各种先进组合动力技术快速发展，并逐渐向工程应用转化。

根据第 1 章的介绍，水平起降飞行器的飞行剖面一般包含水平起飞上升、在轨运行、离轨过渡、初期再入、能量管理和进场着陆六个飞行段。由于这类飞行器在轨运行和离轨过渡与常规在轨运行航天器类似，初期再入、能量管理和进场着陆又与基于火箭动力的跨大气层飞行器类似。因此，本章重点关注这类飞行器从水平起飞到入轨这一飞行阶段的轨迹优化与制导方法。

本章首先介绍水平起降飞行器水平起飞轨迹优化技术，主要结合水平起降飞行器水平起飞时需考虑的飞行约束和剖面，分别阐述基于等动压法和 Gauss 伪谱法的飞行轨迹优化技术，以获得满足各种约束条件的飞行轨迹。然后结合水平起飞段跟踪制导需求，运用反馈线性化与线性自抗扰控制（LADRC）方法对水平起飞段的轨迹进行跟踪设计，完成制导仿真评估。

5.1　水平起飞轨迹优化技术

相比于无动力或常规火箭动力飞行器，水平起降飞行器飞行空域广，速度域跨度大，面临的飞行环境变化剧烈，约束条件众多，发动机各模态性能差异显著，且与飞行状态相互耦合，这些特点使水平起降飞行器轨迹优化设计极具挑战性。

国外开展 RBCC 飞行器的轨迹优化设计工作较早。Olds J. R. 等人[1]基于等动压方法，运用轨迹优化软件 POST 对 RBCC 运载器爬升段轨迹进行设计，Young D. A. 等人[2]运用等动压方法对水平起降单级入轨 RBCC 运载器 Lazarus 的飞行剖面进行分析，并通过迭代获得了满足任务要求的飞行轨迹。Kodera M 等人[3]将 RBCC 用于两级入轨运载器的第一级，以最省推进剂、最大分离速度为优化目标，基于伪谱法优化完成爬升段轨迹设计。Ogawa H. 等人[4]在文献 [3] 的基础上，综合考虑运载器的 RBCC 一子级和火箭动力二子级，完成了气动外形、质量分配、模态转换点等参数对飞行轨迹的灵敏度分析。

国内关于 RBCC 飞行器轨迹优化的研究始于 2006 年，王厚庆等人[5]建立了 RBCC 飞行器运动学模型，并对给定参数下飞行轨迹进行了仿真，詹浩等人[6,7]计算并比较了 RBCC 动力水平起飞、垂直起飞及纯火箭动力垂直起飞的运载器飞行轨迹，结果表明，相较于纯火箭动力，RBCC 能有效减少运载器的推进剂消耗。吕翔等人[8]考虑了 RBCC 发动机性能与飞行状态之间的耦合，提出了基于马赫数–动压参考曲线的轨迹设计方法。薛瑞等人[9]以两级入轨运载器的 RBCC 一子级为研究对象，将其爬升轨迹分为非等动压段和等动压段，分别采用遗传算法和基于高度步长的解析法进行轨迹设计。李响等人[10]利用非均匀有理 B 样条对设计变量进行参数化描述，采用遗传算法对 RBCC 高超声速导弹的爬升和巡航段航程进行优化设计。阮建刚等人[11]针对 RBCC＋火箭动力水平起飞两级入轨飞行器提出了基于增广拉格朗日遗传算法优化飞行轨迹的方法。龚春林等人[12-15]以 RBCC 亚轨道可重复使用运载器为研究对象，针对工作模态多、约束条件复杂等问题，以推进剂最省为目标，采用伪谱法进行爬升段轨迹的优化设计。

　　综上所述，在 RBCC 飞行器轨迹设计方面，等动压爬升方法可以为吸气式发动机提供稳定的动压，保证进气需求，而伪谱法可以较好地处理多模态、多约束问题，本章将采用这两种方法对典型 RBCC 飞行器进行轨迹设计。

5.1.1　飞行约束与飞行剖面

　　飞行约束是指 RBCC 飞行器在水平起飞过程中各种直接变量、间接变量和控制变量不能超出的门限值。直接变量包括高度、经度、纬度、速度、航迹角、速度方位角等六个变量，间接变量包括由以上变量进行转换后计算获得的变量，如热流密度、动压、过载等。控制变量主要是指控制飞行轨迹的变量，对于 RBCC 飞行器来说，一般有攻角、倾侧角和发动机节流阀开度等。

　　1. 飞行约束

　　与第 4 章中再入过程约束一样，RBCC 飞行器在水平起飞过程中，除了需要考虑第 4.1.1 节所述的热流密度、动压和法向过载约束外，为保证各个模态发动机正常工作，还要求其飞行参数处于一定范围内；同时，其控制变量约束除了攻角和倾侧角外，还有发动机的节流阀开度；RBCC 飞行器结束工作时还需满足高度、速度和航迹角等约束。

　　（1）过程约束

　　由于 RBCC 飞行器的发动机各模态都有一定的工作范围，为保证飞行全程 RBCC 发动机正常工作，需对飞行的马赫数–高度包络进行约束，具体约束形式为

$$H(Ma) \in [H_{\min}(Ma), H_{\max}(Ma)] \tag{5-1}$$

　　（2）控制量约束

　　与无动力再入飞行器不同，RBCC 飞行器的控制变量有三个，即攻角 α、倾侧角 σ 和发动机节流阀开度 τ，控制约束不仅约束三个控制变量的范围，还要对控制变量的变化率进行约束，即攻角角速度 $\dot{\alpha}$、倾侧角角速度 $\dot{\sigma}$ 和发动机节流阀开度变化率 $\dot{\tau}$，具体约束形式为

$$\begin{cases} \alpha \in [\alpha_{\min}, \alpha_{\max}], \ |\dot{\alpha}| \leqslant \dot{\alpha}_{\max} \\ \sigma \in [\sigma_{\min}, \sigma_{\max}], \ |\dot{\sigma}| \leqslant \dot{\sigma}_{\max} \\ \tau \in [\tau_{\min}, \tau_{\max}], \ |\dot{\tau}| \leqslant \dot{\tau}_{\max} \end{cases} \tag{5-2}$$

（3）边界约束

边界约束包括初始边界约束和终端边界约束。初始边界约束即 RBCC 飞行器发射时刻状态变量的初值，是完全给定的；终端边界约束是指飞行器在轨迹终点需满足的条件，包括高度、速度和航迹倾角等。综上，边界约束表示为

$$\begin{cases} \boldsymbol{x}(t_0) = \boldsymbol{x}_0 \\ \boldsymbol{x}(t_f) = \boldsymbol{x}_f \end{cases} \tag{5-3}$$

式中，$\boldsymbol{x}$ 为飞行器状态参数；t 为时间；下标 0、f 分别为开始和结束。

2. 飞行剖面

进行 RBCC 飞行器轨迹设计时，需提前设计好飞行剖面，然后对飞行剖面进行跟踪，便可获得满足所有过程约束、控制约束和终端约束的飞行轨迹。目前，广泛研究的飞行剖面有基于阻力加速度的 D-V 剖面和基于高度的 H-V 剖面。

基于阻力加速度的 D-V 剖面在第 4 章有详细介绍，在此不再赘述。其最大特点是巧妙地将飞行器质量、气动特性、大气密度和风等各种偏差和不确定性统一考虑，而阻力加速度 D 则可由加速度计直接测量获得，因此该方法具有很好的工程适用性，率先在航天飞机的再入制导[16]中得到了广泛的应用。随后，Roenneke[17]、Mease[18]、Leavitt[19] 等人先后对基于阻力加速度的各种算法进行改进，进一步拓展了其应用范围和提高了轨迹优化的效率。虽然基于阻力加速度剖面在工程上得到了广泛的应用，但也存在一些问题，其中最突出的一点就是表现形式不直观，难以从阻力加速度中获得更多信息。如根据飞行剖面上阻力加速度和速度，无法直接获取其对应的飞行高度。

随着卫星导航系统的快速发展，通过卫星导航系统可以精确获得飞行器高度信息，使基于高度剖面的轨迹设计方法具有一定的工程应用潜力。Shen[20]、闫晓东[21] 和 Li 等人[22] 分别基于 H-V 剖面开展了再入轨迹的优化，并取得了较好效果。H-V 剖面与 D-V 剖面相比，其特点是形式直观，但该剖面容易受到各种偏差和不确定性的影响。

总体说来，D-V 剖面和 H-V 剖面均能较好地描述飞行轨迹对动压、过载、热流约束的满足情况，考虑到 RBCC 发动机工作窗口约束一般用高度-马赫数包络表示，而在高度一定的情况下，马赫数和速度一一对应，因此在研究 RBCC 飞行器轨迹优化问题时，为评估全部约束的满足情况，选择采用基于 H-V 剖面来进行轨迹设计。

5.1.2　基于等动压法的轨迹优化技术

对于宽速域飞行的 RBCC 飞行器来说，发动机性能与飞行状态相互影响，发动机推力变化范围较大，故在进行水平爬升段轨迹设计时无法采用类似巡航导弹和运载火箭预先给定俯仰角变化规律的方法。为保证 RBCC 吸气模态可靠工作时所需的稳定动压，轨迹设计采用等动压爬升方法。等动压爬升是 RBCC 飞行器水平起飞到入轨过程的一个重要阶段，典型剖面可参考图 5-1 中的 Lazarus 飞行器。

2006 年，美国空间系统设计实验室（Space System Design Lab，SSDL）研究设计了一款水平起降的两级入轨概念飞行器 Lazarus，其概念图及飞行任务剖面如图 5-1 所示[2]。Lazarus 起飞时采用一种"雪橇"装置进行助推，以减小机翼和起落架的尺寸与质量，当加速到 Ma 为 0.66 时，Lazarus 与"雪橇"分离，RBCC 引射模态以 7°的攻角爬升；Ma 达到 3 时，飞行器转入亚燃冲压模态，并沿 86.22kPa 的等动压路径飞行；当加速到

Ma 为 6 时，转入超燃冲压模态，一直持续到 Ma 为 10 后结束等动压飞行；此后，利用超燃-火箭模态进一步爬升，在动压下降到 2.395kPa 时转入纯火箭模态，以"推—滑—推"的方式进入设计轨道。

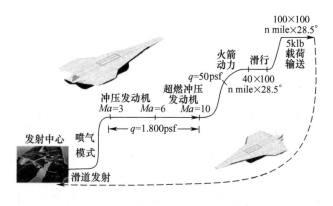

图 5-1　Lazarus 概念图及飞行任务剖面

注：1n mile=1852m，1psf=4.788×10⁻⁵MPa，1lb=0.45359kg

　　一般而言，RBCC 飞行器爬升轨迹按等动压设计时，可使用的动压值范围为 35～90kPa，如英国 HOTOL 飞行器的等动压为 37.3kPa，德国 Sanger 飞行器的等动压为 49kPa，美国 Lazarus 飞行器的等动压为 86.22kPa。动压的取值范围与发动机的工作条件、飞行器结构所能承受的热流密度和过载密切相关。

　　1. 算法原理

　　等动压爬升是指爬升过程中保持动压不变，由于飞行高度越来越高，大气越来越稀薄，可以通过增加速度来弥补高度升高导致的动压损失。为了实现 RBCC 发动机吸气模态稳定工作，需保证发动机的进气量充足，因而等动压爬升是一种较为理想的飞行状态。

　　已知动压表达式为

$$Q = 0.5\rho V^2 \tag{5-4}$$

考虑指数形式的大气密度为

$$\rho = \rho_0 e^{-h/h_s} \tag{5-5}$$

式中，ρ_0 为海平面大气密度；h_s 为参考高度，常数。

　　由于等动压飞行过程中，动压变化率为零，即

$$\dot{Q} = \frac{\mathrm{d}}{\mathrm{d}t}(0.5\rho V^2) = 0.5\rho_0 e^{-h/h_s}\left(-\frac{\dot{h}}{h_s}\right)V^2 + \rho_0 e^{-h/h_s} V\dot{V} = 0 \tag{5-6}$$

化简可以得到

$$\dot{h} = \frac{2h_s}{V}\dot{V} \tag{5-7}$$

对式（5-7）进行二次求导可以得到

$$\ddot{h} = 2h_s\left(-\frac{\dot{V}^2}{V^2} + \frac{\ddot{V}}{V}\right) \tag{5-8}$$

又因

$$\dot{h} = V \sin\theta \tag{5-9}$$

对式（5-9）求导可以得到

$$\ddot{h} = \dot{V} \sin\theta + V\dot{\theta}\cos\theta \tag{5-10}$$

进而可以得到以下等式

$$\ddot{h} = \dot{V}\sin\theta + V\dot{\theta}\cos\theta = 2h_s\left(-\frac{\dot{V}^2}{V^2} + \frac{\ddot{V}}{V}\right) \tag{5-11}$$

式（5-11）可以转化为以下等式

$$\dot{\theta} = \frac{1}{V\cos\theta}\left[2h_s\left(-\frac{\dot{V}^2}{V^2} + \frac{\ddot{V}}{V}\right) - \dot{V}\sin\theta\right] \tag{5-12}$$

考虑到吸气模态等动压爬升过程中使用的攻角较小，可令 $\sin\alpha \approx \alpha$，并将升力表达式转化为 $L = L^\alpha\alpha$，其中，L^α 为升力对攻角的偏导数，且有

$$L^\alpha = QS_{ref}C_L^\alpha \tag{5-13}$$

式中，C_L^α 为升力系数对攻角的偏导数；S_{ref} 为参考面积。

由第 2 章运动学方程易知

$$L + P\sin\alpha = mV\dot{\theta} - m\cos\theta\left(\frac{V^2}{r} - g\right) \tag{5-14}$$

可得到等动压爬升的参考攻角表达式为

$$\alpha_{ref} = \left[mV\dot{\theta} - m\cos\theta\left(\frac{V^2}{r} - g\right)\right]/(L^\alpha + P) \tag{5-15}$$

为减小模型不确定性或外界干扰对等动压飞行的影响，考虑以下攻角补偿

$$\Delta\alpha = 2\xi\omega_n(\dot{h}_{ref} - \dot{h}) + \omega_n^2(h_{ref} - h) \tag{5-16}$$

式中，ξ 为阻尼系数，可取为 0.7；ω_n 为自然频率，可根据飞行器实际控制能力确定；h_{ref} 为等动压爬升参考高度，可以根据初始速度、高度及任一时刻的速度计算该值，计算公式为

$$h_{ref} = h_0 + 2h_s\ln\frac{V_{ref}}{V_0} \tag{5-17}$$

式中，V_0 和 h_0 为等动压爬升初始时刻的速度和飞行高度；V_{ref} 和 h_{ref} 为等动压爬升任一时刻的等动压爬升参考速度和参考高度。

最终，等动压爬升的攻角指令为

$$\alpha = \alpha_{ref} + \Delta\alpha \tag{5-18}$$

2. 算例

以某 RBCC 飞行器为例，基于等动压爬升方法进行轨迹设计，等动压爬升的初始高度、速度、航迹角和动压值见表 5-1，仿真结束条件是飞行器速度达到 $Ma = 8$。

表 5-1　等动压爬升的初始高度、速度、航迹角和动压值

高度/km	速度/(m/s)	航迹角/(°)	动压/kPa
17.0	953.1	7.0	50.9

仿真结果如图 5 - 2 ~ 图 5 - 5 所示。由图 5 - 3 可知，该飞行器从 $Ma = 3.23$ 开始爬升，到 $Ma = 8$ 结束，此时高度由 17.0km 增大到 30.22km，航迹角由 7° 逐渐减小为 0.06°。RBCC 发动机经历了亚燃冲压模态和超燃冲压模态，爬升过程中动压几乎保持恒定值 50.9kPa，变化幅度很小。本算例验证了等动压爬升方法的有效性。

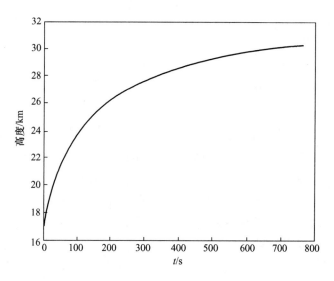

图 5 - 2　高度-时间曲线

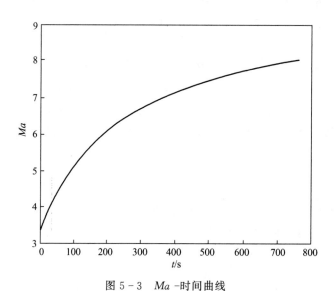

图 5 - 3　Ma -时间曲线

5.1.3　基于 Gauss 伪谱法的轨迹优化技术

对于非线性最优控制问题，要得到解析解较为困难，只有少数特殊的简单系统可以求出解析解。近年来，一类离散控制变量和状态变量的伪谱法在轨迹规划领域得到了较为广泛的应用。伪谱方法采用全局插值多项式为有限基，在一系列离散点上近似状态变量和控制变量。对多项式求导来近似动力学方程中状态变量对时间的导数，且在一系列配点上满

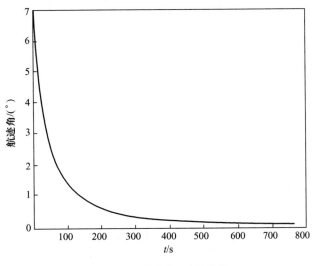

图 5-4　航迹角-时间曲线

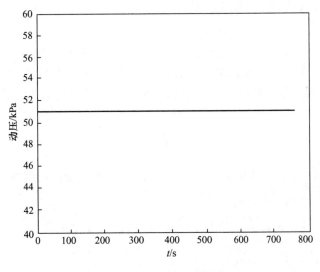

图 5-5　动压-时间曲线

足动力学方程右函数约束，从而将微分方程转换为代数约束。配点一般选择正交多项式的根。离散点称为节点，它们可能与配点一致，也可能是配点再加上初始时刻和（或）终端时刻点。对于光滑问题，伪谱方法具有很快的收敛性。对于非光滑问题，一般将最优控制问题分段，在每段利用正交配点法求解。常见的应用于航空航天领域的伪谱方法包括Chebyshev 伪谱法（CPM）、Legendre 伪谱法（LPM）、Gauss 伪谱法（GPM）以及Radau 伪谱法（RPM）。各种伪谱法的不同在于所选择插值基函数、配点和节点类型不同。

目前，伪谱法在飞行器轨迹优化中的应用已取得相当可观的成果。其中，Legendre伪谱法已被应用于解决运载火箭垂直起飞段轨迹快速优化问题[23]、通用航空飞行器性能优化问题[24]、航天飞机应急下降轨迹优化问题[25]、航天器最优转移轨道问题[26]、月球软着陆轨迹快速优化问题[27]；Gauss 伪谱法已被应用于解决小推力航天器轨迹优化问题和运载火箭上升段轨迹优化问题[28]、日-火 Halo 转移轨道快速优化设计问题[29]、多级固体运载火箭上升段轨迹快速优化问题[30]、空空导弹最优中制导律设计中的应用问题[31]、月球软着陆轨道优化中的应用问题[32]、高超声速飞行器的轨迹优化问题[33]。总的来说，国内外对伪谱法在飞行器轨迹优化设计中的应用正处于快速发展向逐步成熟的阶段迈进[34]。

1. 算法原理

根据第 2 章运动学建模，由于起飞过程中飞行器的侧滑角 β 接近于 0°，发动机的节流阀开度 τ 接近于 1，可得到 RBCC 水平起飞段在纵向平面内的运动方程为

$$\begin{cases} \dot{r} = V\sin\theta \\ \dot{V} = -g\sin\theta + \dfrac{-D + P\cos\alpha}{m} \\ \dot{\theta} = \left(\dfrac{V}{r} - \dfrac{g}{V}\right)\cos\theta + \dfrac{L + P\sin\alpha}{mV} \end{cases} \tag{5-19}$$

将式 (5-19) 改写成状态方程形式，即

$$\dot{\boldsymbol{x}} = f[x(t), u(t), t, t_0, t_f] \tag{5-20}$$

式中，状态变量 $\boldsymbol{x} = [r, V, \theta]$，控制变量 $u = \alpha$；t_0 为初始时刻；t_f 为末端时刻。

Gauss 伪谱法实质上是一种离散变量表示法，其核心在于将状态变量和控制变量在高斯点上离散，并以离散点为节点构造 Lagrange 插值多项式逼近原连续函数。

首先，将原系统的状态方程做时域变换

$$t = \frac{(t_f - t_0)\tau + (t_f + t_0)}{2} \tag{5-21}$$

将原时间区间 $t \in [t_0, t_f]$ 映射到 $\tau \in [-1, 1]$，可得到变换后的最优控制问题状态方程，即

$$\dot{\boldsymbol{x}} = \frac{t_f - t_0}{2} f[x(\tau), u(\tau), \tau, t_0, t_f] \tag{5-22}$$

性能指标、边界条件、不等式约束为

$$\begin{cases} J = \Phi[x(\tau_0), t_0, x(\tau_f), t_f] + \dfrac{t_f - t_0}{2} \displaystyle\int_{-1}^{1} g[x(\tau), u(\tau), \tau, t_0, t_f]\mathrm{d}\tau \\ E[x(\tau_0), t_0, x(\tau_f), t_f] = 0 \\ C[x(\tau), u(\tau), \tau, t_0, t_f] \leqslant 0, \ \tau \in [-1, 1] \end{cases}$$

$$\tag{5-23}$$

其次，在区间 $\tau \in [-1, 1]$ 内选取高斯点 $\tau_k (k = 1, 2, \cdots, N)$ 作为节点构造 Lagrange 多项式逼近原连续状态变量 $x(\tau)$ 和控制变量 $u(\tau)$，即离散化为

$$x(\tau) \approx X(\tau) = \sum_{k=0}^{N} \widetilde{L}_{ak}(\tau) x(\tau_k) \tag{5-24}$$

$$u(\tau) \approx U(\tau) = \sum_{k=1}^{N} \widetilde{L}_{ak}(\tau) u(\tau_k) \tag{5-25}$$

式中，$L_{ak}(\tau) \approx \prod\limits_{j=0,\ j \neq k}^{N} \dfrac{\tau - \tau_j}{\tau_k - \tau_j}$，$\widetilde{L}_{ak}(\tau) \approx \prod\limits_{j=1,\ j \neq k}^{N} \dfrac{\tau - \tau_j}{\tau_k - \tau_j}$，为 Lagrange 基函数，$\tau_0 = -1$。

记 $X_k = X(\tau_k) = x(\tau_k)$，$U_k = U(\tau_k) = u(\tau_k)$，式（5 - 24）对时间求导，则有

$$\dot{x}(\tau_k) \approx \dot{X}(\tau_k) = \sum_{i=0}^{N} D_{aki} X(\tau_i) \tag{5 - 26}$$

式中，$\boldsymbol{D}_a \in \boldsymbol{R}^{N \times (N+1)}$ 为微分矩阵，从而系统微分方程式（5 - 26）转化为代数约束

$$\sum_{i=0}^{N} D_{aki} X(\tau_i) - \frac{t_f - t_0}{2} f(X_k,\ U_k,\ \tau_k,\ t_0,\ t_f) = 0 \tag{5 - 27}$$

式中，$k = 1,\ 2,\ \cdots,\ N$。

原性能指标 J 边界条件和不等式约束可离散化表示为

$$\begin{cases} J = \Phi(X_0,\ t_0,\ X_f,\ t_f) + \dfrac{t_f - t_0}{2} \sum\limits_{k=1}^{N} \omega_k g(X_k,\ U_k,\ \tau_k,\ t_0,\ t_f) \\ E(X_0,\ t_0,\ X_f,\ t_f) = 0 \\ C(X_k,\ U_k,\ \tau_k,\ t_0,\ t_f) \leqslant 0 \end{cases} \tag{5 - 28}$$

式中，ω_k 为高斯权重系数；$k = 1,\ 2,\ \cdots,\ N$。

2. 算例

以某 RBCC 飞行器水平起飞轨迹优化为例，其整个飞行过程历经加速爬升增压段、等动压爬升段、加速入轨段。本算例对加速爬升增压段以及加速入轨段进行轨迹优化，并对等动压爬升过程的动压进行优化。飞行器初始质量为 80t，飞行动压约束为 80kPa，法向过载系数小于 4，整个飞行过程不考虑热流密度约束。基于 Gauss 伪谱法优化得到 RBCC 飞行器水平起飞整个阶段的各变量历程如图 5 - 6～图 5 - 10 所示。

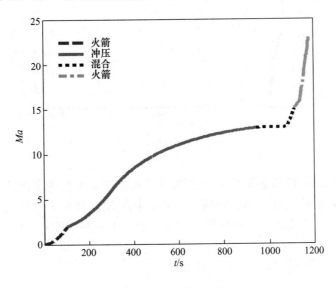

图 5 - 6　马赫数历程

从图 5 - 9 和图 5 - 10 中可以看出，整个飞行过程动压、法向过载系数均满足任务约

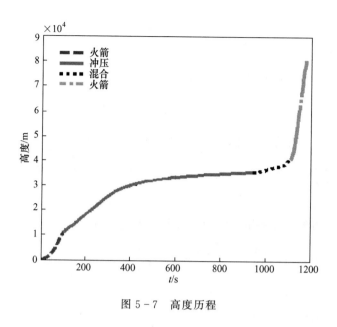

图 5 - 7　高度历程

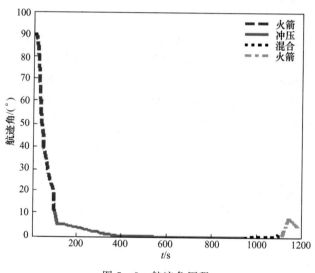

图 5 - 8　航迹角历程

束。因此,基于 Gauss 伪谱法得到的加速爬升过程是理论可行的。优化过程中的优化点是按经验选取的,如起飞段、模态转换点等都进行了加密处理,并且由于发动机约束严苛,收敛性差,需要优化前对攻角取值范围及其变化速率进行限制,缩短迭代周期。

5.2　水平起飞轨迹跟踪制导技术

　　水平起降飞行器在实际飞行过程中,由于受到气动系数偏差、动力性能偏差、初始条件扰动、风干扰等因素的影响,实际飞行轨迹将不可避免地偏离标准轨迹,而轨迹跟踪制导的目的就是根据飞行偏差调整当前飞行状态,以跟踪标准轨迹,完成飞行任务。水平起

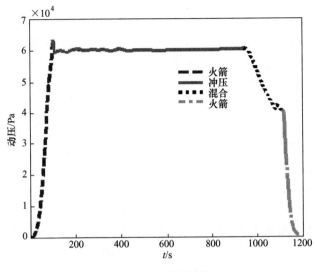

图 5 - 9 动压历程

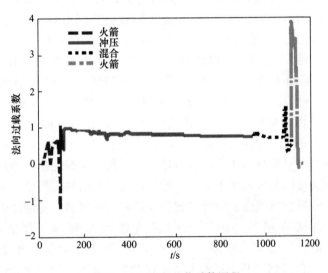

图 5 - 10 法向过载系数历程

降飞行器的轨迹跟踪制导同无动力或火箭动力飞行器的轨迹跟踪制导有相似之处，也有其自身的特殊性。考虑水平起降飞行器的特点，其轨迹跟踪制导有以下难点：

1）由于采用组合循环动力、机体推进一体化设计等先进技术，使其气动/推进/控制之间存在显著的动态交叉耦合效应，这些复杂的力学过程不可能完全精细地考虑在飞行器数学模型中，此外，在设计时采用的参数不可避免地与实际飞行有偏差，这些都使水平起降飞行器具有较强的结构或参数不确定性。

2）水平起降飞行器在飞行过程中，空域广、速域宽，面临的飞行环境复杂多变，往往会受到各种事先无法完全预知的外部扰动。

3）水平起降飞行器在经历空域、速域的大范围变化时，其气动性能、动力性能与飞行状态密切相关，表现为高度、马赫数和攻角的复杂函数，使系统具有很强的非线性特征。

4）动力发动机推力大小可调，为精确跟踪标准轨迹，除常规攻角外，水平起降发动机推力表征量——发动机节流阀开度也作为闭环调节量，和攻角调节存在耦合。

因此，为保证水平起降飞行器具有精确跟踪标准轨迹的能力，其制导律需要在系统内外不确定性强、非线性特性严重及制导控制量多且相互耦合的情况下仍具有良好的轨迹跟踪性能。此外，为保证水平起降飞行器制导方案的工程可实现性，应尽可能降低制导方法的复杂程度和技术难度，从而达到简化系统设计和软硬件配置的目的。方法简便、计算量小、调试容易是水平起降飞行器制导方案设计的重要准则。

当前，飞行器轨迹跟踪制导的方法主要有线性二次调节器、反馈线性化和自抗扰控制等。线性二次调节器（Linear Quadratic Regulator，LQR）是目前应用较为广泛的线性跟踪控制方法，它将状态误差的线性反馈控制律构成最优闭环，进而求得反馈增益，使设计时能够考虑允许的状态偏差和控制量偏差等多个指标，在参数不确定的情况下闭环系统也具有一定的鲁棒性。Dukeman G. A. 等人[35]基于 LQR 理论设计了纵向轨迹跟踪控制器，根据二次型指标函数设计以能量为参数的反馈增益，实现了全状态跟踪制导。Bollino K. P. 等人[36]提出了基于 LQR 理论的 PI 纵向轨迹跟踪控制律，提高了轨迹跟踪精度。对于 RBCC 飞行器而言，其气动/动力/轨迹强耦合，非线性特性较为显著，导致求解 Riccati 方程困难，LQR 方法难以适用。反馈线性化方法是比较典型的非线性轨迹跟踪方法。Roenneke A. J. 等人[37]通过反馈线性化方法得到了阻力加速度的线性动力学模型，然后在线性模型的基础上设计了一个常增益系数的线性反馈控制来镇定误差方程。Bharadwaj S. 等人[38]给出了一种近似反馈线性化方法，将对三维轨迹的跟踪转换为对横程和纵程的跟踪。闫晓东等人[39]应用反馈线性化方法设计了一种 H-V 标准轨迹的跟踪方法，该方法以倾侧角为主要控制变量，以高度作为输出，通过状态反馈将输入输出非线性特性变为简单的线性双积分器关系，再通过极点配置，将跟踪误差动态特性设计为二阶阻尼振荡环节，使其可以指数收敛于零。反馈线性化跟踪制导实质是用非线性函数消除被控对象的非线性，然后在伪线性系统的基础上设计相应控制器，凭借对非线性问题的处理优势，该方法可尝试应用于 RBCC 飞行器轨迹跟踪制导。自抗扰控制（Active Disturbance Rejection Control，ADRC)[40-42]是近 20 年来提出和发展起来的新型实用控制方法，它继承了 PID 控制"基于误差来消除误差"的思想，并借鉴状态观测器的原理，能够将被控对象未知的动态和外部扰动等不确定性作为附加的状态变量进行观测和补偿，从而使控制品质和控制精度有根本的提高。徐颖珊等人[43]针对大空域飞航导弹的姿态控制问题进行了自抗扰控制器的设计、分析和仿真计算，验证了其在动态性能、鲁棒性和简化设计上的优势。Wang J. 等人[44]建立了飞行器纵向飞行控制和推力控制模型，采用自抗扰控制方法设计飞行-推进综合控制系统，从而消除了高度与速度之间的耦合，并降低了测量噪声。杨瑞光等人[45]针对飞行器姿态控制问题，设计了纵向、横侧向解耦的自抗扰控制器，把控制参数的确定转化为线性矩阵不等式的求解。Sun Mingwei 等人[46]采用扩张状态观测器（ESO）与 PD 控制解决静不稳定的纵向飞行控制问题，其中采用降阶观测器，以减小相位滞后。杜昊昱等人[47]采用 ADRC 方法设计高超声速飞行器的攻角自动驾驶仪，利用扩张状态观测器对受扰对象的状态和干扰进行观测，并通过状态误差的非线性反馈来对观测的干扰进行补偿，从而实现对干扰的抑制和对指令的精确跟踪。ADRC

是一种基于部分模型的实用控制方法，可以自动观测系统结构、参数不确定性和外部扰动的实时作用并予以补偿，所以 ADRC 不依赖于被控对象的精确数学模型，抗干扰能力强，控制效果好，可用于多种非线性系统设计。在恶劣环境下要求实现快速、高精度、强鲁棒性控制的场合，ADRC 能充分显示其优越性，本文将尝试把该方法应用于 RBCC 飞行器轨迹跟踪制导。

综上所述，高精度、强鲁棒性的轨迹跟踪控制方法是提高轨迹跟踪性能的有效途径，本节将介绍反馈线性化方法和 ADRC 方法在水平起降飞行器的轨迹跟踪制导上的应用，通过设计有效的轨迹跟踪制导律，满足水平起降飞行器在恶劣飞行环境下对参考轨迹精确跟踪的要求。

5.2.1　反馈线性化轨迹跟踪制导技术

1. 算法原理

水平起降飞行器在大气层内加速爬升时发动机性能与实际飞行动压密切相关，所以在飞行过程中可以基于反馈线性化原理跟踪标准 H-V 剖面而实现飞行器加速爬升。飞行器在大气层内加速飞行过程中，可以通过调整攻角实现对 H-V 剖面的跟踪。

水平起降飞行器水平起飞在纵向平面内的运动学方程为

$$
\begin{cases}
\ddot{h} = \dot{V}\sin\theta + V\dot{\theta}\cos\theta \\
\dot{V} = \dfrac{P\cos\alpha - D}{m} - g\sin\theta \\
\dot{\theta} = \left(\dfrac{V}{r} - \dfrac{g}{V}\right)\cos\theta + \dfrac{L + P\sin\alpha}{mV}
\end{cases}
\tag{5-29}
$$

整理式（5-29）可以得到

$$
\ddot{h} = \frac{V^2}{r}\cos^2\theta - g + \frac{P\sin(\alpha + \theta) - D\sin\theta + L\cos\theta}{m}
\tag{5-30}
$$

忽略攻角对发动机的影响，可以得到

$$
\ddot{h} = f_x + g_x\alpha
\tag{5-31}
$$

其中

$$
\begin{cases}
f_x = \dfrac{V^2}{r}\cos^2\theta - g \\
g_x = \dfrac{P\cos(\alpha + \theta) - D^\alpha\sin\theta + L^\alpha\cos\theta}{m}
\end{cases}
\tag{5-32}
$$

式中，$D^\alpha = QS_{ref}C_D^\alpha$，$C_D^\alpha$ 为阻力系数对攻角的偏导数。

闭环系统的跟踪误差是一个二阶振荡系统，即

$$
(\ddot{h} - \ddot{h}_{ref}) + 2\zeta\omega_n(\dot{h} - \dot{h}_{ref}) + \omega_n^2(h - h_{ref}) = 0
\tag{5-33}
$$

式中，ζ 为阻尼，可取 0.7；ω_n 为自然频率，可根据实际控制能力确定。因此有

$$
\ddot{h} = \ddot{h}_{ref} - 2\zeta\omega_n(\dot{h} - \dot{h}_{ref}) - \omega_n^2(h - h_{ref})
\tag{5-34}
$$

进而可以得到

$$
\alpha = \left[\ddot{h}_{ref} - 2\zeta\omega_n(\dot{h} - \dot{h}_{ref}) - \omega_n^2(h - h_{ref}) - f_x\right]/g_x
\tag{5-35}
$$

2. 算例

使用第 5.1.3 节优化获得的弹道作为标准弹道，加速爬升增压段、等动压爬升段采用前文介绍的反馈线性化跟踪制导方法，加速入轨段采用传统迭代制导方法，以提高制导精度。

仿真参数的偏差分布规律见表 5-2，飞行器的质量偏差为 ±20kg，发动机推力及其比冲偏差为 ±5%，气动力偏差为 ±10%，大气取 1976 年美国国家标准大气模型，大气密度以及大气温度偏差为 5%，大气压强则由 $p = \rho RT$ 计算得到。

表 5-2　仿真参数的偏差分布规律

偏差类型	偏差分布		
	分布类型		分布类型
	3 倍标准差	2 倍标准差	
飞行器质量			均匀分布
发动机推力	正态分布		
发动机比冲	正态分布		
气动力	正态分布		
大气环境偏差状态		正态分布	

根据第 5.1.3 节的标准弹道及表 5-2 仿真参数的偏差分布，基于反馈线性化轨迹跟踪制导方法完成 200 次打靶仿真，仿真结果如图 5-11～图 5-15 所示。从图中可以看出，跟踪精度满足发动机冲压模态交接班条件约束，等动压爬升过程跟踪精度满足发动机稳定高效工作条件，偏差弹道均满足过程约束。

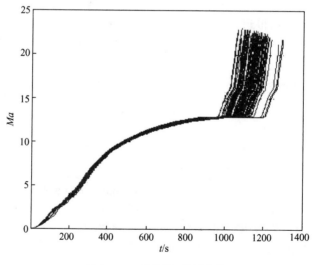

图 5-11　马赫数-时间曲线

5.2.2　自抗扰控制轨迹跟踪制导技术

1. 基本原理

ADRC[42]是一种具有较强鲁棒性的新型实用控制方法，由韩京清在 1998 年提出，其

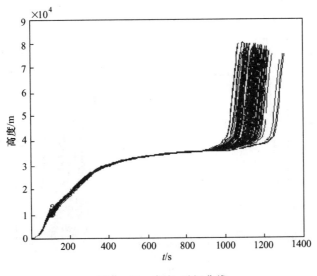

图 5-12　高度-时间曲线

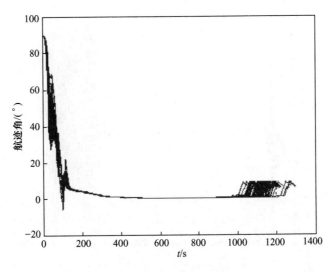

图 5-13　航迹角-时间曲线

核心是通过将系统内、外不确定性视为"总扰动"，并构造扩张状态观测器对"总扰动"进行实时估计与补偿，具备较强的控制能力和较高的控制精度。在此基础上，Gao[48,49]发展了基于线性扩张状态观测器（Linear Extended State Observer，LESO）的线性自抗扰控制（Linear Active Disturbance Rejection Control，LADRC）方法，与 ADRC 的方法相比，LADRC 待调参数大大减少，从而更易整定和应用于实际，且研究表明，对于具有不确定性的复杂非线性系统，LADRC 仍具有很强的控制能力[50]。与 ADRC 相比，LADRC 省去了跟踪微分器（Tracking Differentiator，TD），并利用 LESO 估计系统的"总扰动"，同时采用线性状态误差反馈（Linear State Error Feedback，LSEF）控制动态补偿线性化后的系统。

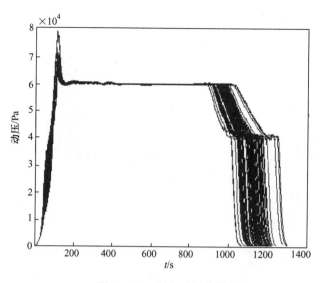

图 5 - 14　动压-时间曲线

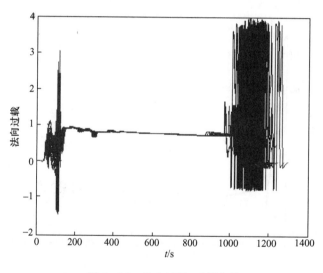

图 5 - 15　法向过载-时间曲线

考虑以下单输入单输出二阶非线性不确定系统

$$\begin{cases} \ddot{x} = f(x,\ \dot{x},\ t) + w + bu \\ y = x \end{cases} \tag{5-36}$$

式中，$f(x,\ \dot{x},\ t)$ 为未知函数；w 为未知扰动；x 为可测量状态量；u 为控制量。

　　针对形如式（5-36）的系统，设计线性自抗扰控制器，其结构如图 5-16 所示。其中，b_0 为近似 b 的常数，v_2 为参考输入 v_1 的一阶微分。

　　记 $x_1 = x$，$x_2 = \dot{x}$，$x_3 = f(x,\ \dot{x},\ t) + w + (b - b_0)u$，将 x_3 视为系统的"总扰动"，称为系统的扩张状态。设 $\dot{x}_3 = \xi$，则式（5-36）描述的系统等价于

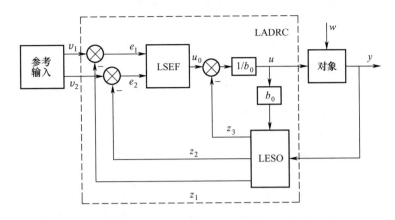

图 5 - 16　LADRC 结构图

$$\begin{cases} \dot{x}_1 = x_2 \\ \dot{x}_2 = x_3 + b_0 u \\ \dot{x}_3 = \xi \\ y = x_1 \end{cases} \tag{5-37}$$

对于式（5-37）所描述的系统，设计为

$$\begin{cases} \varepsilon = z_1 - y \\ \dot{z}_1 = z_2 - \beta_1 \varepsilon \\ \dot{z}_2 = z_3 - \beta_2 \varepsilon + b_0 u \\ \dot{z}_3 = -\beta_3 \varepsilon \end{cases} \tag{5-38}$$

式（5-38）的特征多项式为 $s^3 + \beta_1 s^2 + \beta_2 s + \beta_3$，可将该特征多项式配置为 $(s + \omega_0)^3$ 的形式，ω_0 称为 LESO 的带宽[48]。因此，LESO 的设计参数只有 ω_0，这大大简化了 LADRC 的参数整定。Yang Xiaoxia 等人[51]的研究结果表明，当“总扰动”x_3 或其导数 ξ 有界时，LESO 对式（5-37）所描述的不确定系统观测误差 $\hat{e} = [z_1 - x_1, z_2 - x_2, z_3 - x_3]^{\mathrm{T}}$ 有界。由此可见，虽然 $f(x, \dot{x}, t)$、w 未知以及 b 不确定，但系统运行过程中的实时内、外不确定性作用量 x_3 仍能通过 z_3 估计出来，且只用到了系统的输入 u、输出 y 及少部分模型信息 b_0。

令

$$u = \frac{u_0 - z_3}{b_0} \tag{5-39}$$

忽略 $z_3 \to x_3$ 的估计误差，将式（5-39）代入式（5-37），则输入 u_0 到输出 y 的传递关系变为双积分器串联型，至此通过对“总扰动”进行实时估计与补偿，实现了对式（5-36）所描述系统的动态补偿线性化，结果为

$$\begin{cases} \ddot{x} = u_0 \\ y = x \end{cases} \tag{5-40}$$

针对式（5-40）所描述的系统，设计 LSEF 控制律

$$u_0 = k_p(v_1 - z_1) + k_d(v_2 - z_2) \tag{5-41}$$

则式（5-40）和式（5-41）所描述闭环系统的特征多项式为 $s^2 + k_d s + k_p$，反馈增益 k_p、k_d 取适当值可以使其稳定。

文献［50］、文献［52］将式（5-41）LESO 观测器的收敛性和式（5-37）、式（5-39）、式（5-41）所描述闭环系统的收敛性结合起来分析，所得结论为：在式（5-38）、式（5-39）和式（5-41）的作用下，式（5-37）描述的闭环系统稳定；调节反馈增益 k_p、k_d 可以控制跟踪误差的范围；LESO 带宽 ω_0 则调节系统对参考输入的跟踪精度。

2. 基于 LADRC 的制导律设计

水平起降飞行器在爬升加速段，一般不做横向机动，因此可以将其视作铅垂平面内运动的可控质点，假定地球为圆球，并忽略自转，则飞行器的纵向运动方程组为

$$\begin{cases} \dot{H} = V\sin\theta \\ \dot{V} = -g\sin\theta + \dfrac{-D + \tau P\cos\alpha}{m} \\ \dot{\theta} = \left(\dfrac{V}{r} - \dfrac{g}{V}\right)\cos\theta + \dfrac{L + \tau P\sin\alpha}{mV} \\ \dot{m} = -\dfrac{\tau P}{g_0 I_{sp}} \\ \dot{L}_D = \dfrac{R_e V\cos\theta}{r} \\ r = H + R_e \end{cases} \tag{5-42}$$

式中，H、V、θ、m、L_D、r、α、τ 分别为飞行高度、速度、航迹角、飞行器质量、纵程、地心距、攻角和发动机节流阀开度；R_e、g_0、g 分别为地球平均半径、海平面重力加速度和当地重力加速度；阻力 $D = qSC_D$，升力 $L = qSC_L$，它们由动压 q、参考面积 S、阻力系数 C_D 或升力系数 C_L 决定；$P = P(Ma, H)$、$I_{sp} = I_{sp}(Ma, H)$ 分别为 RBCC 的推力和比冲，其中，$P(Ma, H)$、$I_{sp}(Ma, H)$ 是关于马赫数和高度的函数。

从式（5-42）可知，该运动方程组有两个独立的状态量，即高度 H 和纵程 L_D，将它们视为系统的输出；轨迹控制量同样有两个，为攻角 α 和发动机节流阀开度 τ，将它们视为系统的输入。据此，可得系统的状态空间表达式为

$$\begin{cases} \dot{\boldsymbol{x}} = \boldsymbol{f}(\boldsymbol{x}, t) + \boldsymbol{B}(\boldsymbol{x}, \boldsymbol{u}, t) \\ \boldsymbol{y} = \boldsymbol{Cx} \end{cases} \tag{5-43}$$

式中，状态向量 $\boldsymbol{x} = [x_1 \quad x_2 \quad x_3 \quad x_4]^T = [H \quad \dot{H} \quad L_D \quad \dot{L}_D]^T$，输入向量 $\boldsymbol{u} = [u_1 \quad u_2]^T = [\alpha \quad \tau]^T$，输出向量 $\boldsymbol{y} = [y_1 \quad y_2]^T = [H \quad L_D]^T$，其他矩阵和非线性函数的具体表达式为

$$\boldsymbol{C} = \begin{bmatrix} 1 & 0 & 0 & 0 \\ 0 & 0 & 1 & 0 \end{bmatrix} \tag{5-44}$$

$$f(\boldsymbol{x}, t) = \begin{bmatrix} f_1(\boldsymbol{x}, t) \\ f_2(\boldsymbol{x}, t) \\ f_3(\boldsymbol{x}, t) \\ f_4(\boldsymbol{x}, t) \end{bmatrix} = \begin{bmatrix} x_2 \\ -g + \dfrac{V^2 \cos^2\theta}{r} \\ x_4 \\ -\dfrac{V^2 R_e \sin(2\theta)}{r^2} \end{bmatrix} \tag{5-45}$$

$$\boldsymbol{B}(\boldsymbol{x}, \boldsymbol{u}, t) = \begin{bmatrix} B_1(\boldsymbol{x}, \boldsymbol{u}, t) \\ B_2(\boldsymbol{x}, \boldsymbol{u}, t) \\ B_3(\boldsymbol{x}, \boldsymbol{u}, t) \\ B_4(\boldsymbol{x}, \boldsymbol{u}, t) \end{bmatrix} = \begin{bmatrix} 0 \\ -\dfrac{D\sin\theta}{m} + \dfrac{L\cos\theta}{m} + \dfrac{\tau P \sin(\theta + \alpha)}{m} \\ 0 \\ -\dfrac{R_e D\cos\theta}{rm} - \dfrac{R_e L\sin\theta}{rm} + \dfrac{\tau P R_e \cos(\theta + \alpha)}{rm} \end{bmatrix}$$

$$\tag{5-46}$$

其中，$g = g(x_1)$，$V = V(x_1, x_2, x_4)$，$\theta = \theta(x_1, x_2, x_4)$，$r = r(x_1)$，$D = D(x_1, x_2, x_4, u_1)$，$L = L(x_1, x_2, x_4, u_1)$，$P = P(x_1, x_2, x_4)$，$m = m(x_1, x_2, x_4, u_2)$ 表示为状态量的非线性函数或状态量和控制量的非线性函数。

综上所述，RBCC 飞行器的轨迹跟踪制导模型属于双输入双输出系统，具备非线性、时变、不确定及强耦合的特性。在将单输入单输出 LADRC 引入 RBCC 飞行器制导回路时，需首先探讨如何用 ADRC 思想解决多变量系统 [式（5-43）] 的解耦控制问题。

分析式（5-43），其非线性、时变、不确定及耦合部分可表示为

$$\begin{cases} \ddot{H} = f_2(\boldsymbol{x}, t) + B_2(\boldsymbol{x}, \boldsymbol{u}, t) \\ \ddot{L} = f_4(\boldsymbol{x}, t) + B_4(\boldsymbol{x}, \boldsymbol{u}, t) \end{cases} \tag{5-47}$$

式中，$B_2(\boldsymbol{x}, \boldsymbol{u}, t)$、$B_4(\boldsymbol{x}, \boldsymbol{u}, t)$ 为攻角 α 和发动机节流阀开度 τ 的非线性、时变函数。

引入虚拟控制量 $\tilde{\boldsymbol{u}} = [\tilde{u}_1 \quad \tilde{u}_2]^{\mathrm{T}}$ 和可逆控制矩阵 $\widetilde{\boldsymbol{B}} = \begin{bmatrix} b_{11} & b_{12} \\ b_{21} & b_{22} \end{bmatrix}$，使

$$\begin{cases} [B_2(\boldsymbol{x}, \boldsymbol{u}, t) \quad B_4(\boldsymbol{x}, \boldsymbol{u}, t)]^{\mathrm{T}} \approx \tilde{\boldsymbol{u}} \\ \tilde{\boldsymbol{u}} = \widetilde{\boldsymbol{B}}\boldsymbol{u} = \widetilde{\boldsymbol{B}}[\alpha \quad \tau]^{\mathrm{T}} \end{cases} \tag{5-48}$$

从而，可将式（5-47）改写为

$$\begin{cases} \ddot{H} = f_2(\boldsymbol{x}, t) + [B_2(\boldsymbol{x}, \boldsymbol{u}, t) - \tilde{u}_1] + \tilde{u}_1 \\ \ddot{L}_D = f_4(\boldsymbol{x}, t) + [B_4(\boldsymbol{x}, \boldsymbol{u}, t) - \tilde{u}_2] + \tilde{u}_2 \end{cases} \tag{5-49}$$

分别将 $[B_2(\boldsymbol{x}, \boldsymbol{u}, t) - \tilde{u}_1]$、$[B_4(\boldsymbol{x}, \boldsymbol{u}, t) - \tilde{u}_2]$ 归入高度和纵程通道的"总扰动"，则高度通道上的输入只有 $\tilde{u}_1$，输出为 $y_1 = H$，纵程通道的输入只有 $\tilde{u}_2$，输出为 $y_2 = L_D$。这样每一个通道的虚拟控制量 $\tilde{u}_i (i = 1, 2)$ 与被控输出 $y_i (i = 1, 2,)$ 之间是单输入单输出的关系，且高度通道、纵程通道的"总扰动"分别为 $f_2(\boldsymbol{x}, t) + B_2(\boldsymbol{x}, \boldsymbol{u}, t) - \tilde{u}_1$ 和 $f_4(\boldsymbol{x}, t) + B_4(\boldsymbol{x}, \boldsymbol{u}, t) - \tilde{u}_2$。

据此，在虚拟控制向量 $\tilde{\boldsymbol{u}}$ 和输出向量 $\boldsymbol{y}$ 之间并行地嵌入两个线性自抗扰控制器就能实现 RBCC 飞行器轨迹跟踪制导的解耦控制。实际控制量 $\boldsymbol{u} = \begin{bmatrix} \alpha & \tau \end{bmatrix}^{\mathrm{T}}$ 由虚拟控制量 $\tilde{\boldsymbol{u}} = \begin{bmatrix} \tilde{u}_1 & \tilde{u}_2 \end{bmatrix}^{\mathrm{T}}$ 通过式（5-50）计算出来，得到实际控制量之后，还应按照攻角 α 和发动机节流阀开度 τ 的取值范围进行限幅处理。

$$\boldsymbol{u} = \tilde{\boldsymbol{B}}^{-1}\tilde{\boldsymbol{u}} \tag{5-50}$$

综上，基于 LADRC 的 RBCC 飞行器爬升段轨迹跟踪制导框图如图 5-17 所示。

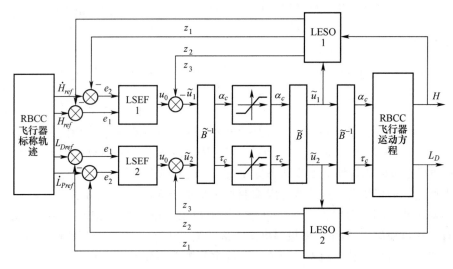

图 5-17　基于 LADRC 的 RBCC 飞行器上升段轨迹跟踪制导框图

3. 算例

以某 RBCC 飞行器爬升-巡航轨迹为参考轨迹，进行 LADRC 轨迹跟踪制导效果的验证和分析。仿真中，制导周期为 0.01s，积分步长为 0.005s。为充分验证 LADRC 轨迹跟踪制导的精确性和鲁棒性，在仿真中考虑动态参数扰动和风干扰，并将 LADRC 制导结果与传统比例反馈制导结果进行对比。

动态参数扰动设置见表 5-3，C_L 为升力系数，C_D 为阻力系数，P 为推力，ρ 为大气密度，制导仿真结果如图 5-18 和图 5-19 所示。

表 5-3　动态参数扰动设置

偏差参数	传统比例反馈制导		LADRC 制导	
	case 1	case 2	case 3	case 4
C_L	10%	−10%	10%	−10%
C_D	15%	−15%	15%	−15%
P	10%	−10%	10%	−10%
ρ	10%	−10%	10%	−10%

由图 5-18 和图 5-19 可知，不管是动态参数正向拉偏还是负向拉偏，相比传统比例反馈制导，LADRC 制导的超调量和稳态误差都更小，表明其对动态参数扰动抵抗性能更

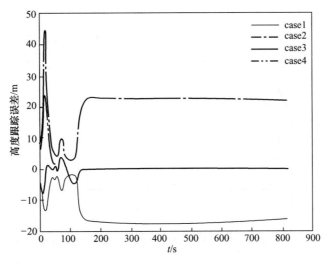

图 5-18　动态参数扰动高度跟踪误差

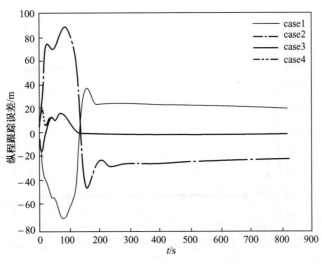

图 5-19　动态参数扰动纵程跟踪误差

强，轨迹跟踪精度更高。

　　下面进行风干扰条件下的制导仿真分析，风干扰设置见表 5-4，制导仿真结果如图
5-20 和图 5-21 所示。

表 5-4　风干扰设置

传统比例反馈制导		LADRC 制导	
case 1	case 2	case 3	case 4
顺风	逆风	顺风	逆风

　　由图 5-20 和图 5-21 可知，在顺风干扰和逆风干扰下，LADRC 制导都具有更小的

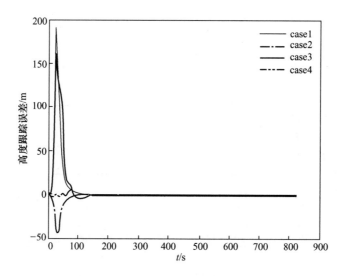

图 5 - 20　风干扰高度跟踪误差

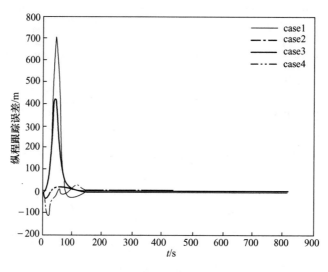

图 5 - 21　风干扰纵程跟踪误差

超调量和稳态误差，表明 LADRC 制导抗风干扰的能力更强，鲁棒性更优。另外，从图中还可以看出，相比于逆风，顺风对 RBCC 飞行器的轨迹跟踪精度影响更大。

参 考 文 献

[1] OLDS J R，BUDIANTO I A. Constant Dynamic Pressure Trajectory Simulation With POST [C]. 36th Aerospace Sciences Meeting & Exhibit，Reno，NV，12 – 15 January，1998.

[2] YOUNG D A，KOKAN T，CLARK L，et al. Lazarus：SSTO Hypersonic Vehicle Concept Utilizing RBCC and HEDM Propulsion Technologies [C]. 14th AIAA/AHI Space Planes and Hypersonic Systems and Technologies Conference，Canberra，Australia，2006.

[3] KODERA M，OGAWA H，TOMIOKA S，et al. Multi – Objective Design and Trajectory Optimization of Space Transport Systems with RBCC Propulsion via Evolutionary Algorithms and Pseudospectral Methods [C]. 52nd AIAA Aerospace Sciences Meeting，National Harbor，Maryland，13 – 17 January，2014.

[4] OGAWA H，KODERA M，TOMIOKA S，et al. Multi – Phase Trajectory Optimization for Access – to – Space With RBCC – Powered TSTO via Surrogated – Assisted Hybrid Evolutionary Algorithms Incorporation Pseudo – Spectral Methods [C]. 19th AIAA International Space and Hypersonic Systems and Technologies Conference，Atlanta，GA，16 – 20 June，2014.

[5] 王厚庆，何国强，刘佩进，等. 以 RBCC 为动力的巡航飞行器轨迹与质量分析 [J]. 西北工业大学学报，2006，24（6）：774 – 777.

[6] 詹浩，孙得川，邓阳平. 重复使用天地往返运载器飞行弹道计算研究 [J]. 飞行力学，2008，26（2）：20 – 23.

[7] 田喜明，詹浩. 吸气式重复使用运载器设计初步研究 [J]. 航空计算技术，2009，39（4）：61 – 64.

[8] 吕翔，何国强，刘佩进. RBCC 飞行器爬升段轨迹设计方法 [J]. 航空学报，2010，31（7）：1331 – 1337.

[9] 薛瑞，胡春波，吕翔，等. 两级入轨 RBCC 等动压助推弹道设计与推进剂流量分析 [J]. 固体火箭技术，2013，36（2）：155 – 160.

[10] 李响，柳长安，王泽江，等. 对某吸气式高超声速导弹的航程优化与分析 [J]. 兵工学报，2012，33（3）：290 – 294.

[11] 阮建刚，何国强，吕翔. RBCC – RKT 两级入轨飞行器飞行轨迹优化方法 [J]. 航空学报，2014，35（5）：1284 – 1291.

[12] 龚春林，韩璐. RBCC 可重复使用运载器上升段轨迹优化设计 [J]. 固体火箭技术，2012，35（3）：290 – 295.

[13] 龚春林，韩璐，谷良贤. 适应于 RBCC 运载器的轨迹优化建模研究 [J]. 宇航学报，2013，34（12）：1592 – 1598.

[14] GONG C，CHEN B，GU L. Design and Optimization of RBCC Powered Suborbital Reusable Launch Vehicle [C]. 19th AIAA International Space Planes and Hypersonic Systems and Technologies Conference，Atlanta，GA，16 – 20 June，2014.

[15] GONG C，CHEN B，GU L. Comparison Study of RBCC Powered Suborbital Reusable Launch Vehicle Concepts [C]. 19th AIAA International Space Planes and Hypersonic Systems and Technologies Conference，Glasgow，Scotland，6 – 9 July，2015.

[16] HARPOLD J C，GRAVES JR C A. Shuttle entry guidance [J]. Journal of the Astronautical Sciences，1979，27（3）：239 – 268.

[17] ROENNEKE A J，MARKL A. Reentry Control to A Drag vs. Energy Profile [C]. AIAA Guidance，Navigation and Control Conference，Monterey，CA，9 – 11 August，1993.

［18］ MEASE K D，CHEN D T，TEUFEL P，et al. Reduced - order Entry Trajectory Planning for Accel-eration Guidance ［J］. Journal of Guidance，Control，and Dynamics，2002，25（2）：257 - 266.

［19］ LEAVITT J A，MEASE K D. Feasible Trajectory Generation for Atmospheric Entry Guidance ［J］. Journal of Guidance，Control，and Dynamics，2007，30（2）：473 - 481.

［20］ SHEN Z，LU P. Onboard Generation of Three - dimensional Constrained Entry Trajectories ［J］. Journal of Guidance，Control，and Dynamics，2003，26（1）：111 - 121.

［21］ 闫晓东，唐硕. 亚轨道飞行器返回轨道设计方法研究 ［J］. 宇航学报，2008，29（2）：467 - 471.

［22］ LI H，ZHANG R，LI Z，et al. New Method to Enforce Inequality Constraints of Entry Trajectory ［J］. Journal of Guidance，Control，and Dynamics，2012，35（5）：1662 - 1667.

［23］ REA，RYAN J. A Legendre Pseudospectral Method for Rapid Optimization of Launch Vehicle Traj-ectories ［D］. Massachusetts Institute of Technology，2001.

［24］ CLARKE，KIMBERLEY A. Performance Optimization Study of a Common Aero Vehicle Using a Legendre Pseudospectral Method ［D］. Massachusetts Institute of Technology，2003.

［25］ TAYLOR，CHRISTINE P. Optimization Study of a Trans - Atlan - tic Abort for the U. S. Space Shuttle Using a Pseudospectral Legendre Method ［D］. Massachusetts Institute of Technology，2003.

［26］ STANTON S A. Optimal Orbital Transfer Using a Legendre Pseudospectral Method ［D］. Massachu-setts Institute of Tcchnology，2003.

［27］ HAWKINS A M. Constrained Trajectory Optimization of a Soft Lunar Landing From a Parking Orbit ［D］. Massachusetts Institute of Technology，2005.

［28］ BENSON DAVID. A Gauss Pseudospectral Transcription for Optimal Control ［D］. Massachusetts In-stitute of Technology，2005.

［29］ 曹喜滨，张相宇，王峰. 采用 Gauss 伪谱法的小推力日-火 Halo 轨道转移优化设计 ［J］. 宇航学报，2013，34（8）：1047 - 1054.

［30］ 杨希祥，张为华. 基于 Gauss 伪谱法的固体运载火箭上升段轨迹快速优化研究 ［J］. 宇航学报，2011，32（1）：15 - 21.

［31］ 杨希祥，张为华. 基于 Gauss 伪谱法的空空导弹最优中制导律设计 ［J］. 国防科技大学学报，2013，35（1）：28 - 32.

［32］ 彭祺擘，李海阳，沈红新，等. 基于 Gauss 伪谱法和直接打靶法结合的月球定点着陆轨道优化［J］. 国防科技大学学报，2012，34（2）：119 - 124.

［33］ 孙勇. 基于改进 Gauss 伪谱法的高超声速飞行器轨迹优化与制导 ［D］. 哈尔滨：哈尔滨工业大学，2012.

［34］ 杨希祥，杨慧欣，王鹏. 伪谱法及其在飞行器轨迹优化设计领域的应用综述 ［J］. 国防科技大学学报，2015（4）：1 - 8.

［35］ DUKEMAN G A. Profile Following Entry Guidance Using Linear Quadratic Regulator Theory ［C］. AIAA Guidance，Navigation，and Control Conference and Exhibit，Monterey，CA，5 - 8，August，2002.

［36］ BOLLINO K P. High - fidelity Real - time Trajectory Optimization for Reusable Launch Vehicles ［D］. Monterey：Naval Postgraduate School，2006.

［37］ ROENNEKE A J，WELL K H. Nonlinear Drag - Tracking Control Applied to Optimal Low - Lift Re - Entry Guidance ［C］. AIAA Guidance，Navigation and Control Conference，San Diego，CA，29 - 31 July，1996.

［38］ BHARADWAJ S，RAO A V，MEASE K D. Entry Trajectory Tracking Law Via Feedback Lineari-ization ［J］. Journal of Guidance，Control，and Dynamics，1998，21（5）：726 - 732.

［39］闫晓东，唐硕. 基于反馈线性化的 H‐V 返回轨道跟踪方法［J］. 宇航学报，2008，29（5）：1546‐1550.

［40］韩京清. 控制理论：模型论还是控制论［J］. 系统科学与数学，1989（4）：328‐335.

［41］JINGQING HAN. The Robustness of Control System and Godel's incompleteness theorem［J］. Control Theory And Applications，1999（16）：149‐155.

［42］韩京清. 自抗扰控制器及其应用［J］. 控制与决策，1998，13（1）：19‐23.

［43］徐颖珊，孙明玮. 自抗扰控制在飞航导弹上的应用背景研究［J］. 战术导弹控制技术，2008，30（2）：8‐11.

［44］WANG J，HE L S，SUN M W. Application of Active Disturbance Rejection Control to Integrated Flight‐propulsion Control［C］. 2010 Chinese Control and Decision Conference，Xuzhou，China，2010.

［45］杨瑞光，孙明玮，陈增强. 飞行器自抗扰姿态控制优化与仿真研究［J］. 系统仿真学报，2010（11）：2689‐2693.

［46］SUN MINGWEI，JIAO GANGLIN，YANG RUIGUANG，et al. ADRC for Statically Unstable Longitudinal Flight Dynamics［C］. 30th Chinese Control Conference，Yantai，China，2011.

［47］杜昊昱，凡永华，闫杰. 高超声速飞行器自抗扰控制方法研究［J］. 计算机与现代化，2013（6）：1‐4.

［48］GAO ZHIQIANG. Scaling and Bandwidth Parameterization Based Controller Tuning［C］. American Control Conference，Denver，Colorado，USA，2003.

［49］GAO ZHIQIANG. Active Disturbance Rejection Control：A Paradigm Shift in Feedback Control System Design［C］. American Control Conference，Minneapolis，Minnesota，USA，2006.

［50］黄一，薛文超，杨晓霞. 自抗扰控制：思想、理论分析及应用［C］. 第 29 届中国控制会议，2010.

［51］XIAOXIA YANG，YI HUANG. Capability of Extended State Observer for Estimating Uncertainties［C］. American Control Conference，St. Louis，MO，USA，2009.

［52］WENCHAO XUE，YI HUANG. Comparison of the DOB Based Control，A Special Kind of PID Control and ADRC［C］. American Control Conference，San Francisco，CA，USA，2011.

附　　录

附录 A　标准大气模型

在海拔 $h = 0 \sim 86\mathrm{km}$ 范围内，大气温度 T 和大气压力 p 分段进行计算。

(1) $0 \leqslant h < 11091.1\mathrm{m}$

$$h_p = \frac{r_0 h}{r_0 + h}$$
$$T = 288.15 - 0.0065 h_p \qquad\qquad \text{(A-1)}$$
$$p = 101325 \left(\frac{T}{288.15}\right)^{5.25588}$$

(2) $11091.1\mathrm{m} \leqslant h < 20063.1\mathrm{m}$

$$h_p = \frac{r_0 h}{r_0 + h}$$
$$T = 216.65 \qquad\qquad \text{(A-2)}$$
$$p = 22632.1 \mathrm{e}^{-1.57688 \times 10^{-4}(h_p - 11000)}$$

(3) $20063.1\mathrm{m} \leqslant h < 32161.9\mathrm{m}$

$$h_p = \frac{r_0 h}{r_0 + h}$$
$$T = 216.65 + 0.001(h_p - 20000) \qquad\qquad \text{(A-3)}$$
$$p = 5474.88 \left(\frac{T}{216.65}\right)^{-34.1632}$$

(4) $32161.9\mathrm{m} \leqslant h < 47350.1\mathrm{m}$

$$h_p = \frac{r_0 h}{r_0 + h}$$
$$T = 228.65 + 0.0028(h_p - 32000) \qquad\qquad \text{(A-4)}$$
$$p = 868.018 \left(\frac{T}{228.65}\right)^{-12.2011}$$

(5) $47350.1\mathrm{m} \leqslant h < 51412.5\mathrm{m}$

$$h_p = \frac{r_0 h}{r_0 + h}$$
$$T = 270.65 \qquad\qquad \text{(A-5)}$$
$$p = 110.906 \mathrm{e}^{-1.26227 \times 10^{-4}(h_p - 47000)}$$

(6) $51412.5\mathrm{m} \leqslant h < 71802.0\mathrm{m}$

$$h_p = \frac{r_0 h}{r_0 + h}$$

$$T = 270.65 - 0.0028(h_p - 51000) \tag{A-6}$$

$$p = 66.9387 \left(\frac{T}{270.65}\right)^{12.2011}$$

(7) $71802.0\text{m} \leqslant h < 86000\text{m}$

$$h_p = \frac{r_0 h}{r_0 + h}$$

$$T = 214.65 - 0.002(h_p - 71000) \tag{A-7}$$

$$p = 3.95641 \left(\frac{T}{214.65}\right)^{17.0816}$$

在此范围内，大气密度 ρ 、声速 a 、动力黏度 μ 和运动黏度 ν 根据大气温度 T 和大气压力 p 计算得到。

$$\rho = \frac{p}{287.053T} \tag{A-8}$$

$$a = 20.0468 \sqrt{T} \tag{A-9}$$

$$\mu = 1.458 \times 10^{-6} \times \frac{T^{\frac{3}{2}}}{T + 110.4} \tag{A-10}$$

在几何高度 $h = 86 \sim 1000\text{km}$ 范围内，大气温度 T 分段进行计算。

(8) $86000\text{m} \leqslant h < 91000\text{m}$

$$T = 186.8673 \tag{A-11}$$

(9) $91000\text{m} \leqslant h < 110000\text{m}$

$$T = 263.1905 - 76.3232 \sqrt{1 - \left(\frac{h - 91000}{19942.9}\right)^2} \tag{A-12}$$

(10) $110000\text{m} \leqslant h < 120000\text{m}$

$$T = 240.0 + 0.012(h - 110000) \tag{A-13}$$

(11) $120000\text{m} \leqslant h \leqslant 1000000\text{m}$

$$\xi = \frac{(h - 120000)(r_0 + 120000)}{1000(r_0 + h)} \tag{A-14}$$

$$T = 1000 - 640 e^{-1.875 \times 10^{-2} \xi}$$

对于 $H_i \leqslant H < H_{i+1}$ ，其中，$H = \dfrac{h}{1000}$ ，下标 i 是样条号，大气密度 ρ 按三次样条插值函数式（A-15）进行插值计算

$$\lg\rho = a_i + b_i(H - H_i) + c_i(H - H_i)^2 + d_i(H - H_i)^3$$
$$\rho = 10^{a_i + b_i(H - H_i) + c_i(H - H_i)^2 + d_i(H - H_i)^3} \tag{A-15}$$

三次样条插值函数的系数见表 A-1。

表 A-1　三次样条插值函数的系数

下标 i	H_i/km	a_i	b_i	c_i	d_i
1	85	$-5.08515\text{E}+00$	$-7.08973\text{E}-02$	$-2.43124\text{E}-03$	$2.83481\text{E}-04$

（续）

下标 i	H_i/km	a_i	b_i	c_i	d_i
2	90	$-5.46648E+00$	$-7.69655E-02$	$-1.66834E-04$	$-3.07280E-06$
3	95	$-5.85605E+00$	$-7.84476E-02$	$-2.89903E-04$	$3.35493E-05$
4	100	$-6.25150E+00$	$-7.71647E-02$	$1.82938E-04$	$-5.37329E-06$
5	110	$-7.01287E+00$	$-7.99232E-02$	$1.99874E-03$	$-4.14944E-05$
6	120	$-7.65326E+00$	$-5.17063E-02$	$9.99777E-04$	$-1.85800E-05$
7	130	$-8.08874E+00$	$-3.70407E-02$	$4.97653E-04$	$-7.29743E-06$
8	140	$-8.41669E+00$	$-2.91805E-02$	$2.89621E-04$	$-3.47471E-06$
9	150	$-8.68277E+00$	$-2.44377E-02$	$2.16192E-04$	$-3.42482E-06$
10	160	$-8.90904E+00$	$-2.09759E-02$	$1.18354E-04$	$-3.95768E-08$
11	170	$-9.10707E+00$	$-1.86563E-02$	$9.52467E-05$	$-3.70204E-07$
12	180	$-9.28450E+00$	$-1.68542E-02$	$7.03249E-05$	$-4.20253E-08$
13	190	$-9.44600E+00$	$-1.55064E-02$	$6.71860E-05$	$-7.54875E-07$
14	200	$-9.59500E+00$	$-1.44315E-02$	$6.93145E-05$	$-1.52466E-06$
15	210	$-9.73377E+00$	$-1.34684E-02$	$3.99297E-05$	$5.23660E-07$
16	220	$-9.86423E+00$	$-1.27091E-02$	$5.13844E-05$	$-1.45530E-06$
17	230	$-9.98758E+00$	$-1.19581E-02$	$2.29125E-05$	$1.52768E-07$
18	240	$-1.01047E+01$	$-1.14405E-02$	$2.53649E-05$	$-8.10882E-08$
19	250	$-1.02166E+01$	$-1.09594E-02$	$2.09313E-05$	$1.17904E-07$
20	260	$-1.03240E+01$	$-1.04806E-02$	$7.48120E-06$	$8.63975E-07$
21	270	$-1.04274E+01$	$-1.01273E-02$	$1.09818E-05$	$4.30554E-07$
22	280	$-1.05271E+01$	$-9.83831E-03$	$1.67498E-05$	$8.51506E-08$
23	290	$-1.06238E+01$	$-9.58560E-03$	$3.21641E-05$	$-1.35903E-06$
24	300	$-1.07176E+01$	$-9.25516E-03$	$9.58057E-06$	$1.23342E-07$
25	320	$-1.08983E+01$	$-8.74713E-03$	$5.61427E-06$	$5.99358E-08$
26	340	$-1.10704E+01$	$-8.44613E-03$	$8.82976E-06$	$-5.07698E-08$
27	360	$-1.12362E+01$	$-8.13696E-03$	$5.55782E-06$	$2.48376E-08$
28	380	$-1.13965E+01$	$-7.91123E-03$	$6.97054E-06$	$-5.85388E-08$
29	400	$-1.15524E+01$	$-7.74208E-03$	$1.13957E-05$	$-2.46621E-07$
30	420	$-1.17044E+01$	$-7.53471E-03$	$5.42212E-06$	$-3.85864E-08$
31	440	$-1.18533E+01$	$-7.37989E-03$	$6.09021E-06$	$-9.11143E-08$
32	460	$-1.19991E+01$	$-7.20590E-03$	$1.66646E-06$	$4.97751E-08$
33	480	$-1.21422E+01$	$-7.09919E-03$	$4.59035E-06$	$-5.86697E-08$
34	500	$-1.22827E+01$	$-6.96335E-03$	$3.25129E-06$	$1.45393E-09$
35	550	$-1.26227E+01$	$-6.61754E-03$	$3.32882E-06$	$5.36881E-09$
36	600	$-1.29442E+01$	$-6.25153E-03$	$5.80320E-06$	$-8.19747E-09$
37	650	$-1.32432E+01$	$-5.71478E-03$	$6.22360E-06$	$3.33335E-09$

（续）

下标 i	H_i/km	a_i	b_i	c_i	d_i
38	700	$-1.35129E+01$	$-5.07748E-03$	$8.13307E-06$	$-1.03941E-08$
39	750	$-1.37476E+01$	$-4.30270E-03$	$6.95315E-06$	$5.50595E-09$
40	800	$-1.39446E+01$	$-3.55846E-03$	$6.10195E-06$	$6.44580E-09$
41	850	$-1.41066E+01$	$-2.92363E-03$	$5.59336E-06$	$-6.27834E-09$
42	900	$-1.42397E+01$	$-2.42145E-03$	$4.14231E-06$	$-7.85496E-09$
43	950	$-1.43513E+01$	$-2.07160E-03$	$2.89665E-06$	$-5.89547E-09$
44	1000	0	0	0	0

附录 B　　TAEM 待飞距离计算方法

TAEM 纵向轨迹剖面都是以待飞距离作为自变量，而待飞距离依赖于横侧向轨迹的规划，因此，需要对待飞距离进行详细计算。由于 TAEM 初始位置不确定，而末端位置是确定的，TAEM 地轨迹又分为四个子阶段，因此，采用从后往前逐渐累加的方法进行计算，即待飞距离计算时按照进场前飞段、航向校准段、捕获段和 S 转弯段的顺序逐次累加。

（1）坐标系的定义

RLV 位置信息解算过程中采用东北坐标系，即将正北方向定义为前向距离 PN，朝北为正；以正东方向定义为侧向距离 PE，朝东为正。但是 RLV 机场跑道的方向不确定，机场跑道的方向可能与东北坐标系存在夹角，因此，RLV 待飞距离的计算过程中采用跑道坐标系，图 B-1 给出了跑道坐标系的示意图。

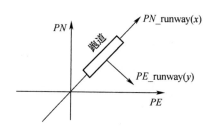

图 B-1　跑道坐标系定义

跑道坐标系中定义沿跑道的方向为相对跑道的前向距离 PN_runway，朝跑道终点方向为正；定义 PN_runway 的垂直方向为相对跑道的侧向距离 PE_runway，右侧为正。待飞距离的计算过程中，采用跑道坐标系更能直观地看出 RLV 相对于跑道的位置，并且方便待飞距离的计算。

（2）进场前飞段

图 B-2 给出了进场前飞段待飞距离计算示意图。RLV 进入进场前飞段时，航向已经基本对准跑道中心线，所以，RLV 相对于 x 轴的距离（即侧向距离 PE_runway）远远小于相对于 y 轴的距离（即前向距离 PN_runway）。因此，进场前飞段待飞距离可以简化为到 TAEM 终点（x_{end}，0）的直线距离。

图 B-2 中粗线部分给出了进场前飞段的待飞距离直观描述，待飞距离的计算公式为

$$R_{2go} = \sqrt{(x - x_{\text{end}})^2 + y^2} \tag{B-1}$$

式中，R_{2go} 为进场前飞段待飞距离；(x, y) 为 RLV 在跑道坐标系下的坐标；$(x_{\text{end}}, 0)$ 为 TAEM 终点坐标。

（3）航向校准段

RLV 进入航向校准段后，沿 HAC 飞行，之后进入进场前飞段，因此，航向校准段待飞距离包括航向校准段和进场前飞段两段待飞距离之和。图 B-3 给出了航向校准段待飞距离计算示意图。

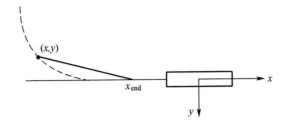

图 B-2 进场前飞段待飞距离计算

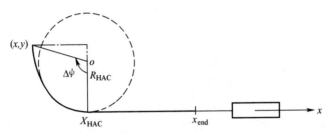

图 B-3 航向校准段待飞距离计算

图 B-3 中 HAC 的位置坐标为 (X_{HAC}, Y_{HAC})，HAC 半径为 R_{HAC}，$\Delta\psi$ 为 RLV 当前航向与跑道之间的夹角，也就是需要转过的圆弧角度。当 RLV 到达 $(X_{HAC}, 0)$ 坐标时，进入进场前飞段。图中粗线部分给出了航向校准段待飞距离计算的直观描述，待飞距离的计算公式为

$$R_{2go} = R_{HAC} \cdot \Delta\psi + |X_{HAC} - x_{end}| \tag{B-2}$$

由图 B-3 可以看出，当 HAC 位于跑道左侧，即 $Y_{HAC} < 0$ 时，如果 $x < X_{HAC}$，则有

$$\Delta\psi = \arccos\left[-\frac{Y_{HAC} - y}{\sqrt{(X_{HAC} - x)^2 + (Y_{HAC} - y)^2}}\right] \tag{B-3}$$

如果 $x > X_{HAC}$，则有

$$\Delta\psi = 360 - \arccos\left[-\frac{Y_{HAC} - y}{\sqrt{(X_{HAC} - x)^2 + (Y_{HAC} - y)^2}}\right] \tag{B-4}$$

采用 $Y_{SIGN} = \text{sign}(Y_{HAC})$ 表示 HAC 的位置，可以得到 $\Delta\psi$ 的计算公式为

$$\Delta\psi = \begin{cases} \arccos\left(Y_{SIGN} \cdot \dfrac{Y_{HAC} - y}{\sqrt{(X_{HAC} - x)^2 + (Y_{HAC} - y)^2}}\right) & x < X_{HAC} \\ 360 - \arccos\left[Y_{SIGN} \cdot \dfrac{Y_{HAC} - y}{\sqrt{(X_{HAC} - x)^2 + (Y_{HAC} - y)^2}}\right] & x > X_{HAC} \end{cases} \tag{B-5}$$

（4）捕获段和 S 转弯段

S 转弯段的目的是消耗过剩的能量，S 转弯结束后立刻转入捕获段，因此判断 S 转弯结束条件的能量状态是从捕获段开始的。S 转弯段待飞距离的计算是从当前位置开始转入捕获段后的待飞距离，所以，S 转弯段和捕获段的待飞距离计算相同。

　　RLV 进入捕获段后，需要经过圆弧捕获段和直线捕获段，使 RLV 沿着与 HAC 的切线飞行，之后，经过航向校准段和进场前飞段，因此，捕获段待飞距离等于圆弧捕获段、直线捕获段、航向校准段和进场前飞段待飞距离之和，其中圆弧捕获段采用固定滚转模式。

　　图 B-4 给出了捕获段待飞距离计算示意图，粗线部分给出了捕获段待飞距离计算的直观描述，待飞距离的计算公式为

$$R_{2go} = ARC_{AC} + R_C + R_{PRED2} \tag{B-6}$$

式中，ARC_{AC} 为圆弧捕获段的弧长；R_C 为直线捕获段的长度；R_{PRED2} 为航向校准段和进场前飞段待飞距离之和。

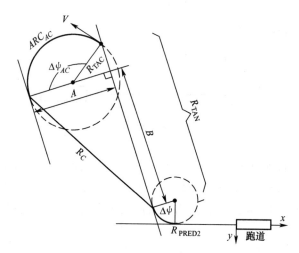

图 B-4　捕获段待飞距离计算

　　圆弧捕获段 ARC_{AC} 的计算公式为

$$ARC_{AC} = R_{TAC} \cdot |\Delta\psi_{AC}| \tag{B-7}$$

式中，$\Delta\psi_{AC}$ 为转过的圆弧角度，即 RLV 当前航向与 HAC 切线方向的夹角；R_{TAC} 为圆弧半径，根据协调转弯的思想，$R_{TAC} = \dfrac{V \cdot V \cdot \cos\gamma}{g \tan\phi}$。

　　直线捕获段 R_C 的推导过程为

$$A = R_{TAC}(1 - \cos|\Delta\psi_{AC}|) \tag{B-8}$$

$$B = R_{TAN} - R_{TAC}\sin|\Delta\psi_{AC}| \tag{B-9}$$

$$R_C = \sqrt{A^2 + B^2} \tag{B-10}$$

　　R_{PRED2} 的计算公式为

$$R_{PRED2} = R_{HAC} \cdot \Delta\psi + |X_{HAC} - x_{end}| \tag{B-11}$$

　　图 B-5 给出了航向指令 $\Delta\psi$ 计算示意图。

　　图 B-5 中，A 为飞行器的当前位置，B 为航向校准圆柱与跑道延长线的切点，令 $\psi_1 = \angle AOB$，则

$$\Delta\psi = \psi_1 - \psi_2 \tag{B-12}$$

　　ψ_1 按照式（B-5）计算

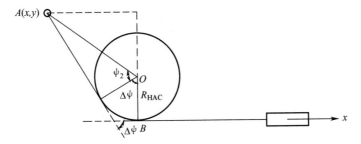

图 B-5　捕获段航向指令计算

$$\psi_2 = \arccos\left\{\frac{R_{HAC}}{\sqrt{(X_{HAC} - x)^2 + (Y_{HAC} - y)^2}}\right] \qquad (B-13)$$

（5）最小 S 转弯

S 转弯允许的最小待飞距离计算转化为求解待飞距离的问题，图 B-6 给出了最小 S 转弯待飞距离计算的示意图。

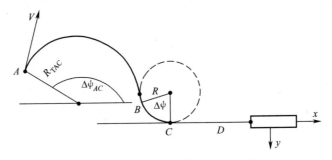

图 B-6　S 转弯最小待飞距离计算

图 B-6 中 RLV 由 A 点开始进入 S 转弯，在 B 点时刚好能捕获到 HAC，接着进入航向校准段，到 C 点时航向校准结束，进入进场前飞段，最后到着陆点 D 着陆。最小待飞距离的计算公式为

$$R_{2go}\_\min = AB + BC + CD \qquad (B-14)$$

AB 和 BC 都是圆弧段，其计算公式为

$$AB = R_{TAC} \cdot |\Delta\psi_{AC}| \qquad (B-15)$$

$$R_{TAC} = \frac{V \cdot V\cos\gamma}{g \cdot \tan\phi} \qquad (B-16)$$

$$BC = R_{HAC} \cdot |\Delta\psi| \qquad (B-17)$$

$$CD = X_{HAC} - x_{end} \qquad (B-18)$$